숲에서 만나는 세계

숲의 역사와 숲의 가치를
찾아 떠나는 여행

숲에서 만나는 세계

숲의 역사와 숲의 가치를 찾아 떠나는 여행

배상원 지음

지오북
GEOBOOK

... 머리말 ...

    서울에서 동해안으로 가는 길, 구불구불 산길을 달리다 마주한 대관령에서의 휴식은 달고 시원했다. 도시에서부터 짊어지고 온 걱정거리와 고민이 산바람에 모두 날아가 버리는 것 같다. 숨을 들이쉴 때마다 서쪽 숲의 맑은 공기와, 세상 끝까지 펼쳐진 듯한 동쪽 숲의 초록 물결이 눈과 가슴으로 한꺼번에 들어와 가득 차오른다. 그 여운은 독일 슈바르츠발트에서 숲을 공부할 때도 어김없이 대관령을 떠올리게 했다.

    대관령의 숲에 대한 그리움은 숲 연구에만 몰두했던 나를 새로운 도전으로 이끌었다. 문득 내가 본 해외의 좋은 숲들을 많은 사람들이 같이 보고 즐겼으면 좋겠다는 생각이 들었다. 지금껏 보아온 숲보다 앞으로 가보아야 할 숲들이 많이 남아 있지만 우선 지금까지 보고 느꼈던 숲의 중요성과 숲의 다양한 모습, 그리고 숲이 주는 많은 혜택에 대해 알리고 싶었다.

    도전의 시작은 2002년 스위스 파견 시절로 거슬러 올라간다. 홀로 유럽의 여러 숲을 찾아다니다 다음해인 2003년에는 숲과문화연구회의 '아름다운 해외숲 탐방'에 참여하게 되었다. 일본을 시작으로 미국, 캐나다, 유럽, 동남아시아 등 세계 곳곳의 좋은 숲을 때로는 여러 사람들과 때로는 몇몇 사람들과 같이 보고 느낄 수 있는 기회를 가질 수 있었다.

    세계의 숲을 다니면서 낯선 문화와 고유음식을 체험하는 재미도 쏠쏠하지만 한 나라의 역사와 문화 그리고 삶의 진솔함이 묻어 있는 곳은 바로 숲이 아닐까. 정작 찾아가기로 한 유명한 숲보다 호텔 주변의 아기자기한 숲에 매료되기도 하고 삶의 여유와 풍요로움이 느껴지는 도시를 빼닮은 숲을 보면서 우리네 도시 숲에 접목시킬 수 없을까 고민하기도 했다. 또한 숲여행은 일반적인 여행과는 다르게 색다른 체험으로 이어지는 묘미도 있다. 처음 가보는 숲에서 나무이름을 잘 몰라 그곳에서 구입한 책을 밤늦도록 보고 늦게 일어나 고생하는 일은 여행의 일상이 되어버렸고, 야생동물 발자국을 발견하고는 가슴을 졸이다가 용케 멀리서나마 곰과 늑대를 볼 수 있는 행운을 맛보기도 했다. 걷기조차 힘들어 눈길을 뒹굴면서 내려온 원시림 속에서 자연과 내가 하나가 되는 묘한 경험, 숲에 흠뻑 취해 장대 빗줄기를 반찬 삼아 먹던 점심, 해발

4,000m까지 가는 도중에 탈이 난 일행 때문에 운이 좋게(?) 숲의 다양한 모습을 즐길 수 있었던 고산림, 비행기 출발시간에 쫓기어 종종거리며 다녀온 열대림 등이 새삼 떠오른다. 또한 우리나라에서 보기 힘든 야생화들이 다른 나라에서는 숲길 가는 곳마다 아름다움을 뽐내 발길을 붙잡기도 했다.

독일 슈바르츠발트의 울창한 독일가문비나무숲에서는 인간이 만든 숲의 장대함을, 미국 캘리포니아의 세쿼이아숲에서는 자연이 뿜어내는 웅장함, 4,000년이 넘는 브리슬콘소나무에서는 세기를 아우르는 생명력, 시시각각으로 변하는 동남아시아의 열대우림과 맹그로브숲의 다양함은 자연의 힘 그 자체였다. 또한 슬로바키아의 원시림, 산행의 높이마다 다른 모습으로 다가오는 키나발루산의 열대우림과 산악림, 몽골의 초원과 숲, 알프스의 고산림은 우리나라의 산악지대와는 사뭇 다른 모습으로 다가와 숲 자체로 가슴 가득 진한 감동을 주었다. 그러나 가슴 한편에는 점차 사라져 가는 열대우림과 맹그로브숲을 그저 바라볼 수밖에 없는 현실의 무력함으로 '숲은 과연 누구를 위해 존재하는가?'를 수만 번 되뇌게 했다.

2011년은 세계 산림의 해이다. 기후변화시대 이산화탄소 흡수원이자 생물다양성의 보고인 숲생태계의 중요성은 아무리 강조해도 지나치지 않다. 더욱이 우리나라는 녹화의 신화적인 성공과 함께 숲에 대한 사람들의 관심이 커지고 있는 때 세계의 숲에 관한 글을 쓰면서, 같은 나무가 각 나라마다 어떤 형태로 자라고 있는지, 혹은 홀로 자라는지 무리지어 자라는지 등 숲 들여다보기를 통한 숲의 이모저모를 꼭 알려야겠다고 생각했다.

이와 같이 숲을 같이 느낄 수 있는 기회를 만들어준 국립산림과학원과 숲과문화연구회, 해외 숲을 연재할 기회를 준 「산림」지, 도움을 주신 국립산림과학원의 민숙 선생님과, 재미있는 글이 아님에도 학자의 눈으로 같이 고민하고 엮어 출판을 해준 지오북에 심심한 감사를 드리며, 숲을 사랑하는 모든 분들께도 감사를 드린다.

죽엽산 자락에서 배 상 원

··· 차 례 ···

머리말 ··· 4
세계의 숲 위치도 ··· 10

미 국 ··· 12

1. 키 큰 나무들이 사는 세상 **태평양 연안의 세쿼이아숲** ··· 14
2. 셔먼장군나무 vs 그랜트장군나무 **캘리포니아의 자이언트세쿼이아숲** ··· 22
3. 시련 속에 반만 년을 견뎌온 **화이트산의 브리슬콘소나무숲** ··· 28
4. 거대한 빙하계곡의 아름다운 침엽수림 **요세미티국립공원** ··· 36
5. 습지에서 울창한 숲을 이루다 **콩가리국립공원** ··· 44

캐 나 다 ··· 54

1. 자연의 위력에 당당히 맞선 **밴쿠버섬의 미송 원시림** ··· 56
2. 지구상에 얼마 남지 않은 **뱀필드의 웨스턴레드시다숲** ··· 62
3. 어떻게 이용하고 보존할 것인가 **밀너가든과 와일드우드** ··· 68
4. 환경에 적응하는 나무들의 생명력 **로키산맥의 수목한계림** ··· 74
5. 빙하와 숲이 머무는 에메랄드 빛깔 **로키산맥의 루이스호수** ··· 82

독 일 ··· 90

1. 도시숲에서 나무를 길러내다 **뒤셀도르프의 도시숲** ··· 92
2. 숲을 바라보는 새로운 시선 **하르츠의 독일가문비나무숲** ··· 98
3. 정령이 깃든 동화와 그림의 숲 **라인하르츠발트의 참나무숲** ··· 106
4. 도심 속에 살아 있는 숲의 역사 **슈반하임의 참나무숲** ··· 114
5. 포도밭과 라인평야가 함께 펼쳐진 **욀베르크의 자연보호림** ··· 120
6. 일체의 인위적 간섭을 금하다 **절대보존림 펠트제발트** ··· 128
7. 초지 위에 수놓은 숲의 조각들 **상페터의 숲** ··· 136
8. 하천정비사업, 그 후 150년 **부르크하임의 하인림** ··· 142

스웨덴 ········· 150
1. 시민을 위한 도심의 오아시스 **스톡홀름의 생태공원** ··· 152
2. 나무의 바다, 숲의 지평선 **베스테르노를란드의 침엽수림** ··· 158

스위스 ········· 166
1. 천연의 숲으로 돌아가기 위한 첫걸음 **취리히의 실발트** ··· 168
2. 생태적이고 지속적인 숲의 이용 **꾸베의 택벌림** ··· 174
3. 산림한계선에서 살아남는 비법 **칼프아이젠탈의 독일가문비나무숲** ··· 180
4. 가축, 야생화 그리고 숲의 공존 **그린델발트의 쳄브라소나무숲** ··· 184
5. 눈앞에서 펼쳐지는 숲의 변화 **티틀리스의 산악림** ··· 192
6. 새와 물고기를 지켜라 **바이센아우의 수변림** ··· 200

슬로바키아 ········· 206
1. 자연스런 숲의 발달과 쇠퇴 **바비아호라의 독일가문비나무숲** ··· 208
2. 끊임없이 이어지는 세대교체 **보키와 바딘의 활엽수림** ··· 214
3. 천덕꾸러기가 이제는 보살핌 속에 **프라브노의 주목숲** ··· 222

오스트리아 ········· 228
1. 베토벤 전원 교향곡의 탄생지 **빈의 도시숲** ··· 230
2. 정원과 건축물의 완벽한 조화 **빈의 쇤부른궁전공원** ··· 238

인도네시아 ·············· 246
1. 칼리만탄원숭이와 함께 살아남은 **반자르마신의 맹그로브숲** ··· 248
2. 초록으로 가득 찬 다양성의 세계 **게데팡란고산국립공원** ··· 254
3. 도시에 옮겨놓은 원시의 꿈 열대우림 **보고르식물원** ··· 262

말레이시아 ·············· 270
1. 안개에 싸인 생태계의 보고 **키나발루산의 열대산악우림** ··· 272
2. 바위산으로 이어지는 기이한 풍경 **키나발루산의 고산림** ··· 280

태   국 ·············· 286
1. 해안을 지키는 믿음직한 파수꾼 **팡가만의 맹그로브숲** ··· 288

필 리 핀 ·············· 294
1. 열대활엽수의 자연전시장 **마킬링산의 열대림** ··· 296
2. 강과 바다를 모두 에워싸다 **파그빌라오의 맹그로브숲** ··· 304

일   본 ·············· 310
1. 다도문화와 함께 발전해온 **기타야마의 삼나무숲** ··· 312
2. 위협을 받고 있는 백년지계 **이치노세키의 동산송** ··· 320
3. 지속가능한 산림경영의 역사 **타자와호의 지바가가전림** ··· 326
4. 후손에게 물려줄 선조들의 발자취 **노시로의 해안림** ··· 334
5. 일본 산림경영 발전의 산실 **도쿄대학 연습림** ··· 340
6. 숲의 다양한 혜택을 고스란히 **조잔케이의 경관숲** ··· 348
7. 스스로 회복하는 강인한 생명력 **토카치다케의 천연림** ··· 356

중 국 ······ 364

1. 역사가 있는 시민들의 휴식처 **선양의 북릉공원** ··· 366
2. 절개의 상징, 위기에 처하다 **쿤유산의 소나무숲** ··· 372
3. 명승이라 불리는 까닭 **화귀산과 라오산의 소나무숲** ··· 378

몽 골 ······ 384

1. 초원과 함께 펼쳐지는 천연의 숲 **셀렝게의 구주소나무숲** ··· 386
2. 숲의 천국이 초원 너머로 보이다 **테렐지국립공원** ··· 392

호 주 ······ 400

1. 산불에 대처하는 유칼립투스의 모순 **울런공의 유칼립투스숲** ··· 402
2. 신비로운 푸른빛의 안개를 뿜다 **블루마운틴국립공원** ··· 410

뉴질랜드 ······ 418

1. 세쿼이아의 뉴질랜드 정착기 **로토루아의 세쿼이아숲** ··· 420

용어풀이 ··· 426

··· 세계의 숲 위치도 ···

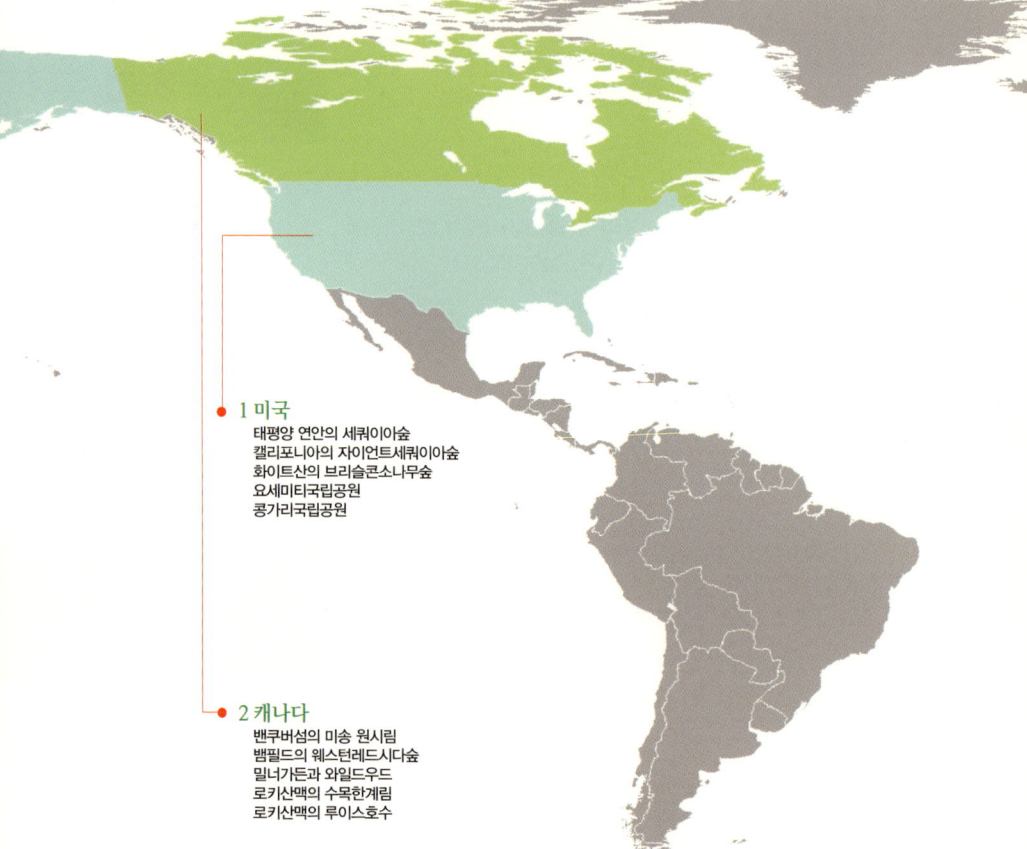

1 미국
태평양 연안의 세쿼이아숲
캘리포니아의 자이언트세쿼이아숲
화이트산의 브리슬콘소나무숲
요세미티국립공원
콩가리국립공원

2 캐나다
밴쿠버섬의 미송 원시림
뱀필드의 웨스턴레드시다숲
밀너가든과 와일드우드
로키산맥의 수목한계림
로키산맥의 루이스호수

지도 출처 : Wikimedia

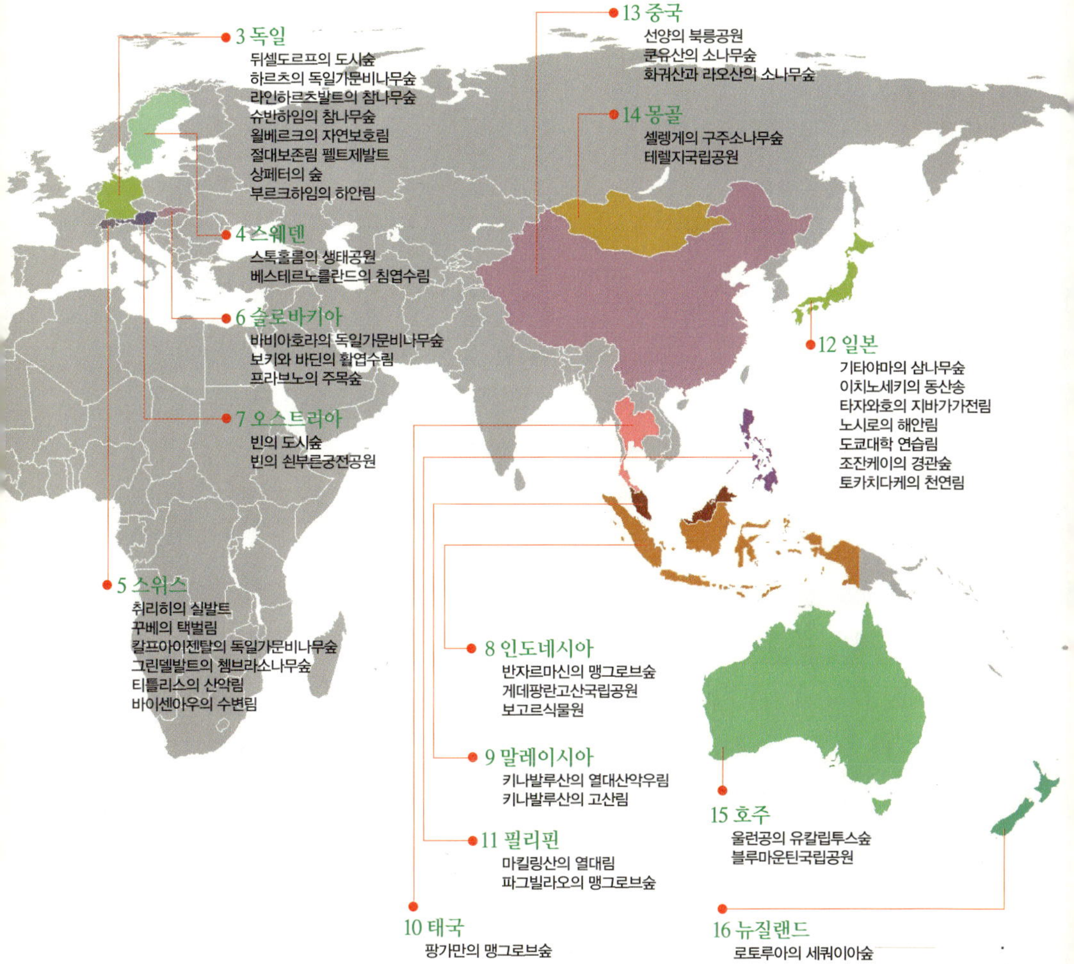

3 독일
뒤셀도르프의 도시숲
하르츠의 독일가문비나무숲
라인하르츠발트의 참나무숲
슈반하임의 참나무숲
윌베르크의 자연보호림
절대보존림 펠트제발트
상페터의 숲
부르크하임의 하안림

4 스웨덴
스톡홀름의 생태공원
베스테르노를란드의 침엽수림

6 슬로바키아
바비아호라의 독일가문비나무숲
보키와 바딘의 활엽수림
프라브노의 주목숲

7 오스트리아
빈의 도시숲
빈의 쇤부른궁전공원

5 스위스
취리히의 실발트
쿠베의 택벌림
칼프아이젠탄의 독일가문비나무숲
그린델발트의 쳄브라소나무숲
티틀리스의 산악림
바이센아우의 수변림

13 중국
선양의 북릉공원
쿤유산의 소나무숲
화궈산과 라오산의 소나무숲

14 몽골
셀렝게의 구주소나무숲
테렐지국립공원

12 일본
기타야마의 삼나무숲
이치노세키의 동산송
타자와호의 지바가가전림
노시로의 해안림
도쿄대학 연습림
조잔케이의 경관숲
토카치다케의 천연림

8 인도네시아
반자르마신의 맹그로브숲
게데팡란고산국립공원
보고르식물원

9 말레이시아
키나발루산의 열대산악우림
키나발루산의 고산림

11 필리핀
마킬링산의 열대림
파그빌라오의 맹그로브숲

10 태국
팡가만의 맹그로브숲

15 호주
울런공의 유칼립투스숲
블루마운틴국립공원

16 뉴질랜드
로토루아의 세쿼이아숲

미국

사진_킹스캐니언의 자이언트세쿼이아

United States

미국은 대서양 연안, 애팔래치아산맥(Appalachian Mts.), 대평원(Great Plains), 로키산맥(Rocky Mts.), 대분지(Great Basin), 태평양 연안 등 6개 지역으로 구분된다. 대서양 연안 지역은 대서양 연안에서 플로리다, 멕시코만까지 이어지는데 플로리다에는 열대 경관이 나타나며 습지림이 분포하고 있다. 캐나다 국경까지 이어지는 애팔래치아 산악지역은 해발 2,040m의 미첼산(Mt. Mitchell)이 최고봉이다. 대평원 지역은 미시시피강(Mississippi R.)과 미주리강(Missouri R.) 유역으로 대분지까지 연결되는 미국의 곡창지대이다. 로키산맥 지역은 알래스카에서 시작하여 해발 6,193m의 북아메리카 최고봉 매킨리산(Mt. McKinley)과 북아메리카대륙의 서부를 거쳐 멕시코까지 분포한다. 대분지 지역은 캘리포니아 데스밸리(Death Valley), 콜로라도, 네바다, 애리조나주에 걸쳐 있는 분지로 건조한 황무지가 대부분이다. 태평양 연안 지역은 알래스카에서 캘리포니아주로 이어지며 최고봉은 휘트니산(Mt. Whitney, 해발 4,377m)으로 해안 산맥이 함께 분포하고 있다. 북극기후에서 지중해기후, 열대기후까지 기후대의 폭이 넓게 나타나며 해양성기후인 로스앤젤레스의 연평균 기온은 17.2℃, 연간 강수량은 305mm이다.

미국의 숲 면적은 3억 400만 ha로 국토 면적의 33%이다. 서부(알래스카를 포함한 미시시피강 서쪽)가 1억 4,800만 ha로 숲이 가장 많고, 남부(오대호 남부) 8,700만 ha, 북부(오대호 북부) 7,000만 ha의 순서로 나타났다. 산림소유는 국유림(연방정부와 주소유림) 44%, 사유림 56%로 사유림이 차지하는 비율이 높다. 임목축적량은 150m³/ha로 우리나라 임목축적량보다 반 이상 높다.

태평양 연안의 캘리포니아주에는 다양한 숲이 분포한다. 데스밸리는 해발 −86m로 해발고가 가장 낮은 곳으로 여름에는 고온 건조하고 겨울에는 추우며 연간 강수량은 250mm 이하이다. 이런 기후에서 자라는 대표적인 식물인 조슈아나무(Yucca brevifolia)는 해발 1,500m까지 관목으로 자란다. 해발 1,500~2,000m에서는 유타향나무(Juniperus osteosperma)와 피뇬소나무(Pinus edulis)가 자라는데 울창한 숲을 이루지는 못하고, 계곡 주변으로 포플러, 네군도단풍(Acer negundo), 버드나무(Salix) 등이 자란다. 해발 2,200~2,600m에서는 폰데로사소나무(Pinus ponderosa)와 갬벨참나무(Quercus gambelii)가 숲을 이룬다. 해발 2,600~3,200m에는 미송(Pseudotsuga menziesii), 사시나무(Populus tremuloides) 등이 주로 자란다. 해발 3,200~3,800m에서는 전나무(Abies lasiocarpa), 가문비나무(Picea engelmannii, P. pungens)가 자란다. 수목한계선에는 브리슬콘소나무(Pinus longaeva)가 분포한다.

동부는 애팔래치아산맥부터 동쪽으로 대서양 연안까지인데 북동부지대는 주로 발삼전나무(Abies balsamea), 가문비나무(Picea mariana, P. glauca)로 구성된 한대 침엽수림과 자작나무류, 오리나무류로 구성된 활엽수림이 지역적으로 분포하고 있다. 남쪽으로 내려와 애팔래치아산맥을 기점으로 동쪽으로 향하면 참나무(Quercus)숲, 피나무(Tilia)숲, 백합나무(Liriodendron tulipifera)숲이 나타난다. 남쪽에는 아열대림이 자리 잡고 있고 습지에 낙우송(Taxodium distichum)이 많이 자란다.

1. 키 큰 나무들이 사는 세상
태평양 연안의 세쿼이아숲

버드존슨여사숲

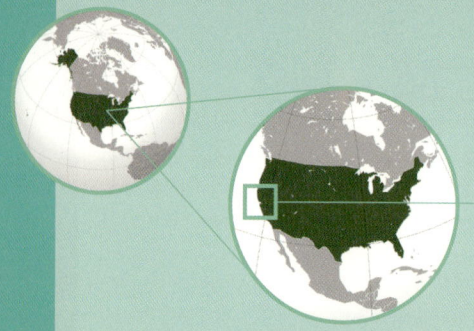

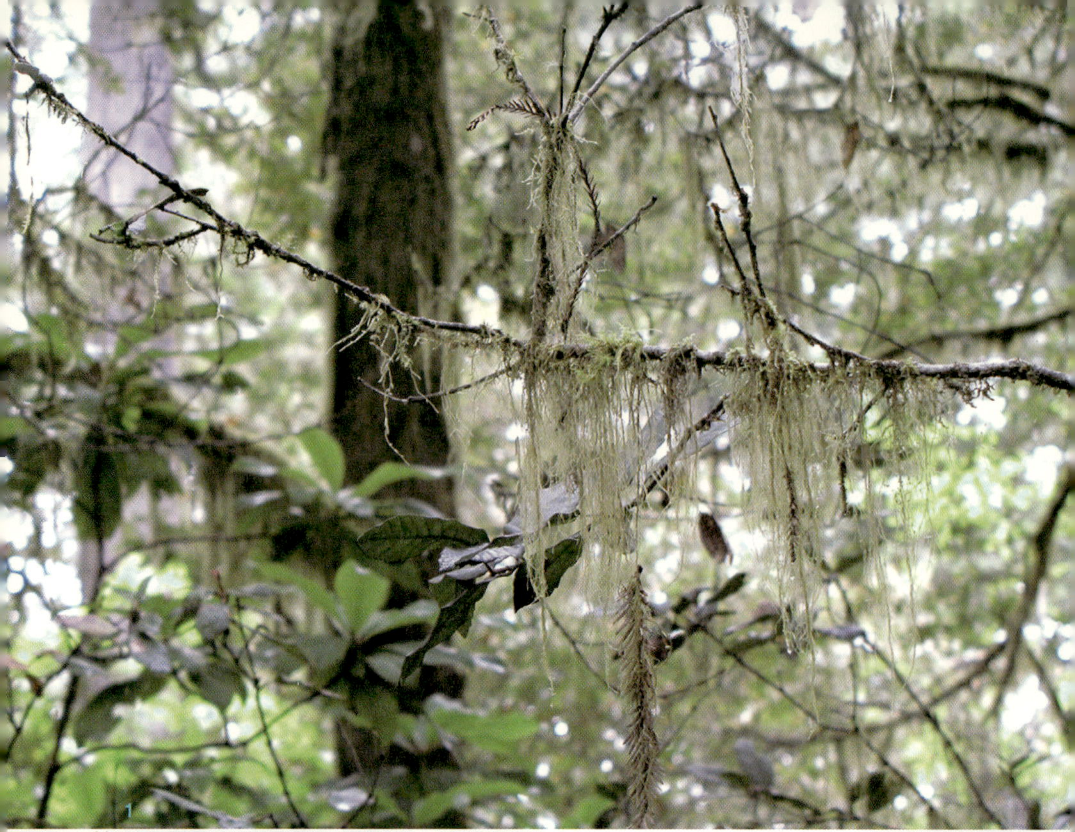
1

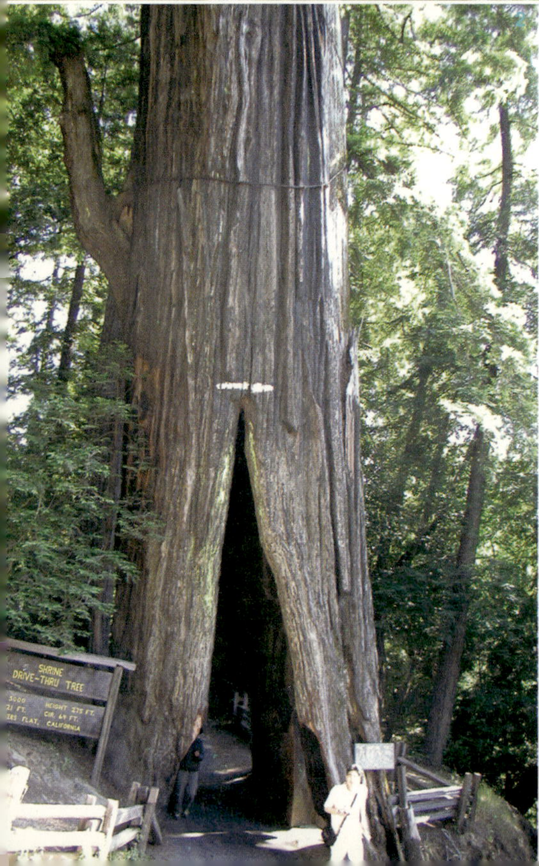

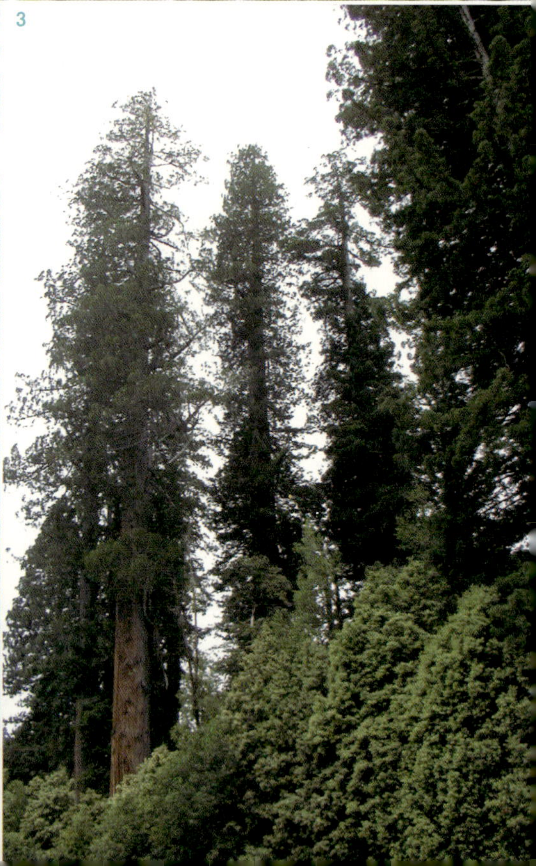
3

매년 나무가 자라는 상태에 따라 언제든지 최고의 자리가 바뀔 수 있어 단지 '키큰나무'로만 불린다.

높이가 112m나 되는 세쿼이아는 평평한 계곡 옆에 자리를 잡고 있어 숲 속에서는 나무의 높이를 제대로 알아볼 수 없다. 계곡 반대편에 가서야 제 모습을 볼 수 있지만 다른 나무들도 키가 커서 숲속에 있는 키 큰 세쿼이아를 구별하기가 힘들 정도이다.

| **프레이리크릭 레드우드주립공원 (Prairie Creek Redwoods State Park)** |

태평양 연안 해변에 인접해 있는 세쿼이아숲으로 평지에 가깝고 숲 주위의 초원에는 엘크(사슴 종류)가 무리를 지어 다니는 것이 인상적이다. 해변에 가까운 숲이라 습기도 많아 평지에 흐르는 물은 숲속의 쉼터처럼 보이기도 한다. 이 숲 역시 세쿼이아와 초원이 어우러져 만들어낸 세쿼이아 궁전이다. 이 숲에는 습지가 많기 때문에 산책로의 일부를 목교로 만들어 놓아 목교와 빨간 세쿼이아 줄기가 하나인 양 보인다.

세쿼이아숲의 산불

세쿼이아숲은 자연발생하는 산불에 의해 주기적으로 피해를 받고 있다. 유럽인들이 해안지역에 정착하기 이전에는 남부지역에 8년 주기로 산불이 발생했다고 한다. 이로 인해 1978년 이후 남부지역에서 연간 100~140ha가 산불 피해를 보고 있다.

중부지역 세쿼이아숲에서는 유럽인들이 해안지역에 정착하기 전까지 26년 주기로 산불이 발생했다. 캘리포니아주립공원에서는 연간 2,000~2,800ha가 산불 피해를 입고 있고, 훔볼트주립공원에서는 산불을 방지하기 위하여 매년 300ha를 인위적으로 입화하고 있다. 레드우드국립 · 주립공원에서는 산불을 생태계 인자로 인정하고 있는 것이다.

1. 가지에 늘어져 자라는 이끼류 | 2. 차량이 통행하는 세쿼이아 | 3. 높이 112m의 세쿼이아

2. 셔먼장군나무 VS 그랜트장군나무
캘리포니아의 자이언트세쿼이아숲

자이언트세쿼이아

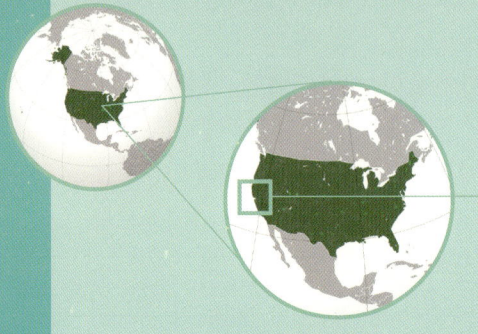

North America | United States

자이언트세쿼이아 잎과 구과

자이언트세쿼이아는 세계에서 가장 큰 나무이며, 유적 수종으로 알려져 있다. 자이언트세쿼이아숲을 이루는 수종은 시에라레드우드(sierra redwood) 또는 자이언트세쿼이아(giant sequoia)이고, 학명은 *Sequoiadendron giganteum*으로, 세쿼이아(sequoia)와는 완전히 다른 수종이다.

자이언트세쿼이아는 캘리포니아의 시에라네바다산맥(Sierra Nevada Range) 서쪽에서만 몇몇 곳에 작은 숲을 이루면서 자라고 있는데 대부분 국립공원 내에 위치하고 있다. 자이언트세쿼이아가 주로 분포하는 국립공원은 세쿼이아국립공원(Sequoia National Park)과 킹스캐니언국립공원(Kings Canyon National Park), 요세미티국립공원(Yosemite National Park) 등으로 국립공원 면적이 각각 1,600km², 1,840km², 3,000km²이다. 국립공원의 면적은 넓지만 이 가운데 자이언트세쿼이아숲이 차지하는 면적은 좁다.

자이언트세쿼이아의 특성

자이언트세쿼이아는 종자로만 번식을 하고, 구과는 4~8cm 길이로 각각 35~40개의 인편이 있으며 2년 만에 성숙하고, 구과 한 개당 종자 100~300개를 생산한다. 나뭇잎은 비늘 모양의 작은 잎으로 향나무 잎과 흡사하다. 성숙한 나무의 경우 높이가 75~90m이며, 굵기는 높이 2m에서 지름 6~9m까지 자라고, 수령은 1,500~3,000년에 이르는 것으로 알려져 있다. 어린나무의 목재는 세쿼이아와 유사하나 성숙한 나무의 목재는 가볍고 뒤틀리기 쉽기 때문에 목재로서의 가치가 낮다.

자이언트세쿼이아는 나무껍질이 붉은색을 띠고 있어 자이언트레드우드라는 별명을 가지게 되었는데 이렇게 붉은색을 띠는 것은 나무껍질 부분에 타닌(tannin)이 있기 때문이다. 타닌은 감이 익기 전 떫은맛이 나게 하는 성분이기도 하지만, 나무껍질에 함유되어 있으면 방부제 기능과 해충방지 기능을 한다. 따라서 자이언트세쿼이아는 나무껍질에 함유된 이 성분으로 자기방어를 할 수 있어 오랜 세월을 견디어 내는 것이다. 또한 두꺼운 나무껍질도 한 요인으로 작용하는데 성숙한 자이언트세쿼이아 나무껍질의 두께는 최대 60cm나 되어서 웬만한 충격은 물론 산불 발생 시에도 피해를 거의 안 본다고 한다. 이렇게 오래도록 살아남은 자이언트세쿼이아의 자기방어 능력이 새삼 놀랍다.

셔먼장군나무와 그랜트장군나무

세쿼이아국립공원 내 가장 유명한 숲은 자이언트세쿼이아그로브(Giant Forest Sequoia Grove)로 세계 최대목으로 알려진 셔먼장군나무가 이곳에서 자라고 있다. 세쿼이아국립공원 입구에서부터 보이는, 붉은 대리석 기둥들이 즐비하게 서 있는 듯한 자이언트세쿼이아들의 장대함으로 주차장의 승용차들이 마치 어린이 장난감처럼 보인다. 셔먼장군나무는 높이가 82.5m, 밑둥치 지름이 11m, 높이 54m에서의 지름이 4.2m로 재적은 1,486m^3나 되어 상상을 초월하는 크기이다. 단목재적이 1,500m^3로 우리나라 ha당 평균축적이 100m^3인 것과 비교하면 우리나라 숲 15ha에 서 있는 나무들의 축적 합계가 셔먼장군나무 한 그루와 비슷하다는 결론이 나온다.

자이언트세쿼이아그로브에서 숲을 볼 수 있는 가장 대표적인 탐방로는 의회의길(Congress Trail), 초승달초원길(Crescent Meadow Trail)과 알타길(Alta Trail)이다. 이 탐방로에는 장대한 자이언트세쿼이아가 홀로 또는 무리를 지

1. 자이언트세쿼이아숲의 자이언트세쿼이아와 미송
2. 자이언트세쿼이아와 승용차 | 3. 셔먼장군나무

어 하늘을 찌를 듯이 서 있다. 어떻게 나무가 저렇게 자랄 수 있을까 하는 의구심이 들 정도로 그 규모와 형상이 놀랍기만 하다. 특히 산불 피해를 받고도 잘 자라고 있는 나무와, 모든 나무들이 고사하였지만 그 속에서 당당히 자라고 있는 나무 등 자연 속에 나타날 수 있는 여러 현상들을 볼 수가 있다. 특히 산불이 난 자리에 새롭게 자라고 있는 어린 자이언트세쿼이아는 한 공간 내에서 1,000년 이상의 시공을 연결하는 경이로움까지 보여준다.

　킹스캐니언국립공원 내 가장 유명한 숲은 그랜트그로브(Grant Grove)이다. 세계 최대목인 셔먼장군나무 다음으로 큰 나무인 그랜트장군나무가 이곳에서 자라고 있다. 그랜트장군나무는 크기로는 두번째이지만 미국에서는 크리스마스나무로 최고의 사랑을 받고 있다. 그랜트장군나무는 높이 81m, 밑둥치 지름 12m, 높이 54m에서의 지름 3.9m, 재적 1,280m^3로 상상을 초월하는 크기이다. 단목재적 1,300m^3는 우리나라 숲 13ha에 서 있는 나무들의 축적 합계가 그랜트장군나무 한 그루와 비슷하다는 것을 알 수 있다.

　이 외에 요세미티국립공원 내에도 유명한 자이언트세쿼이아숲이 세 군데 있다. 이곳의 자이언트세쿼이아는 다른 나무들과 어우러져 숲의 다양한 모습을 보여주고 있다(4 요세미티국립공원 편 참고).

1. 산불 피해를 본 자이언트세쿼이아　|　2. 새로 자라나는 자이언트세쿼이아

3. 시련 속에 반만 년을 견뎌온
화이트산의 브리슬콘소나무숲

슬만의숲

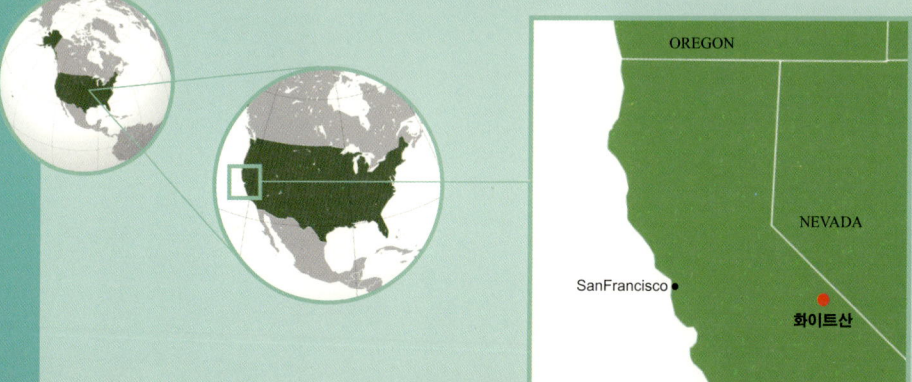

North America | United States

브리슬콘소나무 잎과 구과

브리슬콘소나무(bristlecone pine)는 일반적으로 피누스 론가에바(*Pinus longaeva*)와 피누스 아리스타타(*Pinus aristata*)의 두 수종을 통칭한다. 콜로라도에서 캘리포니아까지 이어지는 그레이트베이슨(Great Basin) 지역에서 주로 자라며 미국 내 6개 주에만 분포하고 있다. 피누스 론가에바는 서쪽 지역에 위치한 캘리포니아주, 네바다주, 유타주에, 피누스 아리스타타는 동쪽 지역에 위치한 콜로라도주, 뉴멕시코주, 애리조나주에 분포한다. 브리슬콘소나무는 1970년까지는 피누스 아리스타타 단일종으로 분류했으나 잎의 구조, 구과 등의 특성에 따라 서쪽 지역의 브리슬콘소나무가 피누스 론가에바라는 새로운 종으로 구분되었다. 학명에 이용된 단어 *longaeva*는 '오래 사는'이라는 의미를 갖는 라틴어이다. 서쪽 지역의 브리슬콘소나무는 화이트산(White Mountain)과 인요산(Inyo Mountain)의 고산지역 해발 2,500m부터 3,600m에 걸쳐 분포하며, 주요 분포 해발고는 3,000~3,400m이다.

세계 최고령, 므두셀라

서쪽 지역의 브리슬콘소나무는 세계에서 나이가 가장 많은 나무로 유명하나, 1958년 이전까지는 알려지지 않았었다. 1939~1953년 사이에 애리조나대학의 연륜연대학자 에드먼트 슐만(Edmund Schulman) 박사는 저지역 미송과 소나무의 연륜연대와 아건조지역의 자이언트세콰이어(*Sequoiadendron giganteum*)를 조사하였고, 1954년부터 1955년까지 2년간 건조지역의 브리슬콘소나무를 중점적으로 조사했다. 이 조사과정에서 해발 3,048~3,354m에 자라는 나무들의 나이가 많고 생육조건이 매우 좋지 않으며 조사목 중 일부는 수령이 3,000~4,000년이라는 것을 알아냈다. 이 중 살아있는 것으로 나이가 가장 많은 나무는 므두셀라(Methuselah)라고 명명된 브리슬콘소나무로 수령 4,767년으로 밝혀졌다. 이 나무는 화이트산 인요국유림에 위치하고 있다. 이 내용은 1958년 「내셔널 지오그래픽」에 발표되어 세계적인 관심을 끌었다. 므두셀라의 나이를 조사한 슐만 박사는 발표 직전에 심장마비로 작고하여 그를 기리기 위해 숲의 이름을 슐만의숲(Schulman Grove)이라 명명했다. 므두셀라는 세계에서 살아 있는 나무 중 가장 나이가 많다. 1964년에 휠러피크(Wheeler Peak)의 수목한계선에 있던 브리슬콘소나무의 나이가 4,862년으로 밝혀졌으나 이미 벌채된 뒤였다. 이 나무를 그리스신화에서 따온 프로메테우스(Prometheus)로 명명했고, 이후 브리슬콘소나무에 대한 보호가 더욱 강화되었다.

브리슬콘소나무의 특성

브리슬콘소나무는 잎이 한 묶음에 5개씩 나는 5엽송으로 키가 최대 18m까지 자라지만 보통 이보다 작으며 지름은 최대 1.5m까지 자란다. 이름이 의미하는 것과 같이 구과 인편 끝에 침이 달려 있으며 잎의 길이는 2.5~3.8cm이다. 브리슬콘소나무의 수형은 어릴 때는 원추형이나 나이가 들면 수관이 확장되고 가지가 대단히 굵어져 높이 9m까지 발달하거나 가지가 기저부에서 시작되는 경우도 있다.

입지조건이 척박한 곳에서 생육한다. 오랜 기간 동안 생존하기 위하여 브리슬콘소나무는 에너지 소비를 최소화하고 재해를 막는 다음과 같은 생존 기작을 가지고 있다. 첫째, 브리슬콘소나무의 잎은 20~40년 동안 가지에 달려 있고, 정상적인 광합성을 한다. 매년 잎에 체관이 새로 형성되며, 엽록소량이 일정하게 유지된다. 이렇게 수십 년 동안 잎을 유지하여 에너지 소비

1, 2. 브리슬콘소나무 어린나무와 노령목 | 3. 서 있는 브리슬콘소나무 고목

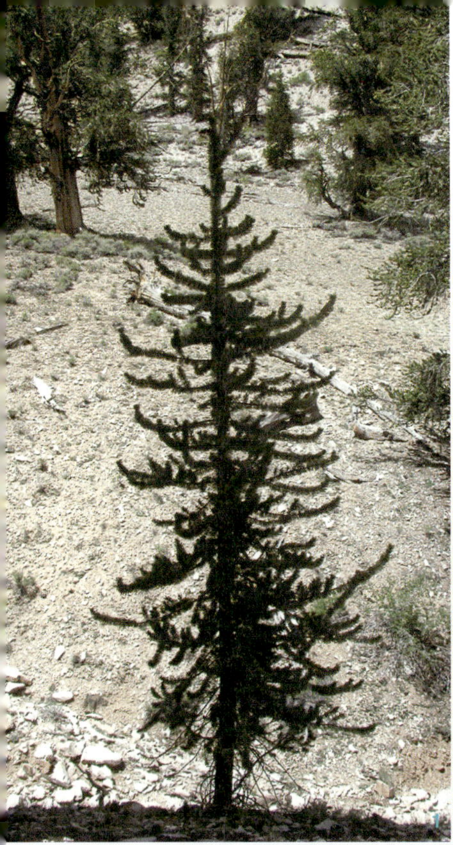
1
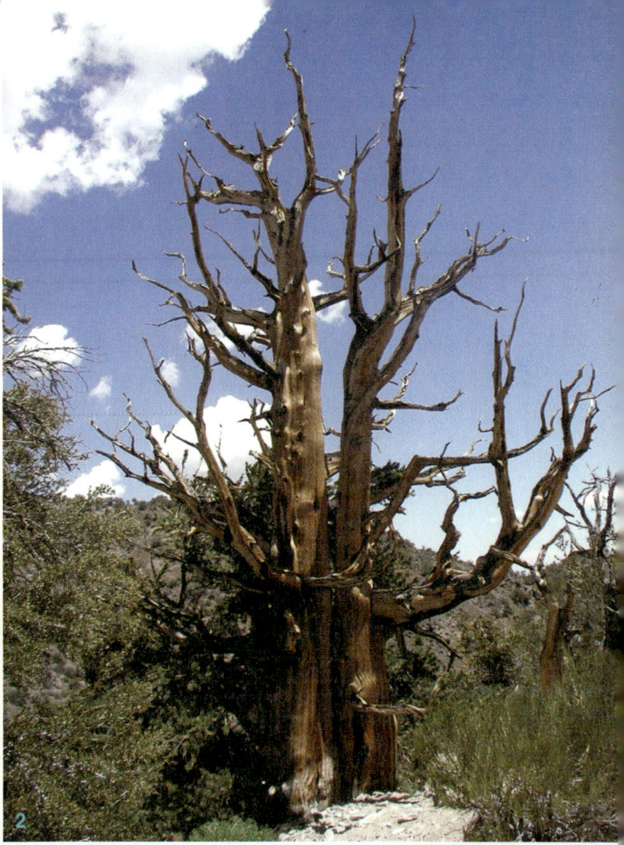
2
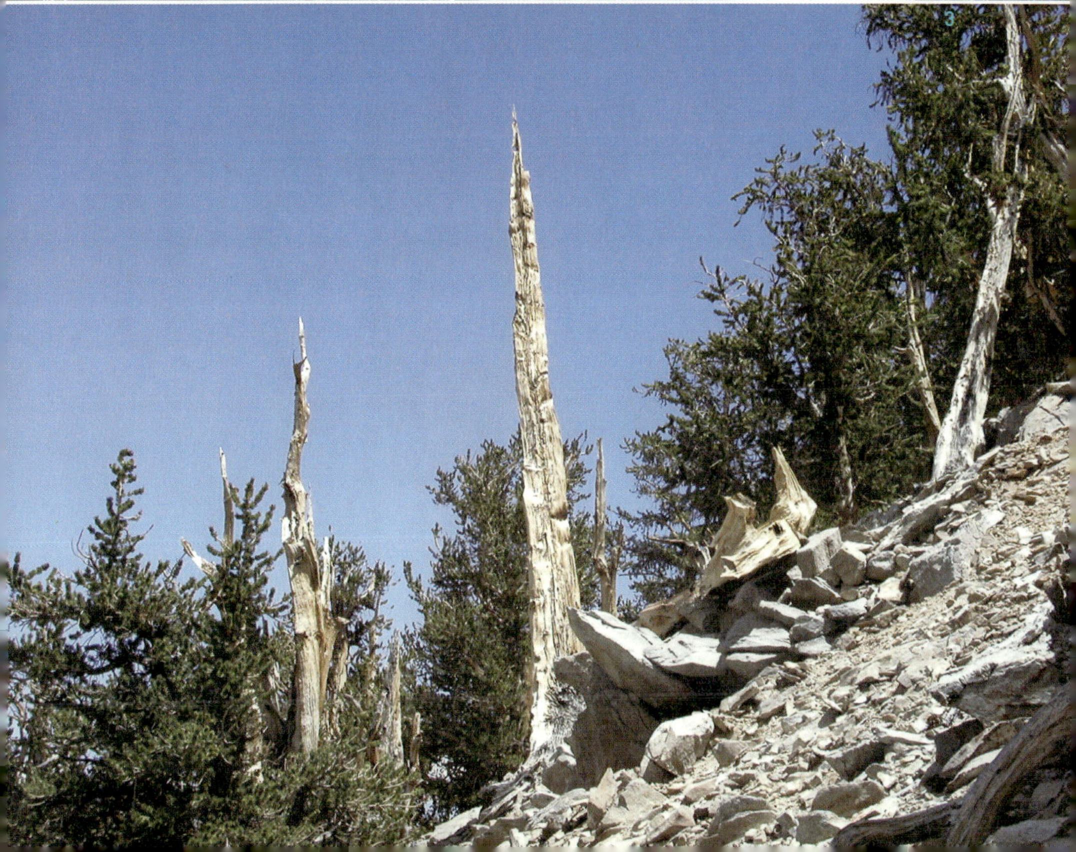
3

를 줄인다. 둘째, 산불, 낙뢰, 가뭄과 폭풍에 의한 피해가 발생할 때, 가도관과 수피의 점진적인 고사로 생존을 가능하게 한다. 수관의 감소에 따라 발생한 낙엽은 질소를 공급하여 피해에 대한 생체균형을 유지하게 한다. 이러한 과정을 통하여 잔존 부분은 건강을 유지하게 된다. 지름 120cm의 나무에서 살아 있는 수피부는 두께가 고작 25cm인 것이 그 예이다. 셋째, 브리슬콘소나무의 목질부는 송진의 함량이 높아 부후균, 곤충 등의 침입이 힘들며, 건조한 아고산대의 공기는 균의 생장을 억제하여 목질부가 썩는 것을 막아준다. 넷째, 브리슬콘소나무는 고사한 후에도 수백 년을 서 있어서 침식을 막아준다. 다섯째, 브리슬콘소나무 노목이 서 있는 자리는 대부분 노출지로 임목 간의 간격이 넓어서 낙뢰나 산불이 발생했을 때 산불의 확산을 막는다. 여섯째, 브리슬콘소나무는 나이가 많아도 건전한 종자를 생산한다.

척박한 화이트산

화이트산의 기후는 대단히 춥고 건조하다. 저지대의 평균 최고, 최저기온은 21℃, 3℃이지만 고산지대의 평균 최고기온은 2℃, 최저기온은 영하 32℃이다. 연평균 강우량은 저지대 500mm, 고산대 100mm로 건조하며 대부분 눈(雪)으로 내린다. 천둥·번개가 많으며 바람이 강하게 분다. 해발고가 높아짐에 따라 기후가 급하게 변하는 특성을 보인다. 이러한 기후에서 생육하는 브리슬콘소나무는 생장기간이 대단히 짧다. 눈이 녹기 시작하는 5월에 봄이 시작되기 때문에 나무가 생장할 수 있는 기간은 단 3개월뿐이며, 기후가 나쁠 때는 생장기간이 6주 정도일 때도 있다. 이 때문에 연평균 생장은 0.25mm 정도로 대단히 적다. 이러한 기후 조건에서 교란이 발생하면 복원에 수백 년 이상이 걸린다.

화이트산 브리슬콘소나무숲은 해발 3,000m 이상의 지대에 있기 때문에 계곡에서 시작되는 가파른 산길을 올라야 한다. 오언스밸리(Owens Valley)에서부터 이 지역이 건조하다는 것을 한눈에 알 수가 있다. 거의 황무지 상태인 데다 산길을 오르면서 나타나는 관목 형태의 소나무들은 숲으로 보기 힘들 정도지만 이곳이 바로 인요국유림 지역이다. 이곳 소나무의 높이

1. 화이트산 계곡 주위의 경관 | 2. 4,000년이 넘는 브리슬콘소나무
3. 무리방문자센터와 자원봉사자 강의 광경
4. 브리슬콘소나무 노령목 사이에 피어난 인디언페인트브러쉬

는 2~3m 정도이고 수종은 림버소나무(limber pine)이다.

슐만의숲

해발 3,000m 높이에 있는 슐만의숲 입구에 도달하면 고원평지에 관목들과 풀들이 펼쳐지고 방문자센터가 나타난다. 방문자센터에선 자원봉사자가 시간을 정하여 고산지 숲의 생태와 자연보호에 관해 설명을 하는 것이 인상적이다. 슐만의숲 입구에서 보이기 시작하는 브리슬콘소나무는 나무의 높이가 10m 미만이지만 나무의 굵기는 가는 것에서 굵은 것까지 다양하다. 탐방로는 마치 모래를 뿌려 놓은 것처럼 새하얗고, 일반적인 숲에서 생각할 수 있는 그늘이란 찾아볼 수 없을 정도로 나무들이 듬성듬성 서 있다. 이 숲을 멀리서 바라보면 하얀 종이 위에 검은 점이 툭툭 찍혀 있는 것처럼 보인다.

　브리슬콘소나무을 보고 있으면 인고의 세월을 겪어낸 생명의 강인함과 자연의 겸허함을 체험하게 된다. 줄기의 대부분은 고사되어서 목질부가 황금빛 속살을 보이며 서 있는 반면, 줄기의 일부가 검붉은 나무껍질과 짙은 초록색 잎의 어울림을 보여주고 있으며, 헝클어진 수염처럼 구불구불 뻗어내린 뿌리가 오랜 세월의 흐름을 나타내주고 있다. 이 브리슬콘소나무의 뿌리는 세월이 지남에 따라 원래 뿌리가 있던 부분의 흙이 침식되어 오롯이 뿌리가 땅 위로 노출되었지만 나머지 부분은 아직도 땅속에 단단히 박혀 나무를 지탱해주고 있다.

　특히 나이가 많은 나무들이 무리로 나타나는데, 이 중에 현재까지 알려진 바로 세계에서 제일 나이가 많은 므두셀라가 자라고 있다. 하지만 이 나무를 보호하기 위해 별도의 표시를 해놓지 않아 확인할 길이 없었다. 고사목처럼 보이는 나무들도 자세히 보면 나무의 일부에 초록 잎이 매달려 있고, 아무것도 살고 있지 않을 것 같은 척박한 땅 위에도 붉은 야생화가 이들 나무 사이에 피어 있다. 브리슬콘소나무 노령목의 형상, 척박한 자연환경 그리고 이곳에 같이 자라는 야생화들은 반만 년을 살아온 소나무의 강인함과 생명체의 환경 적응을 극단적으로 보여주고 있다.

브리슬콘소나무의 노출된 뿌리

4. 거대한 빙하계곡의 아름다운 침엽수림
요세미티국립공원

요세미티계곡과 하프돔

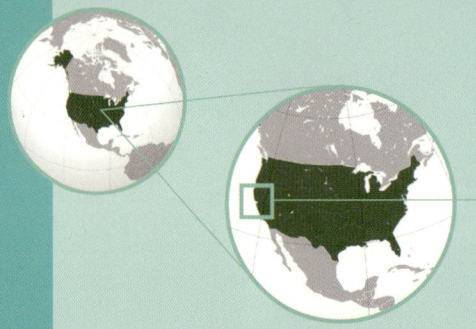

North America | United States

캘리포니아주에 위치한 요세미티국립공원(Yosemite National Park)의 면적은 3,000km²로 등산가들에게는 세계적인 암벽등반지로 알려진 하프돔(Half Dome)이 있는 곳이다. 요세미티국립공원은 요세미티계곡 지역, 와오나(Wawona) 지역과 티오가패스(Tioga Pass)로 이어지는 북부 고산지역으로 구분할 수 있다. 원래 국립공원에는 와오나 지역(마리포사)이 포함되지 않았으나 국립공원으로 추가 지정이 되어 현재는 두 지역이 터널로 연결되어 있다.

서쪽에서 요세미티국립공원으로 들어가는 길은 건조지로 황무지에서 시작하여 서서히 해발고가 높은 곳으로 올라가는데, 저지대에는 조그마한 관목림들이 나타나고 고개 위에 도달하면 소나무류가 주를 이루는 숲이 펼쳐진다. 우리나라의 잘 자란 리기다소나무숲 정도의 모습이며, 비교적 건조한 곳으로 나무가 자라기에는 좋지 않은 조건이어서 숲 자체가 특별히 좋아 보이지는 않는다.

요세미티계곡의 소나무숲

요세미티국립공원 입구의 주차장에 있는 나무는 역시 소나무류이다. 이들 소나무는 줄기가 곧고 가지도 잘 발달되어 있는데, 가지 끝에 가문비나무의 구과처럼 아래로 매달린 긴 솔방울이 보인다. 높이가 30m 이상이고 지

름도 60cm 이상인 이 나무는 책에서만 보던 사탕소나무(sugar pine; *Pinus lambertiana*)이다. 이외에 폰데로사소나무(ponderosa pine; *Pinus ponderosa*)와 콘콜로르전나무(white fir; *Abies concolor*)가 같이 자라고 있다.

요세미티계곡은 양쪽이 암벽으로 싸여 있고 계곡부는 평지를 이루고 있는데 이 평지에 폰데로사소나무와 참나무숲이 나타난다. 계곡에 들어서면 오른쪽에 웅장한 암벽이 나타나는데 이 암벽이 엘캐피탄(El Capitan)이다. 높이가 수직으로 수백 미터나 되는 거대한 암벽으로 요세미티를 대표하는 하프돔과 함께 쌍벽을 이룬다. 계곡 깊숙이 하프돔이 보인다. 요세미티계곡은 U자형 계곡으로 빙하가 지나가면서 만들어진 지형이다. 와오나로 가는 산길 도중에 보이는 계곡 형태는 빙하의 흔적을 잘 보여주고 있으며, 계곡에서 자라는 소나무는 마치 짙은 초록색 융단을 펼쳐놓은 듯이 보인다.

마리포사의 자이언트세쿼이아숲

요세미티국립공원 안에는 투올럼숲(Tuolumne Grove), 머시드숲(Merced Grove), 마리포사숲(Mariposa Grove) 등 세 곳에 자이언트세쿼이아숲이 있는데 이 중 가장 크고 유명한 곳이 마리포사숲이다.

마리포사숲은 자이언트세쿼이아 외에도 미송과 소나무들이 같이 자라고 있다. 입구에서부터 나타나는 자이언트세쿼이아는 지름 3~4m, 높이 60~80m로 거목이 주는 위압감과 함께 자연 앞에서 사람의 존재가 얼마나 미미한지를 피부로 느끼게 한다. 마리포사에서 가장 큰 자이언트세쿼이아는 그리즐리자이언트(Grizzly Giant)로 수령이 1,800년이나 된다.

이곳에서는 자이언트세쿼이아와 그 아래 미송 어린나무들이 자라는 곳, 거대한 자이언트세쿼이아가 무리 지어 자라는 곳, 자이언트세쿼이아가 쓰러져 있는 곳 등 다양한 모습을 볼 수가 있는데, 이러한 다양한 모습은 국립공원 내에서 발생하는 현상들을 모두 자연에 맡기어 자연 그대로의 국립공원을 유지하는 목적이자 목표이다.

1. 요세미티국립공원 입구의 숲(사탕소나무, 폰데로사소나무, 콘콜로르전나무)
2. 폰데로사소나무 수꽃 | 3. 마리포사숲의 자이언트세쿼이아 수피 | 4. U자형 요세미티계곡

2
3

글레이셔포인트

마리포사숲에서 인디언 거주지역으로 유명한 와오나 지역을 거치면 요세미티계곡과 하프돔, 엘캐피탄을 볼 수 있는 글레이셔포인트(Glacier Point)가 나온다. 글레이셔포인트는 와오나에서부터 지속적으로 올라가며, 이 사이의 숲에서는 해발고가 변함에 따라 수종이 다양하게 나타난다. 글레이셔포인트로 올라가는 길은, 4차선으로 확장되기 전의 대관령 길처럼 커브가 심한 굽은 길이어서 몸이 좌우로 흔들릴 정도이다. 이런 길을 올라가다 처음 마주치는 숲이 전나무 종류인 콘콜로르전나무숲인데, 이 전나무는 잎이 길게 양 옆으로 퍼져서 나는 것이 특징이다. 이 전나무 숲의 일부는 1990년에 산불이 발생하여 피해를 입었으나 피해목을 제거하지 않고 방치하고 있다. 전나무 줄기에는 이끼가 무성하게 자라고 있는데 지상부로부터 2.43m 높이까지는 이끼가 없는 것을 볼 수 있다. 이렇게 나무 아래쪽에 이끼가 없는 까닭은 이 이끼 종류가 겨울에 눈이 쌓여 있으면 고사하기 때문이다. 이끼가 죽은 부위의 높이를 재면 겨울에 쌓인 눈의 높이를 가늠할 수 있다.

전나무숲을 지나면 다음으로 가문비나무(red fir; *Picea magnifica*)숲이 나타나는데 영어이름이 말해주는 것과 같이 가문비나무의 줄기는 붉은빛을 띠고 있다. 가문비나무숲을 뒤로 하면 소나무숲이 나타난다. 이 숲의 주수종은 소나무 종류인 로지폴소나무(lodgepole pine; *Pinus contorta* var. *murrayana*)이다. 이 소나무는 인디언들이 천막을 칠 때 가운데 부분의 긴 지주로 많이 이용했기 때문에 로지폴이라는 이름이 붙여졌다고 한다. 이름이 말해주는 것과 같이 줄기가 곧게 자라는 특징을 보이고 있다. 이 소나무숲도 산불 피해를 받아 많은 나무들이 고사하였으나 고사목들을 방치하고 있다. 소나무숲을 지나면 다시 가문비나무숲이 나타난다.

이렇게 같은 종류의 숲이 해발고가 높아짐에도 반복하여 나타나는 것은, 나무들이 자라는 데는 해발고뿐만 아니라 숲이 있는 자리의 방향(음지와 양지)도 해발고와 비슷한 영향을 끼치기 때문이다. 이 숲을 지나서 조금 더 가면 내리막길이 시작된다. 내리막길을 내려가다 보면 소나무숲이 나타나는데 이 소나무는 이전에 본 소나무와는 다른 양상을 보인다. 이 소나무는 제

1. 콘콜로르전나무숲 | 2. 로지폴소나무숲 | 3. 제프리소나무숲

프리소나무(Jeffrey pine; *Pinus jeffreyi*)로 줄기가 대단히 붉고 곧게 자란다.

하프돔 주변의 소나무

글레이셔포인트 주차장을 지나 요세미티계곡과 하프돔이 모두 보이는 전망대를 향해 가다 보면 주위에 소나무, 전나무, 가문비나무들이 줄지어 서 있는 것을 볼 수 있다. 해발 2,199m의 전망대에 도착하여 아래를 보면 요세미티계곡이 한눈에 들어오고 하프돔도 옆모습을 보여준다. 전망대에서 계곡부까지는 암벽으로 높이가 900m나 된다. 요세미티계곡의 폰데로사소나무가 마치 성냥개비처럼 줄지어 서 있고 하프돔 주위와 뒤편 암반 위에는 소나무 종류로 여겨지는 나무들이 숲을 이루고 있다. 특히 암반 위에서 힘겹게 자라는 침엽수들은 절벽에서 자라는 우리나라 소나무를 연상케 한다.

    요세미티국립공원은 면적이나 규모가 우리나라의 국립공원보다 훨씬 클 뿐 아니라 다양한 자연경관, 즉 숲, 호수, 고산지대, 암벽, 평야지대 등이 조화를 이루고 있으며 공원 내 교통시설도 실용적으로 구비되어 있다. 특히 자연이 가지고 있는 순환과정을 유지하기 위하여, 산불을 자연현상으로 인정하여 국립공원 내에서 발생한 산불을 인위적으로 진화하지 않고 자연적 진화를 기다리는 것이나 산불 피해지의 임목을 제거하지 않는 것 등은 우리도 깊이 생각해볼 필요가 있다.

1. 글레이셔포인트에서 내려다본 요세미티계곡 | 2. 하프돔

1

2

5. 습지에서 울창한 숲을 이루다
콩가리국립공원

다양한 활엽수들이 자라는 습지림

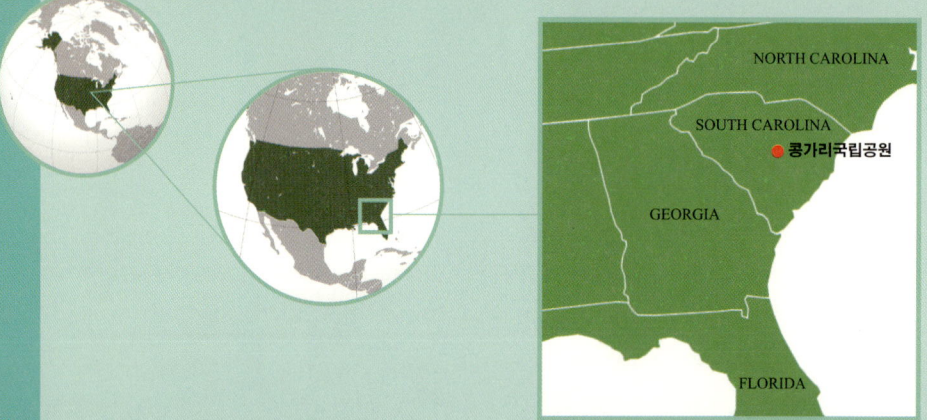

North America | United States

미국 남동부에는 사우스캐롤라이나주 리칠랜드(Richland)카운티에 위치한 콩가리국립공원(Congaree National Park)은 2003년에 57번째 국립공원으로 지정되었다. 국립공원으로 지정되기 이전부터 습지림과 다양한 새들이 사는 서식지로 유명하여 연간 10만 명 이상이 방문하는 곳이다. 1800년대만 해도 남동부지역에는 습지림이 20만 ha 이상 있었으나 농장 등으로 개발이 되면서 60년대 말 목재 가격이 급등함에 따라 벌채가 급증하여 현재는 겨우 5,000ha 정도 남아 있다. 이 중 90% 이상이 콩가리국립공원에 속해 있고 국립공원 전체 면적 1만 1,000ha의 1/3 정도를 차지하고 있다. 이 지역은 1976년에 습지림 천연기념물로 지정될 정도로 그 가치를 인정받았고, 조류도 매우 다양하여 2001년에 국제조류보호지역으로 지정되었다.

국립공원 입구의 숲

콩가리국립공원은 평원에 자리를 잡고 있기 때문에 산악지역에서처럼 멀리서는 그 위치나 모습을 알아보기가 힘들기 때문에 국립공원 입구에 있는 입간판을 보아야 알 수가 있다. 공원 입구에는 예상과는 달리 활엽수보다는 침엽수가 먼저 보인다. 나무높이가 30m에 가깝고 굵기도 한 아름이 되며 줄기가 곧게 자라고 있다. 자세히 보니 우리나라 남부지방에 조림된 테다소나무(Pinus taeda)인데 우리나라에서 자라는 테다소나무와는 크기나 모양이 다

1

2

른 것을 보면 외국수종을 도입할 때 다방면으로 고려해야 할 것이라는 생각이 든다.

테다소나무를 뒤로 하고 오솔길로 들어가니 아담한 국립공원 사무소가 나타난다. 이곳에서도 일반인들에게 환경·산림생태교육을 실시하고 있는데 특히 어린이를 위한 프로그램이 눈에 띈다.

국립공원의 숲은 대부분 습지림이기 때문에 숲으로 들어가는 길을 목재데크로 만든 곳이 많은 것이 특징이다. 길을 따라 들어가면 다양한 활엽수들이 자라는데 높이가 20~30m가 되지만 중층과 하층에 활엽수들이 가득 자라고 있어 하늘이 보이지 않을 정도이다. 수피가 매끄러운 너도밤나무(*Fagus grandifolia*), 수피가 갈라지고 다양한 잎모양을 보이는 여러 종의 참나무(*Quercus alba, michauxii, pagoda, phellos, stellata, velutina* 등), 물푸레나무(*Fraxinus pennsylvanica*), 느릅나무(*Ulmus americana*), 미국풍나무(sweetgum; *Liquidambar styraciflua*), 니사나무(tupelo; *Nyssa sylvatica*) 들이 서로 어울려 자라는데 매끄러운 줄기 때문에 쉽게 알아볼 수 있는 너도밤나무는 하늘 높이 자라고 있다.

숲의 주인, 낙우송

숲속은 땅과 물에서 나무가 자라는 것처럼 보이는데 안개가 끼어서인지 마치 태고의 숲에 들어온 것 같다. 죽순 같은 것이 물이나 진흙에서 솟아 자라고 있어 더욱 더 경이롭게 느껴진다. 겉은 나무껍질처럼 보이는데 주황빛 속을 드러낸 것도 있어 자세히 보니 큰 나무의 지하부 뿌리에 공기를 공급하는 기근(氣根)임을 알 수 있다. 큰 나무는 열대우림의 나무처럼 줄기 아랫부분이 부채살처럼 퍼져 있고 잎은 깃털처럼 생긴 낙우송(落羽松, bald cypress; *Taxodium distichum*)이다. 키가 30m에 달하고 굵기도 한 아름이 훨씬 넘는 노령목으로 주변의 나무들을 압도하며 서 있고 죽순 같은 기근을 주변에 거느리고 자라는 모습은 숲의 주인처럼 보인다. 어린 낙우송이 큰 나무 주변에 어린가지를 가지런히 뻗으며 자라는 모습은 이런 극한 환경에서 후계수를 키우는 나무들의 적응력을 보여주는 듯하다.

1. 낙우송의 기근 | 2. 웨스턴호수

낙우송 군락

수면으로 비치는 낙우송의 모습은 위아래를 구분하기 힘들 정도이어서 물속에 나무가 있는 듯한 착각을 일으킨다. 물이 없는 곳에는 이끼가 지표면을 덮고 있고, 나무줄기에도 이끼가 자라고 있어 초록색으로 숲을 칠해 놓은 것처럼 보인다.

숲속으로 더 들어가 조그마한 언덕에 올라서면 호수가 나타나는데 습지림 속에 호수가 있는 것이 신기하다. 나무가 가득 찬 곳을 지나 앞이 확 트인 호수에서 바라보는 숲은 보는 사람의 가슴을 시원하게 해준다. 호숫가에는 버드나무가 물에 닿을 듯 가지를 늘어뜨리고 있고 그 뒤로는 포플러, 참나무들이 높이 자라고 있어 전형적인 호반의 경관을 보여주고 있다. 이 호수의 이름은 웨스턴호수(Weston Lake)로 콩가리강이 예전에는 이곳으로 흘러갔으나 물길이 바뀌어 우각호(牛角湖)가 형성되었고, 지금은 진흙과 유기물들이 서서히 채워져 가는 호수가 되었다.

활엽수림의 조연들

초록빛 숲바닥에 자라는 테다소나무는 여러 그루가 모여 있기 때문에 활엽수에 가려 잘 보이지 않지만 빈 공간에서 자라는 테다소나무는 지름이 1m가 넘고 높이도 30m 이상인 데다 줄기가 붉은색을 띠고 있어 이색적이다. 테다소나무는 영어로 loblolly pine인데 습지에 자라는 소나무를 뜻한다. 또 학명에 쓰인 taeda는 송진이 많다는 뜻이므로 습지에서 자라고 송진이 많이 흐르는 소나무 종류라는 것을 이름으로 유추해 낼 수도 있다. 테다소나무 중 한 그루는 고사를 하여 껍질이 벗겨진 채 하얀 줄기로 서 있어 초록빛 숲과 대조를 이루고 있다. 이렇게 죽은 나무는 개미, 거미, 버섯 등의 서식처가 되어 숲의 다양성을 더욱 더 높여준다.

참나무, 느릅나무 대경목들이 서 있는 숲바닥에는 작은 팔메토(dwarf palmetto; *Sabal minor*)가 2~3m 높이로 무더기로 자라고 있는데 활엽수 아래에 마치 부채를 펼쳐 놓은 것 같아 더욱 인상적이다.

테다소나무의 붉은 줄기

다시 살아나는 숲

큰 나무들이 많은 곳을 지나다 보면 갑자기 작은 나무들이 자라는 곳이 나타나고 주변에는 커다란 나무들이 쓰러져 땅 위에 누워 있는 것이 보인다. 이곳은 1989년에 허리케인이 지나가며 큰 나무들이 피해를 받은 지역으로 자연적으로 큰 나무가 서 있던 자리에 어린나무들이 자라기 시작한 곳이어서 자연적으로 숲이 어떻게 소멸되고 다시 새 숲이 만들어지는가를 20년이 채 안 되어 보여주고 있다.

숲길을 지나다 보면 우리에게 비교적 낯익은 튤립나무(*Liriodendron tulipifera*)도 나타나는데 이곳에서는 다른 나무들과 경쟁을 해서인지 커다란 튤립나무는 보이지 않고 대개 키 15m 정도에 지름도 한 뼘밖에 되지 않는다. 하지만 시간이 지나면 다른 나무들처럼 크게 자랄 것이다.

활엽수림을 지나 숲 외곽으로 나오면 갑자기 테다소나무숲이 나타나는데 줄기가 일자로 하늘 높이 자라는 모습은 활엽수림과는 전혀 다른 모습을 보여준다. 이 숲은 사람들이 심은 인공림으로 여겨지지만 하층에 자라는 활엽수들을 보면 이 숲도 시간이 지나면 활엽수 천연림으로 바뀔 것이라고 추측 할 수 있어 한편으로는 안심이 된다.

콩가리국립공원의 숲은 산림개발에 따른 습지림의 훼손을 막아 유지된 미국의 대표적인 습지림으로 다양한 활엽수종과 낙우송, 테다소나무 등의 침엽수가 같이 자라는 숲이며 특히 낙우송은 이 숲을 대표하는 듯하다. 숲을 관리하기 위하여 습지인 곳은 목재데크를 설치하여 정해진 길로만 다닐 수 있게 한 것과 관리사무소가 길가가 아닌 숲속에 자라잡고 있어 방문객들이 숲을 조용히 즐기게 한 것은 우리에게 좋은 예를 보여주는 것 같다.

1. 작은 팔메토 | 2. 테다소나무 인공림

캐나다

사진_ 밴쿠버섬 서부 해안지역의 원시림

Canada

캐나다라는 이름은 카나타(kanata)라는 단어에서 유래된 것으로 '마을' 또는 '주거지'라는 뜻이다. 캐나다는 자연지리에 따라 애팔래치아산맥, 오대호-세인트로렌스 분지, 캐나다 순상지, 캐나다 초원, 서부 대산맥, 캐나다의 북극 등 6개권으로 구분한다. 애팔래치아산맥은 미국에서 시작하여 퀘벡주까지 연결되고 해발 1,268m의 자크-카르티산에산(Mont Jacques-Cartier)이 있으며 완만한 구릉지가 많은 지역이다. 오대호-세인트로렌스 분지지역은 세인트로렌스 분지에서 퀘벡과 온타리오의 남부로 이어지는, 특히 퇴적평야가 풍부한 곳으로 숲이 많았으나 벌채가 되어 일부만 남아 있다. 캐나다 순상지역은 마니토바, 온타리오 그리고 퀘벡, 래브라도의 북부, 뉴펀들랜드앤래브라도주가 포함되며 침엽수림이 많다. 캐나다 초원지역은 광대한 침적 평원으로 남서지역의 대부분을 차지한다. 서부 대산맥지역은 로키산맥에서 태평양까지 뻗어 있다. 캐나다의 북극지역은 만년빙과 나무의 북쪽 한계인 툰드라로 구성되어 있다. 기후는 북극기후에서 온대기후까지 폭넓게 나타나는데 해양성기후 지역인 벤쿠버의 연평균 기온은 10.1℃, 연간 강수량은 1,044mm이다.

캐나다는 일반적인 숲이 3억 1,000만 ha, 황무지 형태의 숲이 9,200만 ha로 총 4억 1,000만 ha가 숲이며 전체 면적의 40%이다. 퀘벡주, 온타리오주, 브리티시컬럼비아주 순으로 숲이 많은데 숲의 비율이 70~90%이고, 숲이 적은 유콘주, 노스웨스트주는 그 비율이 16~17%이다. 산림 소유의 비중은 국유림 17%, 공유림 76%, 사유림 7%로 사유림이 차지하는 비율이 미미하다. 임목축적량은 109m^3/ha으로 우리나라 임목축적량보다 약간 높으나, 연생장량은 1.5m^3/ha에 불과하다. 캐나다 산림은 12개 산림지역으로 구분을 한다.

캐나다는 면적이 크기 때문에 다양한 숲이 존재하고 있다. 캐나다에서 가장 임목축적이 높은 지역은 450m^3/ha의 해안림이다. 이 지역의 대표적인 숲으로는 온대우림을 들 수 있는데 브리티시컬럼비아 해안에도 분포하고 있다. 특히 브리티시컬럼비아주의 빅토리아섬과 캐나다 로키산맥에는 다양한 숲이 있는데 빅토리아섬의 시다숲, 미송숲, 밀러가든 그리고 온대우림이 유명하고, 경제림인 나나이모 근처의 와일드우드와 퍼시픽림국립공원(Pacific Rim National Park)이 있다. 로키산맥에는 밴프국립공원(Banff National Park), 재스퍼국립공원(Jasper National Park) 등이 있어 다양한 고산지대의 숲을 볼 수 있다.

1. 자연의 위력에 당당히 맞선
밴쿠버섬의 미송 원시림

울창한 미송 원시림

North America | Canada

캐나다 서부 해안지역을 대표하는 도시 밴쿠버(Vancouver)는 우리에게도 널리 알려진 도시로 브리티시컬럼비아주(British Columbia)에 위치하고 있다. 브리티시컬럼비아주는 캐나다의 대표적인 산림지역으로 미국 서부의 오리건주와 연결되는 북아메리카 서부 해안지역의 대표적인 목재생산지역이기도 하다. 캐나다 서부 해안의 원시림은 온대지역이면서 강수량이 높아 열대림에서나 볼 수 있는 우림의 성격을 띠고 있기 때문에 온대우림으로 불리기도 한다.

캐나다 서부 해안지역의 온대우림을 이루고 있는 나무들은 측백나무의 일종인 웨스턴레드시다(western redceder)와 솔송나무의 일종인 웨스턴헴록(western hemlock), 미송(douglas fir), 시카가문비나무(sitka spruce) 등이다. 이러한 온대우림들은 100년 전부터 시작된 대대적인 벌채로 인하여 면적이 많이 감소하였다. 미국에 비해 산업화가 늦게 시작된 캐나다에서도 서부 해안지역은 해상을 이용한 목재운반이 가능했기 때문에 원시림들이 많이 벌채되어 지금은 일부만 남아 있는 형편이다. 특히 우리나라 남한의 절반 정도 크기의 밴쿠버섬에서도 벌채가 많이 이루어져 원시림이 뱀필드(Bamfield) 등에 일부 남아 있는 정도이다.

카테드럴그로브 미송

밴쿠버섬의 숲을 이루고 있는 대표적인 수종 중의 하나는 미송이다. 미송의 학명은 *Pseudotsuga menziesii*로 수피가 비교적 두껍고 붉은색이며 높이가 80m 이상 자라는 나무로 북미 서해안과 내륙지방에 주로 자란다. 카테드럴그로브(Cathedral Grove)는 고속도로변에 미송이 원시림의 모습 그대로 유지되고 있는 숲이며 맥밀란공원(MacMillan Park)으로 지정되어 있다. 맥밀란공원은 밴쿠버섬 제2의 도시인 나나이모(Nanaimo)에서 포트알버니(Port Alberni)로 가는 4번 고속도로 옆 카메론호수(Cameron Lake) 근처에 위치하고 있다. 원래 이 지역에는 원시림의 대부분을 미송이 차지하고 있었으나 산업화에 따른 목재이용의 급증으로 무분별하게 벌채되다가 1944년부터 보호를 받기 시작하여 미송 원시림이 현재와 같이 보존될 수 있었다. 카테드럴그로브에는 미송 외에도 웨스턴레드시다, 웨스턴헴록 그리고 큰잎단풍나무(*Acer macrophyllum*)가 같이 자라고 있다.

외곽에서 미송 원시림의 모습을 바라보면 우선 나무높이에서 위압감을 느낀다. 높이가 60~70m 이상이 되고 지름도 1m 이상이 되는 나무들이 줄지어 서 있는 모습을 보면 그 아래 주차 돼 있는 승용차가 장난감 같다.

허리케인에 쓰러졌으나 다시 살아나는 숲

숲속으로 들어가면 키 큰 미송 아래 고사리들이 무리를 지어 자라고 있어 마치 나무 아래에 초록빛 양탄자를 깔아 놓은 것처럼 보인다. 그리고 간격이 넓은 미송들 사이로는 웨스턴헴록, 미송 어린나무나 큰잎단풍나무들이 자라나고 있다. 이러한 숲의 구조는 원시림에서 찾아볼 수 있는 모습이다.

그러나 나무높이가 70m 이상 되고 나이가 700~800년 되는 미송도 자연의 힘 앞에서는 고개를 숙이는 것을 볼 수가 있다. 1992년 허리케인이 이 숲을 휩쓸었을 때 숲의 일부가 바람에 의해 쓰러졌다. 적은 면적이긴 했지만 미송 줄기가 부러지거나 쓰러져 버린 것이다. 거대한 나무가 쓰러져 땅 위에 누운 모습은 자연의 위력을 실감하기에 충분하다. 그러나 10여 년이 지난 지금, 바람에 의해 만들어진 빈 공간이 다시 어린나무들로 채워지고 있는 것을 볼 수 있다.

이와 같은 숲바닥의 빈 공간에서뿐만 아니라 죽은 큰 나무 위에서도 나

1. 카테드럴그로브 안내판 | 2. 카테드럴그로브 입구에 있는 승용차와 미송
3. 1992년 허리케인 피해지 | 4. 빈 공간에 자라나는 어린나무들

무들이 새롭게 자라나고 있다. 큰 나무의 줄기나 뿌리 부분의 가운데가 비어 있는 것을 볼 수 있는데 이것은 큰 나무의 줄기 위에 새로운 나무가 뿌리를 내려 자라면서 죽은 줄기가 모두 썩어 없어져 나타난 것이다.

　카테드럴그로브의 미송 원시림은 온대우림에 해당되며 나뭇가지에 자라고 있는 이끼와 지의류를 보면 이곳의 습도가 얼마나 높은지 짐작할 수 있다. 이끼가 마치 실타래처럼 자라고 있고 큰 미송으로 둘러싸인 숲속에 있다 보면 마치 열대우림 속에 있는 듯한 착각을 일으키게 된다.

1. 도로 양쪽으로 줄지어 서 있는 미송 ｜ 2. 지금은 없어진 죽은 줄기 위에 자란 나무뿌리
3. 쓰러진 나무의 뿌리에 자라는 어린나무

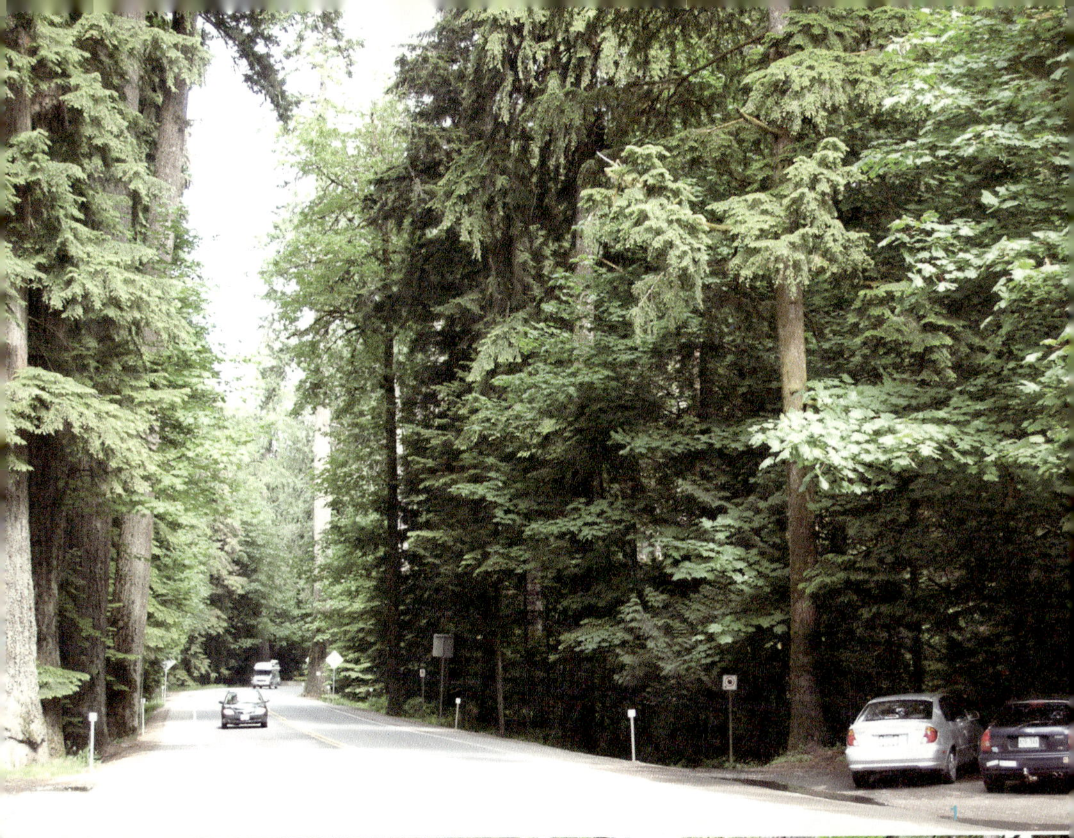

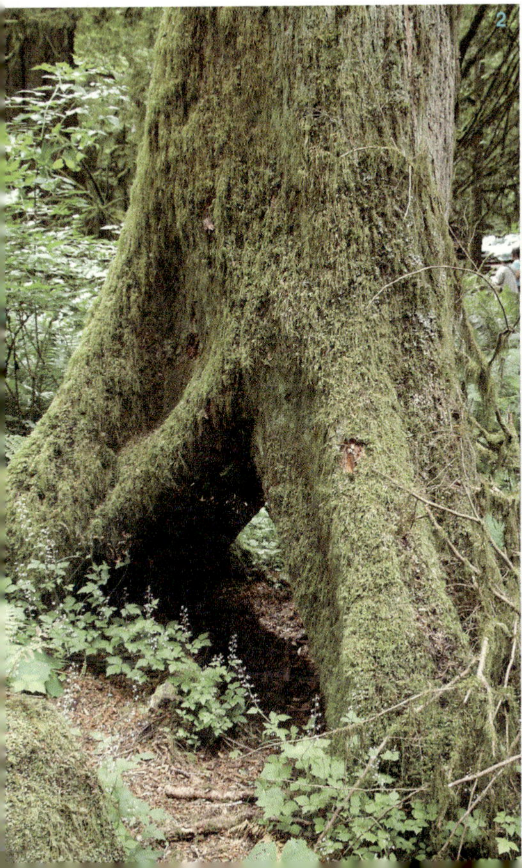

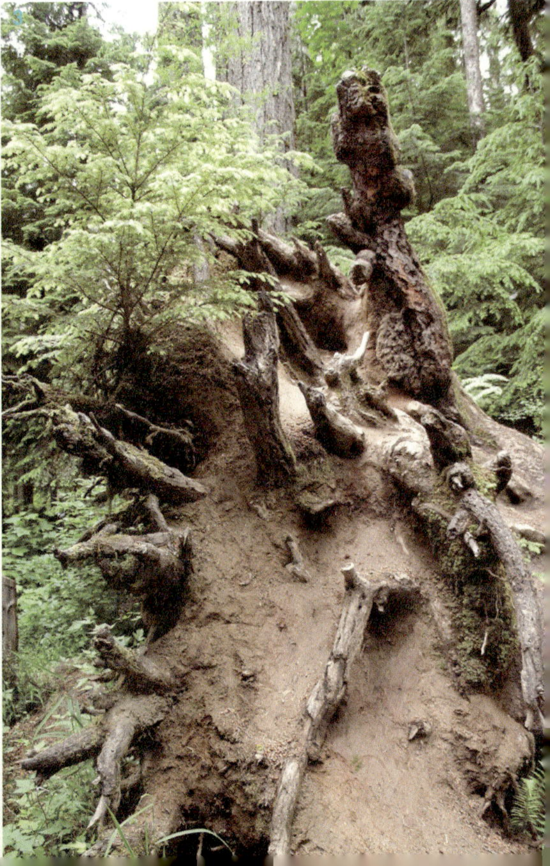

2. 지구상에 얼마 남지 않은
뱀필드의 웨스턴레드시다숲

원시림 사이로 난 오솔길

North America | Canada

캐나다 서부 해안에 위치한 밴쿠버섬의 서쪽 끝에 있는 뱀필드 (Bamfield)는, 밴쿠버에서 배로 2시간 걸려 도착하는 나나이모(Nanaimo)에서 다시 2시간 이상 차를 타고 가야 도착할 수 있는 태평양 연안의 소도시이다. 교통수단으로 주로 배가 이용되는데 수상택시가 있을 정도로 수상 교통수단이 발달되어 밴쿠버섬의 베니스라고 불리기도 한다.

뱀필드는 지구상에 얼마 남지 않은 자연 상태를 유지하고 있는 온대우림을 볼 수 있는 곳이다. 이 지역은 태평양에 접해 있기 때문에 해양성기후를 띠고 있고 연강수량은 3,500mm로 우리나라보다 3배 정도 많다. 겨울에도 온난한 것이 특색이지만, 겨울철에 강수량이 집중되어 대부분 10월과 3월 사이에 내린다. 여름철에는 비가 비교적 적게 내리지만 태평양 연안의 지리적 특성으로 안개가 많이 끼고 습도가 높아 비 대신 안개가 수분을 공급한다. 이러한 강수분포로 인해 잎이 넓은 활엽수는 여름철 건조기에 생장이 저조하고 겨울철에는 낙엽이 져서 광합성을 할 수 없지만, 침엽수는 이와는 달리 증발산량이 상대적으로 적고 생장이 활엽수보다 좋으며 겨울철 낮은 온도에서도 광합성이 가능하기 때문에 이 지역에서는 활엽수보다 침엽수가 발달하여 침엽수 온대우림을 형성하고 있다.

온대우림의 주인공 웨스턴레드시다

뱀필드의 온대우림을 구성하는 주수종은 시다(cedar)와 웨스턴헴록(western

hemlock)으로 높이가 70m 이상 자라고 지름은 2m 이상 되는 나무들이다. 캐나다에서 자라는 시다는 우리가 알고 있는 히말라야시다와는 완전히 다른 수종으로 웨스턴레드시다(western redcedar)와 옐로우시다(yellow cedar)를 의미한다. 웨스턴레드시다의 학명은 *Thuja plicata*로 측백나무의 일종이고, 옐로우시다는 *Callitropsis nootkatensis*로 편백나무의 일종이다. 웨스턴헴록의 학명은 *Tsuga heterophylla*로 솔송나무의 일종이다. 뱀필드 지역에서 주로 자라고 있는 나무는 웨스턴레드시다이다. 웨스턴레드시다가 자라는 밴쿠버섬은 태풍의 영향을 별로 받지 않고, 여름에 습도가 높아 산불이 날 위험이 없으며, 목질부에 방향성 물질이 많아 곤충의 피해를 받지 않기 때문에 나무들이 천 년 이상 살 수 있다.

뱀필드 주위의 원시림은 입구에서부터 어두워 보일 정도로 울창하다. 특히 이곳에는 흑곰이 많이 살고 있기 때문에 어두운 숲속에서 곰을 만날 수도 있어 혼자서 다니면 위험하다고 한다. 숲에서 제일 먼저 눈에 보이는 것은 웨스턴레드시다이다. 웨스턴레드시다의 높이는 50m 정도로 보이지만 일부는 70m 이상 된다. 웨스턴레드시다보다는 상대적으로 적게 나타나지만 웨스턴헴록도 비슷한 크기로 자라고 있어 나무 밑에 서면 나무의 끝이 보이지 않는다. 웨스턴레드시다를 멀리서 보면 건강하게 자라고 있는 것보다는 나무 끝이 말라 죽어가는 것이 많다. 웨스턴레드시다가 가지를 뻗은 모습이 사막의 선인장처럼 보일 정도이고, 고사되어 가는 웨스턴레드시다는 줄기와 가지가 하얗게 말라버린 채 서 있다.

이렇게 초두부가 고사되는 것은 자연 수명이 거의 다해 가고 있기 때문이며 그 주위에 어린나무들이 나타나기 시작한다. 고사되기 시작한 웨스턴레드시다 줄기에는 다른 나무나 관목들이 자랄 수 있는 자리와 양분을 제공한 것처럼 다른 식물들의 푸른 잎이 나타난다. 특히 웨스턴레드시다가 쓰러지면 쓰러진 줄기 위로 어린나무들이 자라나는 것을 볼 수 있다. 웨스턴레드시다와 웨스턴헴록이 같이 자라며 서로 세대 교체하는 듯이 보인다. 웨스턴레드시다가 고사하여 빈 공간이 생기면 대부분 웨스턴헴록 어린나무가 자라나고 있는 것을 볼 수 있다. 아마도 웨스턴헴록이 웨스턴레드시다보다 그늘에서 잘 자라기 때문인 것 같다.

1. 안개가 낀 해안지역의 원시림 | 2. 나무 끝이 고사된 웨스턴레드시다 원시림
3. 선인장을 닮은 웨스턴레드시다 수형

웨스턴레드시다는 원주민들에게 생명의 나무

사람의 손길이 전혀 닿지 않았을 것 같은 이 숲에 사람이 이용한 흔적이 남아 있는 웨스턴레드시다 고목이 있다. 원주민들이 카누 등을 만들기 위하여 벌목을 할 때 무조건 나무를 자르는 것이 아니라 나무 밑부분에 도끼로 구멍을 내어 줄기가 썩었는지를 확인했다. 만일 썩었을 경우에는 나무가 계속 자라도록 더 이상 자르지 않았기 때문에 그 흔적을 간직한 채 지금도 자라고 있다. 또 나무가 벼락이나 산불의 피해를 입은 것처럼 줄기가 일부 벗겨진 채 자라고 있는데, 이것은 원주민 부녀자들이 껍질로 옷을 만들거나 줄을 만들기 위해 나무껍질을 벗긴 흔적으로 전체 둘레의 1/3 이상은 벗기지 않았다. 웨스턴레드시다가 생활에 필요한 거의 모든 것을 원주민들에게 제공했기 때문에 원주민은 웨스턴레드시다를 생명의 나무라고 하며 소중히 다루었다. 캐나다에서 웨스턴레드시다의 중요성은 우리나라의 소나무와 같거나 그 이상이었던 것 같다. 이러한 흔적은 문화적인 자취일 뿐만 아니라, 원주민이 정부를 상대로 토지반환소송을 할 때 원주민 소유를 증명하는 증거로 채택되기도 하여 웨스턴레드시다 이용의 역사를 말해주고 있다.

숲을 지나다 보면 갑자기 앞이 훤하게 트인다. 숲은 사라지고 습지가 나타나는데 습지 주위에는 키도 별로 크지 않고 줄기도 가는 나무들이 자라고 있고 습지 한가운데는 호수를 이루고 있다. 습지의 바닥을 보면 바닥은 흙이 아니라 스파크넘 이끼로 덮여 있다. 이끼 사이로 끈끈이주걱이 자라고 있는 것을 볼 수 있다.

이와 같이 뱀필드 지역의 숲은 원주민이 오랜 세월 이용해 왔지만 자연의 원리에 따라 이용한 까닭에 지금까지 보존이 가능했고 습지 역시 잘 보존이 되고 있다. 이는 결국 숲을 단지 이용의 대상으로만 볼 것이 아니라 다양한 관점에서도 바라보아야 한다는 것을 의미한다.

1. 웨스턴레드시다 줄기에 자라는 관목 | 2. 웨스턴레드시다 노령목 아래에서 자라는 웨스턴헴록
3. 부후를 확인한 흔적이 있는 웨스턴레드시다 | 4. 나무껍질을 벗긴 웨스턴레드시다
5. 습지에 자라는 끈끈이주걱 | 6. 숲바닥에 자라는 난쟁이산딸나무

3. 어떻게 이용하고 보존할 것인가
밀너가든과 와일드우드

밀너가든 입구의 숲

North America | Canada

밀너하우스

밀너가든의 원시림

벤쿠버섬 나나이모의 남쪽, 퀼리컴(Qualicum) 해안에 위치한 밀너가든(Milner Gardens)은 입구 자체가 숲 사이로 난 길이어서 임도인지 입구인지 구별이 안될 정도로 자연 상태를 유지하고 있다. 밀너가든은 우리에게는 거의 알려져 있지 않지만 영국 엘리자베스 여왕(Elizabeth II)이 1987년에 방문하여 3일간 체류한 유서 깊은 정원으로 밀너가문에서 1939년에 조성을 시작하였다. 밀너가든 내의 밀너하우스는 바다를 바라볼 수 있는 멋진 위치에 자리 잡고 있으면서도 고목들이 주위를 감싸고 있으며, 후원은 넓은 잔디밭이 있어 바다까지 시원하게 볼 수가 있고 그 주위로는 다양한 화초와 관목들이 자라고 있다. 밀너가든의 가장 대표적인 정원은 진달래(Rhododendron)정원으로 약 500여 종의 진달래류가 자라고 있다. 총면적은 28ha로 이 중 정원이 차지하는 면적은 4ha이고, 24ha는 숲으로 원시림이 대부분을 차지하고 있다.

밀너가든 지역은 태평양에 접해서 해양성기후를 띠고 있으나 밴쿠버섬 동쪽에 위치하기 때문에 태평양의 습한 공기와 바람이 애로우스미스 산(Mt. Arrowsmith)에 막혀 비가 적게 오고 바람이 별로 없다. 연강수량이 1,400mm로 밴쿠버섬 동부 해안지역의 연강수량 3,500mm보다 훨씬 적고, 1월 평균 기온 8~12℃, 7월 평균 기온 23~25℃로 온난한 편이다.

이 지역에서 주로 나타나는 수종은 미송, 웨스턴레드시다, 웨스턴헴록

(Wetern hemlock)으로 밴쿠버섬 동부 해안의 나무들보다는 느리게 자라는 편이다. 원시림의 주수종은 미송과 웨스턴헴록으로 밴쿠버섬 서해안에서는 높이가 70m 이상, 지름은 2m 이상 크는 나무들이지만 이 지역은 날씨가 건조한 탓에 나무의 생장이 느려 높이 50m 정도까지만 자라고 나무나이도 최대 500~600년 정도이다. 이 지역에서는 주기적으로 산불이 발생하는데 미송의 나무껍질이 두꺼워 피해를 적게 입기 때문에 미송이 우점하게 되었다. 그래서인지 바닷가 급경사지 위나 해변의 미송 고목의 나무껍질에서 산불 흔적을 찾아볼 수 있다.

밀너가든의 원시림은 해변의 가파른 경사지에서 시작해 내륙으로까지 연결되어 있는데 수종이 다양하지 않음에도 불구하고 나이가 많이 든 고목과 어린나무가 번갈아 나타나고 있어 단조롭지 않다. 나무높이는 40~50m 정도이지만 크고 작은 나무들이 교대로 나타나거나 같이 나타나고 있다. 원시림 사이로 지나가는 오솔길은 원시림을 보호하기 위하여 나무로 만들었다. 이 오솔길을 거닐다 보면 쓰러진 고사목을 사람이 지나갈 정도로만 치우고 그대로 방치해 쓰러진 고사목 위에 이끼가 끼고 고사리류가 자라는 것을 보면서 물질순환과 자연 생태계의 고리를 느낄 수 있다.

미송 원시림은 대부분 고목림으로 보호받고 있으며 특히 야생동물이 서식하고 있는 공간은 별도로 보호를 하고 있다. 밀너가든 숲에 서식하는 대머리독수리(Haliaeetus leucocephalus)는 날개 편 길이가 2m 이상인 맹금류로 덩치가 크기 때문에 그 덩치에 걸맞는 둥우리를 짓기 위해서는 나무높이가 40~50m되고 가지가 매우 굵은 고목이 필요하다. 이러한 고목림은 독수리 서식공간의 확보차원에서 보호가 필요하므로 독수리가 둥지를 튼 나무는 별도로 관리를 하고 있다.

와일드우드의 보속 경영

밀러가든에서 30분 거리에 있는 와일드우드(Wildwood)는 개인소유의 숲으로 미송(douglas fir)과 레드시다(red cedar)가 주를 이루고 있다. 이 숲은 나무의 크기나 경관이 좋아서 유명해진 곳이 아니라 환경적이고 지속적인 이용

밀너가든 1. 밀너하우스 후원 | 2. 불에 탄 흔적이 있는 미송 고목 | 3. 원시림 관찰로

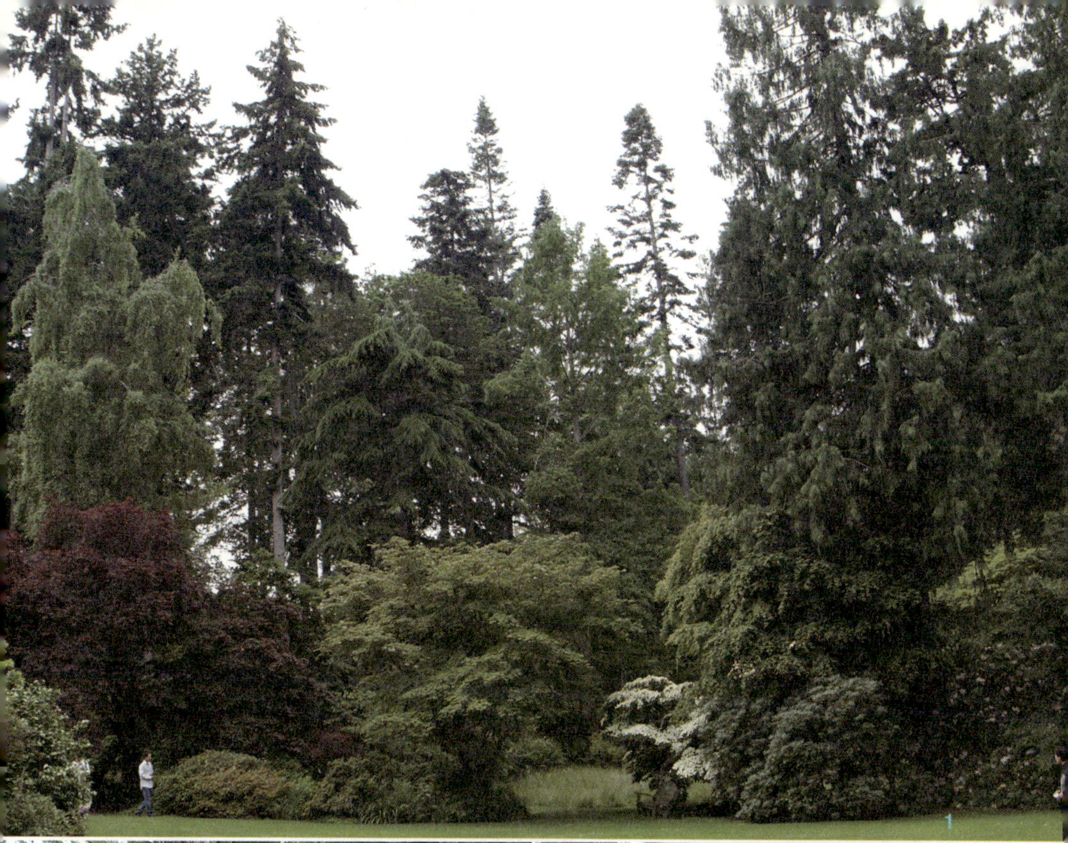
1

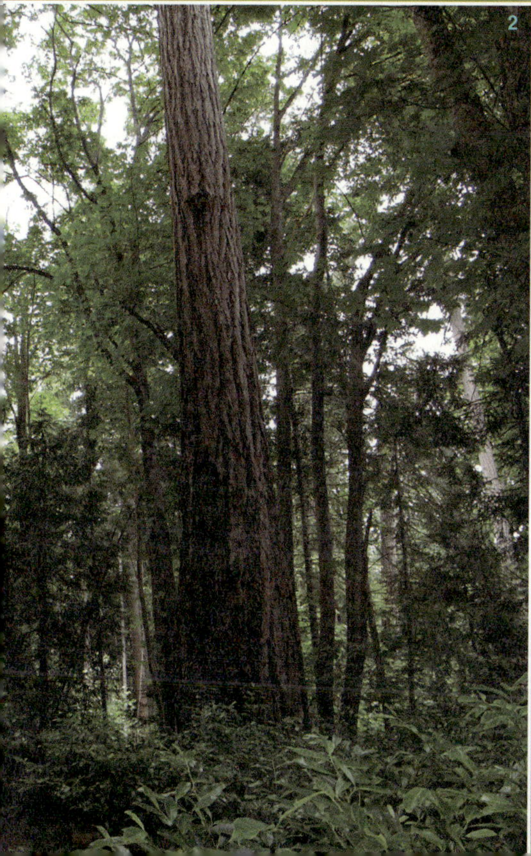
2

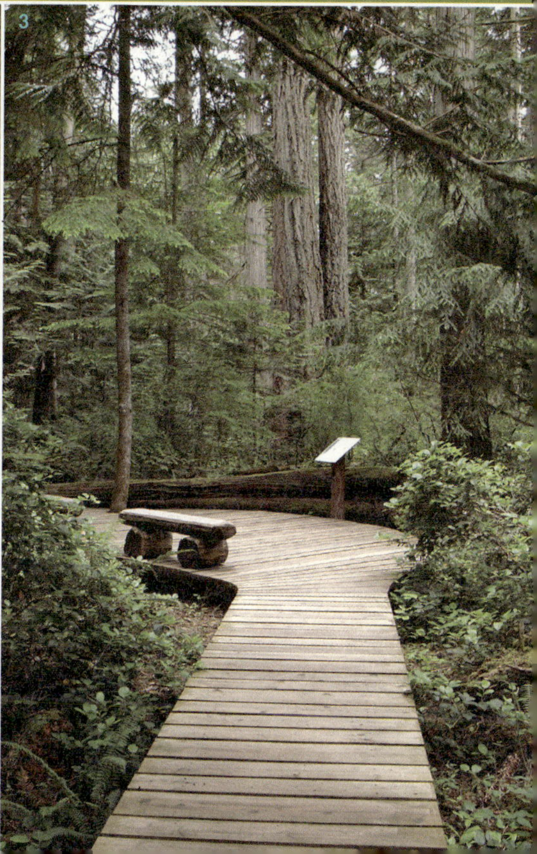
3

이 가능한 보속적 산림경영으로 유명한 곳이다.

이 숲은 멀브 윌킨슨(Merve Wilkinson)이 1936년에 55ha의 숲을 구입한 후 보속성에 입각한 산림경영을 실천한 곳이다. 나무가 자라는 만큼만 수확을 하고 수확된 나무의 일부는 다시 자연으로 반환하여 지력이 유지되도록 하였다. 1936년 이래 5년 주기로 수확을 하였는데 개벌을 실시하지 않고 군상이나 단목 수확을 하여 임지가 노출이 되지 않고 늘 나무로 덮여 있게 하는 택벌 작업을 위주로 한 보속 경영을 했다.

와일드우드의 입구는 일반적인 미송 경제림으로 보이지만 자세히 숲속을 들여다보면 개미집이 보이고 크고 작은 나무들이 한 공간에서 균형을 맞추어 서 있다. 어두운 숲속에서 갑자기 환해지는 지역은 최근에 수확을 하여 수관 상층이 드러난 부분으로 지표부를 보면 어린나무들이 자라고 있는 자연적인 모습이 나타난다. 벌채 후에 남아 있는 그루터기에도 어린나무들이 자라나고 있다. 와일드우드는 인위적으로 관리되고 수확을 하는 경제림이지만 외형은 원시림의 모습을 보이고 있다.

와일드우드 1. 미송과 헴록 | 2. 숲속의 개미집 | 3. 어린나무와 벌채된 그루터기 | 4. 택벌림

4. 환경에 적응하는 나무들의 생명력
로키산맥의 수목한계림

암봉으로 이어진 캐나다 로키산맥

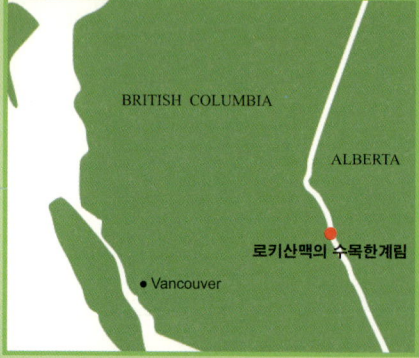

BRITISH COLUMBIA

ALBERTA

로키산맥의 수목한계림

• Vancouver

North America | Canada

로키산맥(Rocky Mts.)은 북아메리카의 왼쪽에 위치한 산맥으로 미국과 캐나다에 걸쳐 있고, 남북으로 길고 동서로 넓어 다양한 식물과 동물들이 살고 있는 곳이다. Rocky라는 이름이 말해주듯이 이 지역은 암벽이 많다. 캐나다 로키산맥의 가장 높은 산은 롭슨산(Mt. Robson)으로 해발 3,945m이며 이외에도 해발 3,000m 이상의 산이 많이 있다. 캐나다 로키산맥에는 국립공원으로 지정된 지역이 여럿 있는데 대표적으로 재스퍼국립공원(Jasper National Park), 밴프국립공원(Banff National Park), 쿠트니국립공원(Kootenay National Park) 등이 있다. 이 중 밴프국립공원은 캐나다 최초의 국립공원으로 면적이 6,641km²이다. 가장 넓은 국립공원은 1907년에 지정된 재스퍼국립공원으로 면적이 11,228km²로 우리나라 면적의 10% 이상이 된다. 이 국립공원은 유네스코에서 세계문화유산으로 지정할 정도로 자연경관이 수려하고 자연생태가 잘 유지되고 있다.

로키산맥 중간지대

일반적으로 해발고가 높아짐에 따라 활엽수림대에서 침엽수림대로 바뀌어 가는데, 태평양 연안에서부터 캐나다 로키산맥 사이의 중간지대에서 가장 많이 볼 수 있는 수종은 소나무류인 로지폴소나무(lodgepole pine; *Pinus contorta*)이다. 이 수종은 캐나다 동부에서 서부까지 분포하고, 캐나다 앨버타(Alberta)주의 주목(州木)일 정도로 캐나다에서는 중요한 경제수종 중의 하나이지만 해충인 소나무좀(Dendroctonus ponderosae)에 의한 피해가 지난 10년 동안 700만 ha에 달해 이에 대한 방제가 집중적으로 이루어지고 있다. 이외에도 폰데로사소나무(ponderosa pine; Pinus ponderosa), 마운틴헴록(mountain hemlock; Tsuga mertensiana), 웨스턴헴록(western hemlock; Tsuga heterophylla), 웨스턴라취(western larch; Larix occidentalis), 웨스턴레드시다(western red cedar; Thuja plicata), 옐로우시다(yellow cedar; Chamaecyparis nootkatensis) 등 다양한 침엽수종들이 있다. 이 중에서 브리티시컬럼비아주 해안지역에 주로 자라는 수종은 웨스턴헴록, 웨스턴레드시다, 옐로우시다 등이다.

로키산맥 수목한계선

캐나다 로키산맥은 해발 3,900m까지 이르며 이 중 수목한계선은 보통 2,000m에 나타나지만 암벽 등 지형조건에 따라서는 낮아지는 경우도 많다. 일반적으로 수목한계선은 위도가 낮은 뉴멕시코 같은 남쪽 지역에서는 해발 3,600m 정도이지만, 북쪽 지역에서는 1,500m로 낮아진다. 앨버타의 수목한계선은 2,000~2,300m 높이에 위치하며 토양을 형성하는 물질은 모레인(moraine)이 많다. 캐나다 로키산맥 중앙부의 밴프국립공원 내 빙하지역인 컬럼비아아이스필드(Columbia Icefield)는 이러한 수목한계선을 잘 보여주고 있다. 이 빙하지역의 면적은 325km^{2}로 우리나라 설악산국립공원 면적인 173km^{2}의 거의 2배에 달한다. 빙하의 아래쪽은 모레인 지역으로 나무들이 살지 못하지만 그 아래쪽에는 나무들이 자라고 있고, 모레인이 퇴적된 계곡부에는 호수가 형성되어 있다. 이러한 지역은 연평균 기온이 영하 1~3℃이고 여름에도 9~15℃ 정도로 추우며 겨울에 눈이 2m 이상 쌓이는 고산지역이다.

이 지역에 자라는 주요수종은 가문비나무 종류인 엥겔만가문비나무(engelmann spruce; Picea engelmannii)가 주를 이루고 전나무 종류인 서브알파인전나무(subalpine fir; Abies lasicarpa)가 같이 자라고 있다. 수목한계선에 해당되는 이 지역에는 숲을 이루지 못하고 단목이나 군상으로 나무들이 무리

1. 로키산맥의 호수 | 2. 컬럼비아아이스필드

지어 자라는 것이 특징이다. 이곳에 자라는 나무는 크기가 작은데 높이가 3~4m 정도이고 지름도 10cm 내외이며 대부분 이보다 작게 자라란다. 산 위쪽에서 시작되는 숲의 모습을 보면, 산 위쪽으로는 나무들이 단목으로 자라고 있으며 아래로 내려오면서 나무들이 촘촘히 자라고 있다. 특히 군상을 이루고 있는 가문비나무 중에는 줄기가 하얗게 말라 고사하거나 잎이 갈색을 띠는 것이 많다. 지표면은 두꺼운 이끼가 형성되어 있어 마치 스펀지처럼 느껴질 정도이다.

한계림지대의 침엽수림

수목한계선 지역에서는 사면 중간부터 숲을 형성하지 못하고 위쪽에서는 군상이나 삼각형 형태로 나무들이 무리를 지어 자라다가 아래로 내려오면서 숲을 이루고 있다. 이러한 형상으로 숲이 형성되는 이유는 사면토양이 안정이 되지 않고 토양이 아래로 내려오면서 안정되기 때문인 것으로 여겨진다. 이런 곳에서는 숲이 삼각주처럼 보이기도 하여 자연이 사면을 모자이크 처리를 한 것처럼 보이기도 한다. 이렇게 형성된 숲은 계곡부로 내려오면서 나무 크기도 커져 아래쪽의 숲은 나무높이가 15m 이상이며 수관도 울폐된 모습이다. 이 지대의 나무들은 수종에 관계없이 모두 원추형으로 가늘게 자라고 있는 것이 특징이다. 눈이 많이 오는 추운 지역이라 가지가 길면 설해를 당하기 때문에 가지를 길게 뻗지 못하는 것으로 보인다. 특히 가지가 아래로 처지지 않고 위나 수평으로 자란 것도 고산지대에 내리는 눈이 마른 눈이기 때문에 가지와 잎에 쌓인 눈을 바람에 쉽게 날리도록 하기 위해서인 것으로 여겨진다. 이러한 나무의 형태에서 자연에 저항하지 않고 순응하여 몸의 형태를 자연조건에 맞추는 자연선택의 원리를 찾아볼 수 있다.

산의 전체 사면을 보면 아래쪽으로 내려올수록 숲의 형태를 이루어 산기슭에서는 울창한 숲을 이룬다. 해발고가 낮아지면서 수목한계림은 울창한 숲으로 변하는데 이 숲은 로지폴소나무, 화이트가문비나무, 엥겔만가문비나무 등의 침엽수종으로 이루어진다. 이렇게 숲이 형성되기 시작하는 한계림지대를 흐르는 하천변에도 침엽수림이 형성되어 있다. 하천변에 자라는

1. 모레인 지역의 호수와 숲 | 2. 군상으로 자라는 수목한계선의 나무
3. 나무 간의 간격이 넓은 완경사지의 수목한계림 | 4. 사면 아랫부분의 가문비나무숲
5. 하천변 급경사지의 침식구와 침엽수림

1

2

나무들은 화이트가문비나무, 블랙가문비나무(black spruce; *Picea mariana*) 등과 함께 샌드바버드나무(sandbar willow; *Salix exigua, S. caudata*)가 같이 자란다. 사면의 경사가 심한 지역은 침식이 많이 일어나기 때문에, 사면부 침식으로 인하여 숲이 형성되지 못하고 관목이나 초본으로만 덮인 사면부와 숲으로 이루어진 곳이 교대로 나타난다. 관목지역에는 버드나무류가 같이 자라고 있는 곳이 많다.

산정상부터 계곡부까지 보이는 한계림의 모습은, U자형으로 파인 계곡의 중심에는 가문비나무, 전나무가 혼효된 침엽수림이 전봇대 같이 가는 형태로 줄을 지어 자라고 있다. 산기슭에는 울창하지는 않지만 숲의 형태를 유지하며 중간 중간에 빈자리가 있고, 산중턱 이상에서는 가문비나무들이 군상으로 간신히 자리를 유지하며 자라고, 그 위로는 단목으로 자리 잡고 있어 척박한 자연환경에 적응하는 나무들의 강인한 생명력을 엿볼 수 있다.

1. 사면부의 수목한계림 | 2. 고산지대 숲 전경

5. 빙하와 숲이 머무는 에메랄드 빛깔
로키산맥의 루이스호수

산 위에서 바라본 루이스호수

North America | Canada

캐나다 로키산맥의 밴프국립공원(Banff National Park)은 1885년에 캐나다 최초로 국립공원으로 지정되었고 세계적으로는 세번째로 오래된 국립공원이다. 면적은 6,641km²로 우리나라 지리산국립공원의 14배 이상되는 큰 면적을 자랑한다. 1883년 캐나다 태평양철도회사에서 철도공사 중에 발견된 온천에 철도회사 출자자의 고향이름 밴프셔(Banffshire)를 따서 밴프라는 도시가 생겼다. 이 지역이 국립공원으로 지정될 때 이 도시이름을 따서 밴프국립공원이 되었고, 이후 유네스코에서 이 지역을 세계문화유산으로 지정했다.

밴프국립공원에서 유명한 곳으로 밴프와 루이스호수(Lake Louise)가 있다. 루이스호수는 원래 조그만 물고기 호수였으나 1884년에 빅토리아 여왕(Queen Victoria)의 딸 루이스 공주를 기리기 위해 루이스호수로 명명되었다. 밴프는 온천, 교통, 주위 경관으로 밴프국립공원의 중심도시가 되었고, 루이스호수 지역은 아름다운 호수와 주위의 자연경관 그리고 스키를 즐길 수 있는 유명한 관광지가 되었다.

호수를 감싸고 있는 침엽수림

루이스호수는 해발 1,500m가 넘는 곳에 자리를 잡고 있으며 골짜기 쪽을 제외한 삼면이 높은 산으로 둘러싸여 있고, 호수 위쪽으로는 빅토리아(Victoria)빙하가 자리를 잡고 있다. 루이스호수의 입구에서는 숲으로 가려져 호수가 잘 보이지 않지만 입구를 지나면 에메랄드빛 물을 가득 머금은 호수가 나타나고, 주위를 푸른 숲이 에워싸고 있다. 뒤쪽 높은 산에서 눈부시게 하얀 빛을 발하고 있는 빙하의 모습은 이곳이 아니고는 볼 수 없는 경관으로 가히 일품이다. 에메랄드빛 호수에는 주위의 경관이 비쳐서 물속에 로키산맥이 들어가 있는 듯하다.

호수 주위를 감싸고 있는 숲은 대부분 고산지대에 자라는 침엽수종으로 그 모습이 다양하게 나타나고 있는데 고산대에 자라는 나무의 특성을 잘 보여주고 있다. 줄기가 곧게 자란 전나무류는 가지가 짧게 자라 멀리서 보면 원통형으로 보일 정도이다. 이렇게 나뭇가지가 짧은 이유는 고산지대의 생육조건이 좋지 않은 탓도 있지만 눈이 많이 내리는 지역이기 때문에 눈의 피해를 줄이기 위해 오랜 세월에 걸쳐 진화를 거듭하여 지금의 형태를 이루게 된 것이라고 여겨진다. 나무높이는 20~30m를 넘는 정도이지만 나무들이 촘촘히 서 있고, 가지가 짧고 줄기가 곧게 자라기 때문에 나무높이가 40~50m나 되는 것처럼 보인다.

이렇게 숲을 이루고 있는 곳이 있는 반면 호수 일부에는 암벽이 노출된 곳이 있는데 이 암벽 아래로 나무들이 군상으로 자리를 잡는 중이다. 가문비나무류(*Picea glauca*)와 전나무류(*Abies lasicarpa*)로 보이는 침엽수 주변에는 풀들이 나 있고 그 외곽지대에는 어두운 빛을 띤 작은 돌들만 있다. 나무들은 호수 주변에 주로 삼각형으로 자리를 잡고 있다. 수목한계선에 자라는 나무들이 이루는 모양과 흡사하지만 이곳은 테일러스라는 너덜지대에 나무가 자리잡으며 형성된 현상으로 보인다. 이외에도 호수 주변의 전나무는 열악한 환경에서 자라기 위하여 뿌리를 땅속 깊이 뻗어 바람 피해를 막고 양분을 흡수하기 위하여 조그마한 바위나 돌들을 뿌리로 감싸며 자라고 있다.

루이스호수 지역은 주위에 스키장이 많아 스키 관광지로도 유명하다. 국립공원 내에 스키장이 있고 도시가 있는 것은 우리나라의 국립공원과는 큰 대조를 이루고 있는데 밴프국립공원의 면적이 우리나라 충청북도보다 조금 작다는 것을 감안하면 아무리 오지라도 조그마한 도시와 스포츠시설이 있는 것은 당연한 것 같다. 루이스호수 맞은편의 비교적 경사가 완만한 지역에 스키리프트가 설치되어 있는데, 이 스키 지역으로 가려면 계곡을 건너가야 한

1. 밴프의 바우(Bow)폭포 | 2. 호수 주변 테일러스 사면의 숲

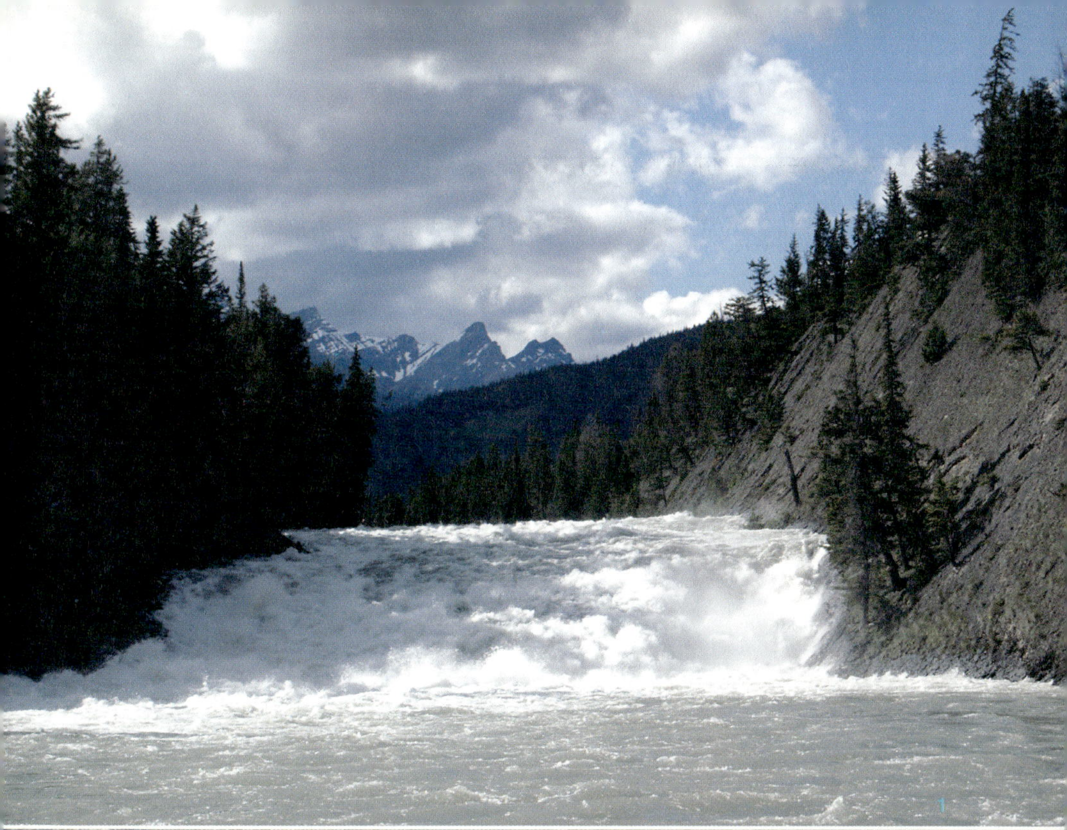

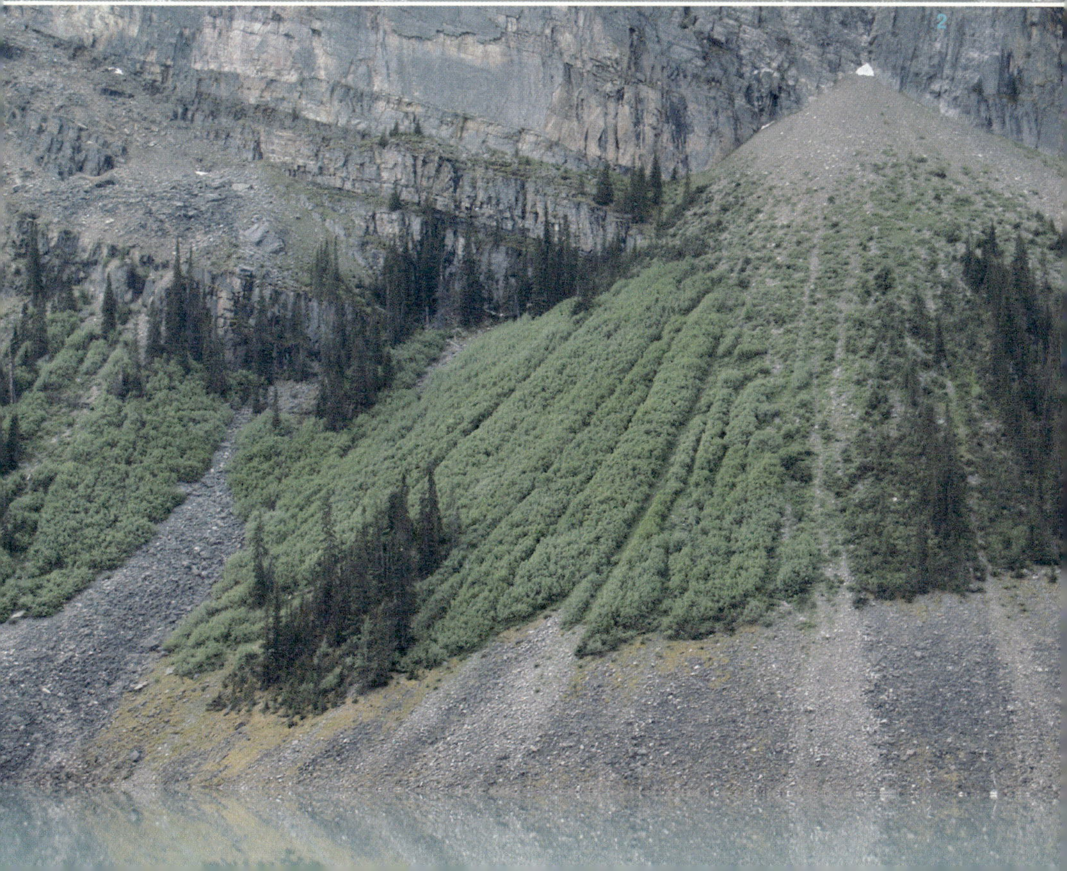

다. 루이스호수 지역 아래쪽의 계곡에 해당되는 평탄지역은 고속도로와 철로가 건설되어 있을 정도로 대단히 폭이 넓다. 이 평탄지역은 비교적 저지대로 울창한 숲이 형성되어 있다. 숲과 숲 사이에 포장도로와 철로가 놓여 있지만 위에서 보아도 이러한 시설물들이 잘 보이지 않는다.

로지폴소나무의 바다

숲을 이루는 수종은 로지폴소나무(lodgepole pine; *Pinus contorta*)이다. 로지폴소나무은 3가지 변종이 있는데 태평양 연안에서 자라는 쇼어소나무(shore pine; *P. contorta* var. *contorta*), 로키산맥의 로지폴소나무(*P. contorta* var. *latifolia*), 미국 캐스케이드산맥과 시에라네바다산맥에 주로 자라는 시에라로지폴소나무(Sierra lodgepole pine; *P. contorta* var. *murrayana*)가 있다. 이 지역에 자라는 로지폴소나무는 높이가 40m 이상, 지름이 80cm 이상 자란다. 평탄지의 폭은 수 km에 이르고 길이는 수십 km가 되기 때문에 마치 나무로 이루어진 바다 또는 평야지대의 옥수수밭을 보는 것 같다.

이 지역의 로지폴소나무는 우리나라처럼 가지치기나 숲가꾸기를 하지 않은 자연 상태를 유지하기 때문에 죽은 가지가 촘촘히 달려 있는 것이 눈에 많이 띈다. 평탄지에서 산으로 올라가면 로지폴소나무 외에 전나무와 가문비나무가 나타나기 시작하는데 전나무와 가문비나무는 많은 면적을 차지하지 못하고 단목으로 로지폴소나무 사이에서 자라고 있다. 로지폴소나무 아래 빈 공간에 어린 전나무가 자라는 것이 많이 보인다. 전나무는 내음성 수종으로 그늘에서 수십 년을 기다리다 상층의 나무가 없어지면 정상적으로 자랄 수 있는 나무이기 때문에 이곳에서도 오랜 시간 그늘에서 기다리고 있는 것을 보니 우리나라 오대산의 전나무가 생각난다.

로지폴소나무숲 사이의 초지에서는 로키산맥에 자주 출몰하는 곰을 조심해야 한다. 로키산맥에서는 곰의 피해를 막기 위하여 방울을 달고 다니거나 여러 명이 같이 다니도록 하는 등의 안전수칙을 마련하여 등산객에게 홍보를 하고 있다. 이 지역도 해발 2,000m 정도가 되면 수목대가 점차 없어지고 관목림대로 바뀌는데 이 지대에는 야생화들이 많이 자라고 있다.

1. 호수 주변의 전나무숲 | 2. 돌을 감싸고 자라는 전나무 | 3. 스키장 리프트 스테이션
4. 계곡 평탄지역의 바다처럼 보이는 로지폴소나무숲

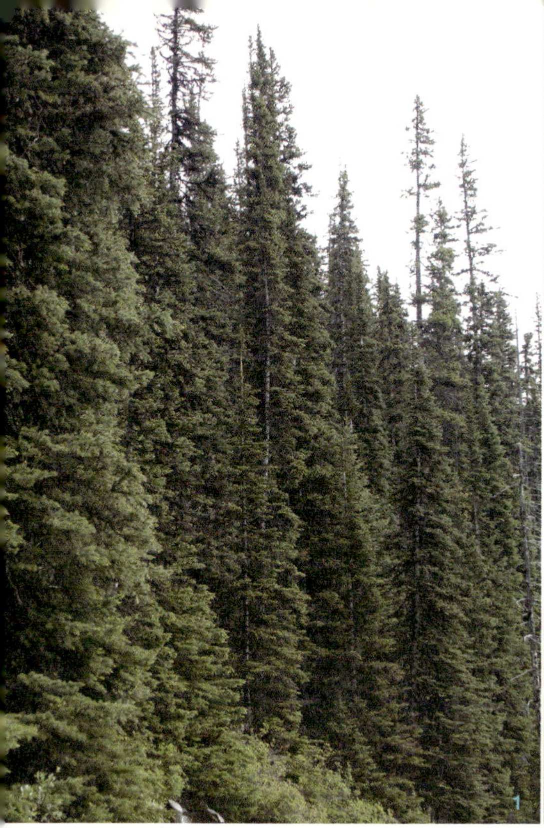
1

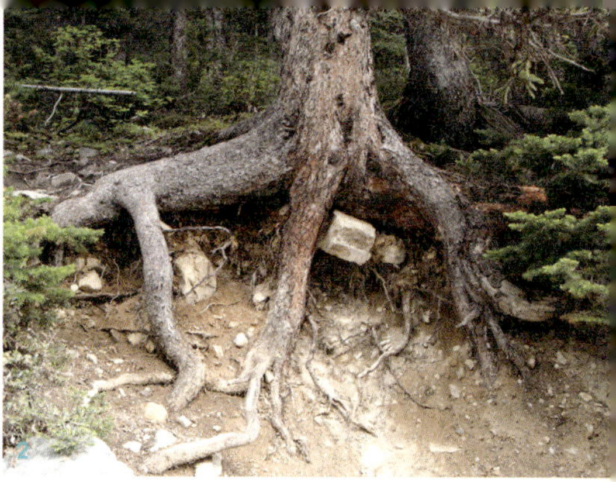
2

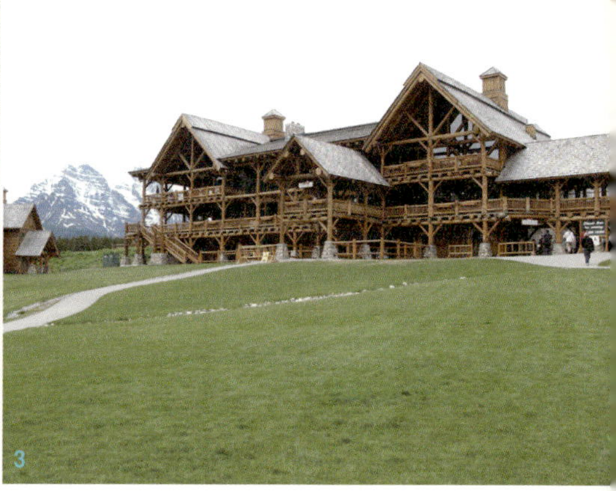
3

4
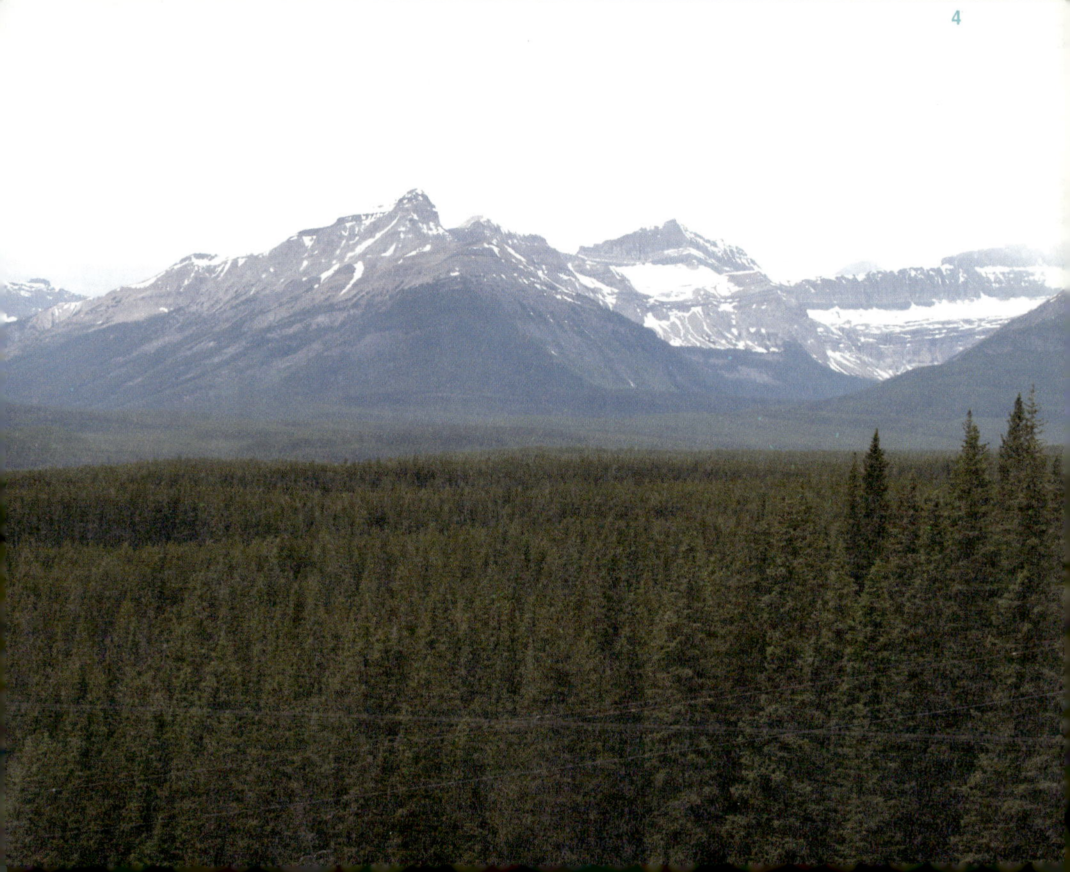

해발 2,080m 지점의 전망대에서 보는 루이스호수 원경은 왜 루이스호수가 그렇게 유명한가를 말해주는 것 같다. 그러나 밴프국립공원이 아무리 대면적이라도 급증하는 관광객을 위한 시설과 도로망 확충을 위해 조금씩 훼손될 수 있다는 점에 대해 국립공원 당국자와 지역주민들이 우려하고 있다.

1. 고사지가 많은 로지폴소나무와 그 아래에서 자라는 어린 전나무
2, 3. 초지에 출몰한 곰 | 4. 루이스호수 전경

독일

사진_ 슈바르츠발트의 상페터숲

Germany

독일은 지역적으로 다른 특성을 보이는 북부, 중부, 남부 3개의 지역으로 구분할 수 있는데 북부는 북해(North Sea)와 발트해(Baltic Sea)에 접하고 있는 저지대이고, 중부는 준산악지역으로 삼림이 풍부한 구릉지대와 해발 1,000m 정도의 고원이며 산악지역으로 유명한 슈바르츠발트(Schwarzwald) 등의 대규모 산림군이 펼쳐지는 지역이다. 남부 또한 높은 산악지대로 알프스 기슭을 따라서 펼쳐진 고원지대인데 보덴호(Bodensee) 등 수려한 경관의 호수들이 산재해 있는 아름다운 곳이다. 전체 지형은 해발고가 높은 남쪽의 알프스에서 북쪽의 북해로 경사져 있기 때문에 라인강 등 주요 하천이 북쪽으로 흐르는 특징을 보여준다. 기후는 우리나라와 같이 사계절이 있는 온대기후이지만 북서부는 해양성기후, 남동부는 대륙성기후를 나타낸다. 연평균 기온은 9℃로 전반적으로 겨울은 한랭하며, 여름은 온화하나 변덕스러운 날씨를 보인다. 봄이 대체로 늦게 오므로 여름이 짧은 편이다.

독일의 숲 면적은 1,107만 5,000ha로 전체 면적의 31%이며 임목이 있는 숲 면적은 1,056만 7,000ha로 우리나라 면적과 거의 같다. 북쪽 지역보다는 남쪽 지역에 산림이 많으며 산림 소유는 연방정부 4.9%, 국유림 29.6%, 공유림 19.5%, 사유림 43.6%, 기타(동독 지역) 13.6%으로 국·공유림이 50% 이상 차지하고 있다. 임목축적량은 320㎥/ha으로 우리나라 임목축적량보다 3배 이상 높으며, 연생장량은 10㎥/ha인 반면 수확량은 6~8㎥/ha로 생장량이 수확량보다 높다.

숲을 구성하는 주요수종으로 침엽수는 독일가문비나무(Picea abies) 28%, 구주소나무(Pinus sylvestris) 23%, 낙엽송(Larix decidua) 3%, 활엽수는 너도밤나무(Fagus sylvatica) 15%, 참나무류(Quercus petraea, Q. robur) 10%이고, 기타 수종(전나무 Abies alba, 피나무 Tilia spp, 물푸레나무 Fraxinus spp, 단풍나무 Acer spp, 오리나무 Alnus spp, 포플러 Populus spp 등)이 21%로 침엽수가 반 이상을 차지하고 있다. 이와 같은 수종분포는 자연분포와는 많은 차이를 보이고 있는데 자연 상태에서는 너도밤나무숲이 전체의 2/3 이상을 차지하는 것으로 알려져 있다.

자연 상태에서는 저지대이고 모레인이나 모래땅이 많은 북부 독일과 라인 강변 하안지대에는 소나무숲, 자작나무숲, 참나무 혼효림이 주로 있다. 저지대와 하안에는 로부르참나무·서어나무 혼효림이, 구릉지에서 해발 500m까지 약간 온난한 지역에서는 페트라참나무·서어나무숲이 분포한다. 너도밤나무숲은 저지대에서부터 해발 1,100m까지 다양한 형태로 분포한다. 너도밤나무·전나무 혼효림은 해발 700~1,400m 사이에 나타나며 독일독일가문비나무는 85~1,800m, 낙엽송·쳄브라소나무숲은 해발 1,800~2,400m 사이에 분포한다. 전체적으로 보면 참나무, 서어나무, 소나무는 해발고가 낮은 평지와 구릉지에 주로 자라며 너도밤나무는 산악지에, 전나무, 가문비나무는 고산지에서 천연분포를 한다.

1. 도시숲에서 나무를 길러내다
뒤셀도르프의 도시숲

너도밤나무숲 산책로

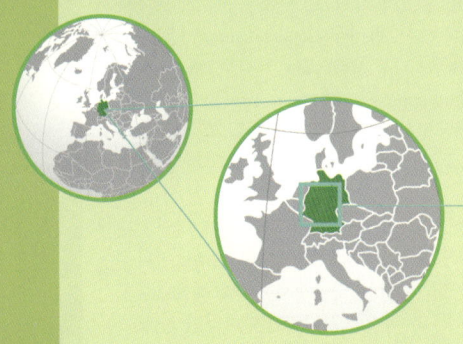

Europe | Germany

독일이라고 하면 '라인강의 기적'이 연상된다. 공업지대인 루르(Ruhr)에 자리 잡고 있는 뒤셀도르프시(Düsseldorf)는 노르트라인베스트팔렌주(Nordrhein-Westfalen)의 주요 도시로 인구 57만 명, 면적 2만 1,700ha의 정치·상업도시이며 도심에는 상가와 금융가가 밀집되어 있지만 녹지와 공원이 비교적 넓게 자리를 잡고 있는 곳이다.

도심 속의 공원과 더불어 뒤셀도르프 시민들이 즐겨 찾는 곳인 도시숲은 면적이 2,180ha로 남부, 북부, 중심 지역으로 구분되며 대부분 시유림이다. 특히 시민들의 사랑을 많이 받는 중심지역의 숲은 면적이 600ha로 다양한 수종으로 구성되어 있다. 그 중 가장 많은 면적을 차지하고 있는 나무는 너도밤나무(*Fagus sylvatica*)로 전체의 32%를 차지하고 있고 다음은 참나무이며, 나머지는 오리나무와 자작나무이다. 독일의 다른 지역에서 많이 볼 수 있는 독일가문비나무는 3% 미만으로 활엽수가 숲의 대부분을 차지하고 있다.

초록빛 궁전, 그라펜베르거숲

중심지역에서 대표적인 숲은 그라펜베르거숲(Grafenberger Wald)으로 많은 시민들이 산책을 하기 위해 찾는다. 이 숲에 들어서면 우선 눈에 보이는 것이 휴양림 표지판으로 휴양림에서의 준수사항이 적혀 있다. 숲 사이로 난 산책로는 초록궁전으로 들어가는 길처럼 보이는데, 2~3명이 어깨를 나란히

하고 걸을 수 있을 정도로 넓다. 숲 사이로 난 산책로 옆으로는 말을 탈 수 있는 승마로가 별도로 조성되어 있어 산책객과 승마인이 서로 마음 놓고 숲을 거닐 수 있게 배려하고 있다.

이 지역의 숲에는 너도밤나무가 많이 자라고 있는데, 이 중에는 수령 200년이 넘고 높이가 40m에 달하는 너도밤나무 고목들도 자라고 있다. 산책로를 따라 너도밤나무 고목들이 줄지어 서 있는 모습은 초록빛 지붕 아래 하얀 대리석 기둥이 서 있는 듯하고, 밑둥치의 굵은 손마디 같은 형상이 200년 이상의 풍상을 말해주는 듯하다. 일렬로 늘어선 너도밤나무 줄기 아래의 숲바닥은 마치 융단을 깔아놓은 듯이 풀이 자라고 있는 것을 볼 수 있다. 수관부의 푸른 너도밤나무 잎과 굵은 너도밤나무 줄기 그리고 바닥의 연초록빛 풀은 예쁘게 가꾼 초록빛 정원 같아 보인다.

이렇게 너도밤나무 고목들만 있는 것이 아니라 비교적 어린 활엽수들이 자라고 있어 숲의 활력을 높여주고 있으며, 줄기가 곧게 자란 활엽수의 모양은 우리의 숲과 사뭇 달라 부러움을 자아낸다. 큰 너도밤나무 아래 새로 자라기 시작하는 어린 단풍나무는 신구세대의 조화를 보여주는 것 같다. 너도밤나무 외에도 하얀 줄기의 자작나무 사이로 난 산책로는 숲의 변화를 느낄 수 있다. 자작나무는 하얗게 빛나는 줄기 때문에 멀리서도 금방 알아볼 수 있지만 너도밤나무처럼 오래된 나무가 없어 서운함이 느껴진다.

도시숲 관리의 모범

2층처럼 이루어진 숲을 자세히 보면 위층에 자라고 있는 굵은 줄기의 나무는 참나무이고 아래층에 자라는 나무는 너도밤나무, 서어나무 등의 활엽수이다. 위층의 참나무 대경목 주위에 참나무 줄기를 에워싸듯이 자라고 있는 너도밤나무는 참나무를 호위하는 근위병처럼 보일 정도이다. 이러한 숲의 형태는 참나무 줄기에 잠아(潛芽)가 발생하는 것을 막기 위하여 인위적으로 만든 것인데, 잠아는 참나무의 목재 가치를 떨어뜨리기 때문이다. 참나무 고급 대경재를 생산하기 위하여 세심하게 자연의 힘을 이용하는 '독일의 숲 관리 기본방향'은 우리가 본받을 점이 많은 것 같다.

1. 숲 입구의 휴양림 표지판 | 2. 산책로 옆의 승마로
3. 너도밤나무 고목 | 4. 너도밤나무와 지피식생

도시숲으로서 시민들에게 휴양공간을 제공하고, 도시에 신선한 공기를 제공하는 뒤셀도르프 시유림은 목재생산기능도 함께 한다. 게다가 단순한 목재생산이 아닌 지속가능한 산림경영을 인정하는 산림인증(FSC)을 받았기 때문에, 이 숲에서 생산되는 목재에는 FSC 인증마크가 찍힌다. 대도시에 자리 잡은 숲이 지속적으로 산림을 유지하고 목재를 생산한다는 것, 즉 목재생산기능과 휴양기능을 동시에 충족시키는 것이 언뜻 불가능해 보이지만 뒤셀도르프 시유림은 2000년도에 이미 FSC 인증을 받았다. 개벌 대신 단목수확을 실시하고, 나무가 생장하는 만큼만 목재를 이용하며, 가능하면 다층림을 조성하고, 천연갱신을 실시하며, 집재에 기계를 이용하지 않고 말(馬)을 이용함으로써 목재생산기능과 휴양기능을 충족시킬 수 있다는 것을 뒤셀도르프의 도시숲은 입증하고 있다. 우리나라의 대도시 주위의 도시숲 관리를 위한 좋은 모범을 뒤셀도르프의 도시숲이 보여주고 있는 것 같다.

1. 어린 단풍나무 | 2. 자작나무 사이로 난 산책로 | 3. 다양한 모습의 너도밤나무숲

2. 숲을 바라보는 새로운 시선
하르츠의 독일가문비나무숲

상층이 울폐된 독일가문비나무 인공림

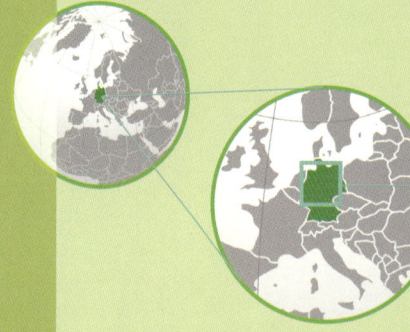

Europe | Germany

하르츠(Harz)는 니더작센주(Niedersachsen)와 작센안할트주(Sachsen-Anhalt)의 경계에 위치하는 지역으로 이곳에 하르츠국립공원이 있다. 독일 통일 이전에는 니더작센주가 1994년에 하르츠국립공원으로 지정하고 작센안할트주가 1990년에 고산하르츠국립공원으로 지정하여 관리하다 2006년 1월 1일에 하르츠국립공원으로 통합했다. 국립공원 면적은 총 2만 4,700ha로 작센안할트주에 8,900ha, 니더작센주에 1만 5,800ha가 있다. 하르츠에서 가장 높은 곳은 해발 1,141m의 브로켄(Brocken)으로 작센안할트주에 위치하고 있으며, 니더작센주에서 가장 높은 곳은 브름베르크(Wurmberg)로 해발 971m이다. 니더작센주에서 하르츠로 가는 도중의 지형은 구릉지로 바람이 비교적 많이 불기 때문에 풍력발전소가 눈에 많이 띄고, 대서양기후의 영향으로 비교적 온난하기 때문에 유채밭도 흔히 볼 수 있다. 구릉지대를 지나 하르츠 외곽에 도달하면 농가 주변에 활엽수림이 많이 나타난다.

독일가문비화

하르츠에 들어서면 우선 독일가문비나무(*Picea abies*)숲이 눈에 띈다. 하르츠 전체가 독일가문비나무숲이라 해도 과언이 아닐 정도이다. 브름베르크에서 브로켄을 바라보면 산 전체가 독일가문비나무로 덮여 있는 것 같다. 산에만 독일가문비나무가 있는 것이 아니라 저지대에도 독일가문비나무가 빽빽

하다. 산 전체가 독일가문비나무인 이유는 이 지역이 원래 독일가문비나무가 많이 자라는 곳이라서가 아니라 경제림을 조성하기 위해 인위적으로 조림을 했기 때문이다. 이렇게 대면적으로 독일가문비나무를 심었기 때문에 이곳에서 '독일가문비화(Verfichterung)'라는 신조어가 생기기까지 했다. 원래 하르츠에 독일가문비나무 천연림이 있기는 하나 해발 800m 이상의 지역에서 나타난다. 현재 천연림이 유지되고 있는 곳은 브로켄 정상 아래 부근에만 일부 있을 뿐이고, 800m 이하의 지역에는 독일가문비나무와 너도밤나무가 함께 자라는 혼효림이 있으며 그 아래로는 너도밤나무 활엽수림이 자리를 잡고 있다.

독일가문비나무 단순림은 원래 경제림 조성이 목적이었기 때문에 사면 하부에서부터 산꼭대기까지 조림을 실시하였다. 이에 따라 이 지역의 독일가문비나무숲은 영급림 구조로 되어 있는데, 사면 전체를 보면 숲의 나이가 똑같은 것이 아니라 구획에 따른 면적단위로 숲의 나이에 차이가 있는 것을 나무 크기로 알 수 있다.

이러한 대면적 조림은 대기오염물질에 의한 산림피해가 발생하였을 때, 바람이 맞닿는 산꼭대기에서 자라고 있는 독일가문비나무들에게 피해를 입혔다. 대면적으로 피해가 발생했는데 이를 보여주는 곳이 브름베르크 정상 주위에 있는 독일가문비나무숲이다. 이곳 대부분의 지역에는 고사하였거나 바람에 의해 뿌리가 뽑힌 독일가문비나무의 죽은 줄기가 줄지어 서 있고 넘어진 나뭇등걸이 바닥에 널려 있어 마치 숲의 폐허를 보는 듯하다. 이 지역은 죽은 나무를 제거하지 않고 대기오염 피해지를 보존하여 연구와 일반인들에게 산림 피해를 홍보하는 교육장 등으로 이용하고 있다.

정상 아래 지역의 독일가문비나무는 피해가 비교적 적은 편으로 숲의 형태를 유지하고 있으나 나뭇잎이 약간 붉은빛을 띠고 있어 건강상태가 좋지 않아 보인다. 독일가문비나무 노령림은 나무높이는 30m 이상, 지름도 50cm 이상 자라고 있으며, 상층부가 일부 소개된 곳에는 어린 독일가문비나무가 자라고 있다. 상층부가 울폐된 곳은 어린나무들이 자라지 못할 정도로 어둡고 풀만 조금 자라고 있는 편이며 일부에서는 산앵도나무가 자라고 있다. 산앵도나무는 토양이 산성화된 곳에 많이 자라는 식물로 이 지역이 대

1. 풍차와 유채꽃 | 2. 농가주위의 활엽수림 | 3. 독일가문비나무로 전체가 조림된 산
4. 바람에 뿌리까지 넘어간 독일가문비나무

1

2

기오염에 의해 토양산도가 높아진 것을 보여주는 단적인 예이다.

독일가문비나무는 경제림으로 조성되었지만 가지치기를 실시하지 않아 죽은 가지가 많이 달려 있다. 이는 상층부가 울폐된 상태로 숲이 자라면 나무들의 아래쪽 가지가 말라 죽어 자연낙지되기 때문이다. 대부분의 죽은 가지는 줄기 아래쪽보다는 위쪽에 많이 달려 있는데 대부분 나무높이가 크고 직경이 큰 나무들이 해당된다.

혼효림으로의 회귀

하르츠 그리고 하르츠국립공원에서는 독일가문비나무 인공림이 가지고 있는 생태적 그리고 안정성 문제 때문에 단순인공림을 혼효림화하려는 노력을 기울이고 있다. 대면적의 독일가문비나무 인공림은 생태적으로 볼 때 대단히 불안정하다. 특히 토양 산성화, 종다양성, 동식물 서식공간 측면에서 대단히 취약하며, 경제적 측면에서도 단순림으로 여러 세대가 지속되면 생산성 저하의 문제가 발생할 소지도 대단히 높다. 이러한 문제점들을 해결하기 위하여 독일가문비나무 인공림을 지역 고유의 숲인 독일가문비나무·너도밤나무 혼효림으로 바꾸는 작업이 최소한 국립공원과 자연보호지역에서 실시되고 있다. 이 작업은 단기간에 이루어질 수가 없기 때문에 장기간에 걸쳐 점진적으로 이루어지고 있다.

작업이 시작됨에 따라 독일가문비나무숲에서 자라고 있는 활엽수종이 보호·육성되는 것을 볼 수 있다. 특히 어린 독일가문비나무숲에서 이러한 경향을 쉽게 찾아볼 수 있다. 그리고 저지대에서는 독일가문비나무 단순림을 원래의 너도밤나무숲으로 바꾸는 작업도 동시에 실시하고 있다. 이렇게 침엽수 인공림을 활엽수림으로 바꾸는 지역의 숲은 검은 초록빛으로 뒤덮인 침엽수림에 연초록빛 너도밤나무숲이 소면적으로 나타나는 것을 보면 알 수 있다.

이외에도 어족자원 보호를 위해 계곡부의 독일가문비나무를 오리나무나 버드나무로 대체하는 작업이 진행되고 있다. 이렇게 다양하게 독일가문비나무 인공림을 혼효림이나 활엽수림으로 바꾸는 것은 인공단순림으로 야

1. 대기오염에 의한 브롬베르크 독일가문비나무 피해지
2. 숲속에 자라는 산앵도나무

기될 수 있는 경제적·생태적 문제점을 보완하기 위한 것이다.

하르츠의 대면적 독일가문비나무 인공림은 목재생산을 중심으로 하는 과거의 전형적인 임업에 기초를 두고 장기간에 걸쳐 조성되었다. 특히 2차 세계대전 후 전쟁배상금 지불을 위한 벌채가 단기간 대면적으로 실시되었기 때문에 독일가문비나무 면적이 더 증가하였다. 이렇게 독일가문비나무 인공림을 대면적으로 조성함으로써, 대기오염에 의한 피해, 해충 피해, 생산성 저하 등 직접적인 피해와 생태계 불안정 등이 대두되어 이에 대한 해결방안들이 모색되고 일부 실시되고 있다.

단지 물질생산의 향상과 경제적 가치의 제고를 위한 생태적으로 불안정한 침엽수 단순림은 조성 당시보다는 장기간이 흐른 후에 많은 문제점을 드러내고 있기 때문에 독일 하르츠의 대면적 단순인공림은 우리나라의 조림정책 결정에 시사하는 바가 크다. 특히 지역수종이 아닌 수종을 경제성 때문에 대면적으로 조림하는 것은 장기적으로 득이 아닌 실이 된다는 것을 하르츠에서 확인할 수 있다.

1. 고사지가 있는 독일가문비나무 | 2. 계곡부 활엽수림

1

2

3. 정령이 깃든 동화와 그림의 숲
라인하르츠발트의 참나무숲

사바부르크성으로 향하는 옛길의 참나무 노령목

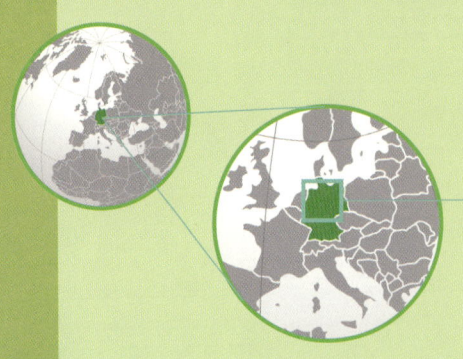

Europe | Germany

독일우표

헤센주(Hessen) 동북부에 위치하고 있는 라인하르츠발트(Reinhardswald)는 자연공원으로 지정된 산림지역으로 참나무(*Quercus*) 등의 활엽수가 많이 자라는 곳이다. 이 지역을 찾는 방문객들은 숲이 좋아서 오기도 하지만 이 숲에는 동화와 신화가 살아 있기 때문이다. 독일의 대표적인 동화작가인 그림(Grimm) 형제의 「잠자는 숲속의 공주(Dornröschen)」가 이 숲을 배경으로 하고 있기 때문이다. 숲속에는 공주가 잠들었던 사바부르크성(Sababurgschloss)이 아직도 자리를 지키고 있는데 지금은 결혼식장과 호텔로 이용되고 있다. 특히 사바부르크성으로 가는 옛길은 현재 이용되지 않고 있지만 수령 200년 이상 되는 참나무들이 길 옆으로 줄지어 서 있어 동화가 실제인 것처럼 느껴진다.

라인하르츠발트의 과거

라인하르츠발트는 과거에 산림방목이 활발했다. 200년 전까지만 해도 말 3,000마리, 소 6,000마리, 돼지 6,000마리, 양과 염소 2,000마리 등 최소 1만 8,000마리의 가축이 동시에 숲속에서 나는 도토리, 너도밤나무(*Fagus sylvatica*) 열매, 어린나무들을 먹고 자랐다. 특히 도토리를 먹고 자란 가축들은 육질이 좋기 때문에 참나무숲이 선호되었다.

이러한 과도한 방목으로 도토리 등의 종자가 모두 사료로 없어져 어린나무가 새로 생겨나지 못하게 된 데다 기존의 어린나무들이 모두 사라지고 나

라인하르츠발트의 참나무 노령림

이든 나무들만 남아 숲이 황폐해지기 시작했다. 급기야 1748년에 방목가축 숫자를 규제하기 시작하였고 1860년에 산림방목이 종료되었다. 이러한 장기적인 이용으로 숲이 황폐화되자 참나무와 너도밤나무 노령목을 벌채하고 독일가문비나무를 식재하기 시작하여 이 지역의 숲이 독일가문비나무숲으로 많이 바뀌었다. 사바부르크 지역의 방목림도 벌채되고 침엽수림으로 탈바꿈할 위험에 처했으나 이 숲을 대상으로 그린 그림이 많은 사람들의 사랑을 받으면서 방문하는 사람들이 많아지자 1907년에 66ha가 '화가를 위한 보호지역(Malerreservat)'으로 지정되었다. 이후 보호지역은 면적의 변동이 있어 현재 99ha가 절대자연보전지역으로 지정되어 보호받고 있다. 이 중 가장 자연유지가 잘된 사바부르크의 숲은 사람의 손이 전혀 닿지 않은 원시림이 아니라 방목림에서 200년 동안 자연력으로 만들어진 일종의 2차 원시림이다.

정령의 나무

사바부르크숲에 들어서면 우선 눈에 보이는 것이 나무높이 30m 이상 되는 너도밤나무 노령목이다. 너도밤나무의 매끈한 수피는 200년의 세월이 지나도 변함이 없으나 이끼가 끼고 땅 위로 노출된 뿌리는 이 나무들이 얼마나 나이가 들었는지 짐작할 수 있게 한다. 너도밤나무들 밑에는 낙엽만 쌓여 있을 뿐 풀이나 관목이 없어 일부러 숲바닥을 정리한 것처럼 보이지만 위쪽을 보면 너도밤나무 잎들이 햇빛이 못 들어올 정도로 덮어서 아래에 풀이 자라지 못하고 있는 것이다.

너도밤나무숲을 지나면 수령 수백 년이 넘는 참나무들이 나온다. 참나무 줄기의 지름은 2~3m에 이르고 줄기만 보면 고사된 것 같지만 가지의 일부가 살아 있는 것을 볼 수 있다. 이 나무들의 나이는 700년 이상 되는 것으로 추정하고 있다. 수백 년의 풍상을 말해주는 참나무의 줄기는 다양한 형상을 보여주고 있으며 가지가 부러진 자리에는 속이 비어 있는 것도 보인다. 또 주위에는 불에 타서 밑둥치만 남아 있는 참나무도 있다. 이러한 참나무 노령목과 불에 탄 나무들은 화가들에 의해 그림으로 그려지기도 했다. 이렇듯 참

1. 참나무 노령목(T. Rocholl 작) | 2. 사바부르크 자연보호지역의 풍경(P. Andreae 작)
3. 너도밤나무 노령목과 지피식생 | 4. 수백 년이 넘은 참나무 노령목
5. 수백 년간의 잠에서 깨어나는 정령(T. Rocholl 작)

나무라고 보기 어려울 정도로 다양한 모습을 보여주고 있는 참나무 노령목에 정령(精靈)이 깃들어 있다고 믿는 것이 당연할지도 모른다. 참나무 중에는 많은 사람들이 알고 있는 유명한 나무가 있는데 그 모양이 특이하여 독일 우표의 모티브로 이용되기도 했다.

자연으로의 복귀

참나무 노령목 외에 너도밤나무 노령목도 수백 년을 살다 바람에 부러지거나 뿌리가 뽑힌 채 누워 있다. 나무들이 쓰러지거나 죽은 자리에는 어린나무들이 다시 자라고 있다. 불에 타 죽은 나무의 그루터기도 자연 그대로 방치되어 생태계의 일부를 이루고 있다. 자연에 맡겨진 숲에서는 자연의 뜻에 따라 큰 나무 자리를 대신하여 작은 어린나무가 차지하고 있는 것을 쉽게 볼 수 있다. 그러나 참나무와 너도밤나무 노령목 주위를 살펴보면 어린 참나무는 없고 대개 너도밤나무 어린나무들이 많이 자라고 있는데 이는 음수인 너도밤나무가 참나무보다 큰 나무 아래에서도 잘 견딜 수 있기 때문이다.

너도밤나무도 증가하지만 나지에 제일 먼저 자리를 잡을 수 있는 자작나무도 많이 나타나고 있다. 선구수종인 자작나무의 하얀 수피와 극상림을 이루는 너도밤나무의 검은 수피는 기묘한 조화를 이루고 수종 구성 역시 좋은 대조를 이루고 있어 자연 상태에서 발생하는 다양성을 잘 보여준다. 특히 초지가 조성되어 있는 곳은 주위부터 활엽수 어린나무들이 발생되어 서서히 숲이 증가하는 것을 볼 수 있다. 이와 같이 사바부르크숲은 일정한 틀에 박힌 숲이 아니라 동일한 수종이라도 다양한 형태와 크기로 나타나고 다양한 수종들이 자기 자리를 찾아가고 자라는 자연 상태의 숲으로 볼 수 있다.

라인하르츠발트의 참나무숲은 산림 이용의 변천사를 보여주고 있다. 인간들이 어떤 방법으로 숲을 이용하더라도 숲으로 남겨지기만 한다면 200~300년 후면 다시 자연으로 복귀를 하는 자연의 힘이 우리가 상상하는 것보다 훨씬 더 크다는 것을 이 숲을 통해 알 수 있다.

1. 너도밤나무가 쓰러진 자리에 자라는 활엽수 어린나무 | 2. 불에 탄 그루터기
3. 너도밤나무와 같이 자라는 자작나무

4. 도심 속에 살아 있는 숲의 역사
슈반하임의 참나무숲

프랑크푸르트 시내와 도시숲

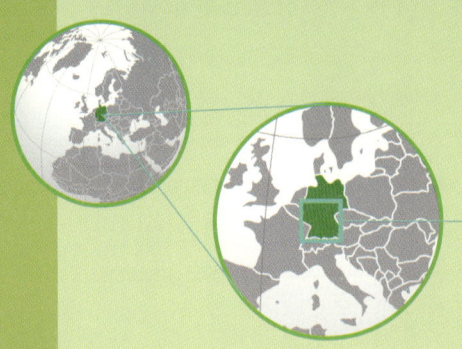

Europe | Germany

독일이 자랑하는 대표적인 숲으로 독일가문비나무(*Picea abies*)로 이루어진 슈바르츠발트(Schwarzwald)가 있지만, 프랑크푸르트(Frankfurt)에는 목가적인 배경을 이루는 500년 된 참나무숲이 있다. 프랑크푸르트는 세계적인 상업·금융도시로 알려져 있지만, 시민들의 건강과 휴양을 위해 도시숲을 얼마나 신경을 써서 관리하고 있는지 아는 사람은 많지 않다. 프랑크푸르트 숲에는 450km의 숲길이 있고 80km의 승마로가 조성되어 있으며 숲 면적은 약 5,000ha로 독일에서 도시숲으로는 가장 넓다. 또한 도시숲에는 7개 산림공원이 조성되어 있고 이 중 일부는 수영장까지 있어 여름에는 어린이들이 숲속에서 수영을 즐기면서 숲을 자연스럽게 접할 수 있다.

500년 된 노령목

이러한 시설들 외에도 일광욕을 즐길 수 있는 초지와 숲과 자연을 알리는 탐방로 등이 많이 조성되어 있는데 이 중 나무의 나이가 가장 많고 다른 지역에서 볼 수 없는 숲이 슈반하임(Schwanheim) 지역의 참나무 노령목이다. 이곳에서 자라는 참나무를 스틸아이헤(Stieleiche)라고 부르는데 학명은 *Quercus robur*이며, 우리나라에서는 로부르참나무라고 한다. 독일의 대표적인 참나무로 로부르참나무 외에 페트라참나무(*Quercus petraea*)가 있다. 독일에서는 두 참나무 종류를 목재이용 측면에서 거의 동일시하고 있으나 도토리 자루가 긴 것이 로부르참나무이고 짧은 것이 페트라참나무라는 차이가 있다.

　슈반하임의 참나무 노령목을 지역주민들은 '천 년 된 참나무'라고 부르는데 실제로는 500년 정도됐다. 500년이 된 참나무는 중세시대의 산림 이용과 밀접한 관계가 있는데, 역사적으로 보면 중세부터 19세기 말까지 참나무숲과 너도밤나무숲에 소, 돼지 등을 방목을 했다. 슈반하임 지역도 예외는 아니었다. 특히 19세기 말에는 염소와 양을 방목하여 도토리는 물론 어린 참나무까지 초록빛이 나는 것은 모두 먹어 치웠기 때문에 참나무 천연갱신이 불가능했다. 특히 겨우 살아남은 나이가 많은 참나무들도 방목에 의한 피해 때문에 일반적으로 숲에서 보는 참나무보다 굵기는 하지만 생장이 대단히 좋지 않았다. 산업이 발달하면서 방목이 더 이상 필요 없게 되자 방목으로 피해가 심해진 숲은 대부분 벌채되고 경제수종으로 조림이 되었다. 슈반하임에서는 1차 세계대전까지 방목하였으나 1928년 소유권이 프랑크푸르트시로 넘어온 후 소개된 참나무숲에 소나무, 너도밤나무, 밤나무, 단풍나무 등이 조림되었다.

역사가 새겨진 참나무

슈반하임의 참나무숲은 19세기부터 많은 화가들의 관심의 대상이 되어 화폭에 담기게 되었는데 이 시기에 그려진 그림 속의 참나무가 아직까지 살아 있다. 이러한 문화적, 역사적 가치가 있기 때문에 아직까지 슈반하임에 500년 된 참나무가 건재할 수 있는 것 같다.

　슈반하임의 참나무숲은 주택가와 멀리 떨어져 있지 않고 길 하나만 건너면 갈 수 있을 정도로 사람들과 가까이 있다. 500년 된 참나무를 볼 수 있도록 900m 정도 탐방로가 만들어져 있다. 숲속으로 들어가는 길은 차량의 통행이 가능하지만 임도 주위는 하늘이 보이지 않을 정도로 숲이 울창해서 초록빛 세상에 들어온 것처럼 느껴진다. 입구에서는 참나무 노령목이 눈에 많이 띄지 않지만 50m 정도만 숲속으로 들어가면 노령목이 가득하다. 이곳의 참나무는 웅장함보다는 나무의 나이와 연륜을 말해주는 듯하다. 참나무의 높이는 20m, 지름은 70cm 이상이 되고 수관부의 가지는 마디마다 옹이가

1. 구주소나무 인공림　|　2. 슈반하임 참나무숲 입구　|　3. 참나무 노령림 안내판　|　4. 참나무 노령목

박힌 것처럼 보이는 데다 줄기의 일부도 죽어 썩어 있다. 옆에 서 있는 참나무의 굵은 줄기에 큰 옹이와 굵은 가지를 힘들게 걸치고 서 있는 것을 보면 이 참나무들의 나이를 미루어 짐작할 수 있다.

입구의 참나무를 지나면 커다란 입간판에 그림이 그려져 있다. 이 그림은 풍경화가가 19세기에 그렸던 참나무 풍경과 현재도 살아 있는 참나무를 비교하기 위해서 세워 놓은 것이다. 당시의 참나무는 일부 없어졌지만 전체 모양이 100년 이전에 그림을 그릴 때와 큰 차이가 없는 것을 보면 이 숲의 역사와 장구한 참나무의 나이, 그리고 과거와 오늘을 연결시켜주는 듯하다. 그러나 작은 초지 뒤로 보이는 참나무 노령목은 새로이 자란 참나무와 자작나무 그리고 단풍나무에 가려서 자세히 보아야 알아볼 수 있다. 다만 나무들 사이로 보이는 옆으로 퍼진 굵은 가지들만이 나무가 얼마나 오랜 세월 동안 풍상을 견디어 왔는지를 말해준다.

살아 있는 참나무 노령목을 지나다 보면 줄기만 서 있는 참나무 노령 고사목이 이 숲을 지키는 정령처럼 자리를 잡고 있다. 껍질이 다 벗겨져 나가 속살이 그대로 드러나 있는 줄기는 마치 천 년의 풍상을 말해주듯 커다란 옹이와 뒤틀리면서 자란 속의 모습을 그대로 보여주고 있고, 고사된 줄기 아래에는 커다란 가지들이 그루터기를 지키려는 듯 수북하게 쌓여 있다. 이러한 세월의 흔적은 이 숲에서 참나무가 방목된 소, 돼지, 염소, 양들에게 얼마나 많은 먹거리를 주었는가를 짐작하게 한다. 고사목을 지나면 미끄럼틀이 있는 작은 어린이놀이터가 나타나는데 놀이터 한가운데 참나무 노령목 한 그루가 건강한 모습으로 서 있다. 다른 참나무들보다는 수령이 약간 적은 것처럼 보이지만 그래도 200년은 족히 되어 보이는 이 참나무가, 어린아이들에게 놀 때는 그늘을, 비가 오면 비를 피할 수 있는 피난처를 제공하리라는 생각을 하니 슈반하임의 고사된 참나무나 살아 있는 참나무 모두가 사람에게 아낌없이 모든 것을 주는 고마운 생명체인 것 같다.

1. 숲길과 참나무 노령목 | 2. 그림 속의 참나무 노령목 | 3. 500년이 넘은 참나무 고사목
4. 어린이 놀이터의 참나무 노령목

5. 포도밭과 라인평야가 함께 펼쳐진
윌베르크의 자연보호림

포도밭과 라인평야

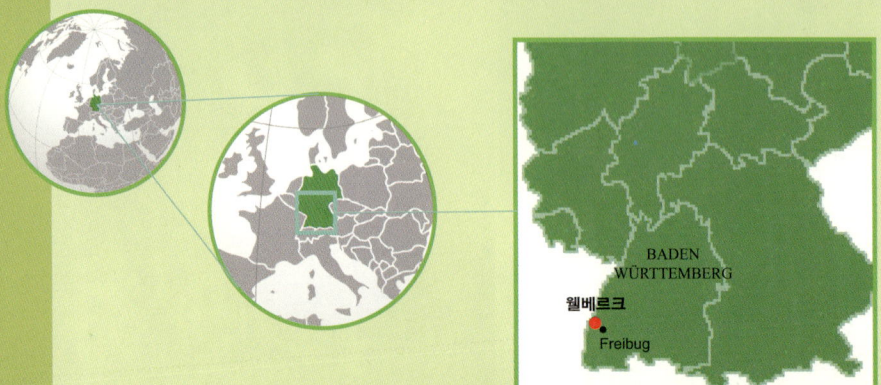

Europe | Germany

슈바르츠발트(Schwarzwald)는 독일 남서부의 대표적인 산림지역으로 남북으로 길게 뻗어나가고 남쪽은 거의 스위스 접경지대에서 끝이 나는데 슈바르츠발트와 평행으로 흐르는 강이 독일의 젖줄이라고 할 수 있는 라인강(Rhein R.)이다. 라인강과 슈바르츠발트 사이에는 라인평야가 자리를 잡고 있는데 가까이 가보면 구릉지를 이루고 있다.

　이곳의 기후는 슈바르츠발트보다 따뜻하여 포도가 많이 경작되는 등 전혀 다른 자연경관을 보여준다. 또한 기후와 지형이 달라서 슈바르츠발트의 독일가문비나무숲과는 다른 활엽수림으로 형성되어 있고 지피식생도 차이가 난다. 이렇게 다른 지역과 차이가 나고 다양한 식생과 곤충들이 살기 때문에 이 지역의 숲들은 여러 군데 자연보호지역으로 지정되었다.

　자연보호지역(Naturschutzgebiet)은 독일 환경보호법에 따라 지정되어 국립공원과 함께 가장 엄격한 보호를 받는 지역으로 국립공원 중 상당 부분이 자연보호지역으로도 지정이 되어 있다. 독일의 자연보호지역은 119만 4,227ha로 전 국토의 3.3%를 차지하고 있으며 바덴뷔르템베르크주(Boden-Württemberg)에는 1,013개소(8만 4,025ha)가 지정이 되어 있다. 자연보호지역은 절대적인 보호를 받는 지역이며 이보다 낮은 단계의 보호를 받는 지역은 자연경관보호지역(Landschaftsschutzgebiet)으로 지정 관리하고 있으며 용도변경이 불가능하다.

　욀베르크 에렌스테텐(Ölberg Ehrenstetten)은 1996년 주정부에 의해

23.6ha의 숲이 자연보호지역으로 지정되었다. 슈바르츠발트와 라인강의 중간에 위치하고 있기 때문에 구릉에서 라인평야와 슈바르츠발트를 한꺼번에 볼 수 있고 주위가 모두 포도밭으로 되어 있어 윌베르크로 가는 길목은 숲으로 가는 길이 아니라 평지에 펼쳐진 과수원 지대를 지나가는 듯한 착각을 일으키게 한다. 여기에서 생산되는 포도는 과일보다는 대부분 포도주 제조용으로 사용된다. 특히 이곳은 포도주 산지로도 유명한데 독일 내에서는 가장 따뜻한 지역 중의 하나이지만 프랑스나 이탈리아보다는 춥기 때문에 포도의 당도가 낮아 식용보다는 포도주 제조용으로 적합하기 때문인 듯하다.

포도밭 위에 섬처럼 떠 있는 활엽수림

포도밭을 뒤로하고 구릉지대로 올라오면 온통 초록빛 활엽수림이 펼쳐지는데 마치 포도밭 위에 숲이 섬처럼 떠 있는 것 같다. 숲을 이루고 있는 나무로는 로부르참나무(*Quercus robur*), 너도밤나무(*Fagus sylvatica*), 물푸레나무(*Fraxinus excelsior*), 단풍나무(*Acer campestre*) 등이 주를 이루고 있으며, 대면적이 한 수종으로 이루어지지 않고 나무들이 소면적으로 모여 있거나 여러 종류의 나무들이 같이 자라는 혼효림으로 참나무, 단풍나무 등 주로 따뜻한 지역에서 자라는 종류들을 볼 수 있다.

입구에 들어서면 우선 이곳이 자연보호지역임을 알려주는 조그마한 표지판이 서 있다. 구릉 위에 숲이 있고 산책로가 숲 가운데로 조용히 자리를 잡고 있어서 마치 고향의 뒷동산에 산책을 나온 것같이 느껴진다.

산책로 좌우로 보이는 숲은 초록으로 덮여 있지만 자세히 보면 덩치가 비교적 큰 참나무가 자라고 그 주위로 너도밤나무나 서어나무가 같이 자라고 있다. 특히 참나무 줄기는 죽은 가지가 없이 곧게 자라고 있어 재질이 좋은 참나무 키우는 방법을 우리들에게 알려주는 것 같다. 숲을 키울 때 문제가 생기면 나무들에게 물어보라는 말이 새삼 머릿속에 떠오르는 것은 이러한 자연의 모습을 보았기 때문인 것 같다. 이렇게 여러 종류의 나무들이 조화를 이루며 자라는 숲의 모양은 마치 키 작은 서어나무나 너도밤나무가 참나무를 보호하고 있고, 지표부에는 관목이 거의 없고 풀들만 자라고 있어 바

1. 참나무와 서어나무 혼효림 | 2. 활엽수림의 초록 양탄자 같은 숲바닥

1

2

닥에 초록색 양탄자를 깔고 나무들이 서 있는 것처럼 보인다.

　이 숲을 지나면 반짝반짝 빛나는 줄기를 뽐내는 너도밤나무가 무리를 지어 자라는 숲이 나타나는데 높이가 30m 정도에 이르고 굵기도 한 아름이 넘어 보인다. 너도밤나무가 음수이어서인지 숲이 아래부터 위까지 전부 초록색으로 가득 차 있다. 이렇게 너도밤나무숲이 보이는가 하면 장대모양 우뚝 솟아 자라는 물푸레나무들이 자라는 숲도 나타난다. 독일의 물푸레나무는 우리나라의 물푸레나무(Fraxinus rhynchophylla) 잎보다 더 가늘고 길며, 우리나라의 들메나무(Fraxinus mandshurica)와 비슷하고 줄기도 들메나무처럼 곧게 자란다. 나무높이도 30m에 달해 물푸레나무의 잎을 아래서는 알아보기가 힘들 정도이다.

　물푸레나무가 자라는 숲을 지나면 단풍나무가 너도밤나무와 같이 자라고 있는데 높이 10m가 조금 넘는 나무들이 촘촘히 자라고 있어 숲속이 잘 안 보일 정도이다. 숲바닥에는 햇빛이 잘 들지 않아서인지 풀도 별로 없고 수관층이 초록색 잎으로 덮여 있는 모습이다. 나무들이 이렇게 빽빽하게 자라면 숲의 겉은 초록이어도 속은 그렇지 못해 건강한 푸르름을 유지하기 위해서는 숲 관리가 필요하다는 것을 말하는 듯하다.

괴테가 파우스트를 집필한 고성이 자리잡은 상부 라인평야

다양한 숲을 따라 걷다가 보면 앞이 훤하게 트이는데 이 지점이 숲과 포도밭이 만나는 곳으로 숲이 아닌 지역의 자연경관을 한눈에 볼 수 있다. 건너편 낮은 구릉에 자리 잡은 포도밭에 줄을 지어 자라는 포도나무의 모습이 반듯하다 못해 질서정연하다. 포도밭 너머로는 라인평야가 자리를 잡고 있다. 완만한 구릉과 넓은 평야의 경작지 위에 세워진 붉은 지붕과 하얀 벽의 조그마한 카펠레(Kappelle, 조그마한 예배당)는 자연보호지역에서 진주처럼 빛난다.

　평야 가운데 조그마한 구릉 위에 탑이 우뚝 솟은 스타우펜(Staufen) 고성이 자리 잡고 있다. 이 성은 중세시대의 귀족이 지은 성으로, 괴테(Goethe)가 이곳에서 『파우스트(Faust)』를 집필했다고 한다. 다른 쪽으로 시선을 돌려

1. 너도밤나무숲 ｜ 2. 단풍나무와 너도밤나무 혼효림 ｜ 3. 물푸레나무

보면 울창한 숲을 자랑하는 슈바르츠발트가 눈앞에 나타난다. 구릉과 평야 지대인 이곳을 남부 슈바르츠발트가 먼발치에서 보호를 해주는 것 같다.

　월베르크의 숲은 자연보호지역으로 지정되어 절대적인 보호를 받고 있는 숲으로 주위 경관과 조화를 이루며 자리를 잡고 있지만 찾는 사람들은 마치 뒷동산에 온 듯한 친근함과 아기자기하면서도 울창한 느낌을 동시에 느낄 수 있다. 보호지역이라는 용어는 우리나라에서는 경색과 제한이 떠오르는데 월베르크의 자연보호지역은 이와는 다른 모습인 것 같아 더욱 정감이 간다.

1. 구릉 위에 질서정연하게 자리 잡은 포도밭 ｜ 2. 구릉 위의 카펠레

1

2

6. 일체의 인위적 간섭을 금하다
절대보존림 펠트제발트

펠트베르크 전경

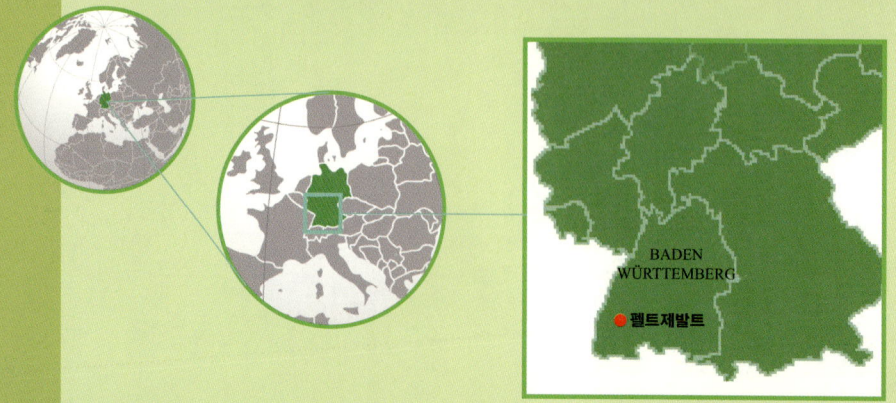

BADEN WÜRTTEMBERG

펠트제발트

Europe | Germany

슈바르츠발트(Schwarzwald)는 schwarz(검정)와 wald(숲)의 합성어로 검은 숲이란 의미를 갖고 있어 한자어로는 보통 흑림(黑林)으로 부른다. 로마인들이 이 지역에 들어섰을 때 나무가 울창하게 들어서 있어 어둡고 침침하기 때문에 silva nigra라고 말하였고 이 라틴어가 독일어로 Schwarzwald가 되었다고 한다.

슈바르츠발트는 독일 남서부 바덴뷔르템베르크주(Baden-Württemberg)에 위치하고 있으며 독일의 대표적인 산림지대이자 경제림으로 독일가문비나무, 전나무, 유럽소나무, 너도밤나무가 경제수종으로 무육·관리되는 지역이다. 이러한 슈바르츠발트에는 단지 경제림만 있는 것이 아니라 다수의 보호림이 있는데 보호림은 절대보존림인 반발트(Bannwald)와 보존림인 숀발트(Schonwald)로 구분할 수 있다.

이용이 금지된 절대보존림

절대보존림인 반발트의 bann이라는 단어는 중세시대에 귀족들이 수렵 등을 위해 일반인의 이용을 금지한다는 단어에서 나온 것으로 지금의 의미와는 차이가 있지만 산림 이용의 금지라는 점은 일맥상통한다. 반발트는 일체의 인위적 간섭이 금지된 지역으로 수목, 야생동물, 지피식생 등이 자연적으로 변화하는 것을 모니터링·연구하는 대상이기도 하다. 궁극적으로 절대보존림은 시간이 경과함에 따라 2차 원시림이 되는 것이다. 이외에도 환

BANNWALD

Dieser Wald soll sich ungestört zum "Urwald von morgen" entwickeln. Er dient außerdem als wissenschaftliche Beobachtungsfläche für die Urwaldforschung.

Beachten Sie: Im Bannwald ist die Gefahr durch herabfallende Äste und umstürzende Bäume besonders groß!

Bitte entnehmen Sie keine Pflanzen, sammeln Sie keine Früchte und bleiben Sie auf den Wegen.

Landesforstverwaltung

경부에서는 별도로 자연보호지역을 선정하고 있다. 슈바르츠발트를 관장하는 바덴뷔르템베르크주 산림청에서는 산림의 1%(14,000ha)를 보호림으로 지정하는 것을 목표로 하였지만 절대보존림 6,000ha, 보존림 1만 7,600ha를 지정하여 목표치를 초과한 상태이다.

슈바르츠발트에서 가장 높은 봉우리는 펠트베르크(Feldberg)로 해발고가 1,493m이지만 정상은 숲이 아니고 초지이다. 정상지대가 초지로 되어 있는 이유는 해발고가 높거나 나무가 자랄 수 없을 정도로 척박해서가 아니라 중세시대부터 이 지대의 숲을 이용하고 초지를 조성하였기 때문이다. 그러나 현재 펠트베르크는 자연보호지역으로 지정되어 있고 펠트베르크 아래에 절대보존림인 펠트제발트(Feldseewald)가 있다.

펠트제로 이어지는 천년의 숲

펠트제발트 절대보존림은 1993년에 지정되었으며 크기는 102.6ha이다. 이 절대보존림은 빙하호, 암벽, 늪지에 형성된 천연 산악혼효림을 보호·유지하기 위하여 지정되었다. 펠트제발트의 중심에 있는 펠트제(Feldsee)는 해발 1,109m의 빙하호로 내수면 면적이 9ha이며 가장 깊은 곳은 수심 30m가 넘는다.

산악혼효림은 주로 독일가문비나무(Picea abies), 너도밤나무(Fagus sylvatica), 산악단풍(Acer pseudoplatanus), 유럽마가목(Sorbus aucuparia) 등으로 이루어져 있다. 산악단풍은 높이 30m 이상 자라며 수령 500년까지 살 수 있는 교목으로 척박지에서도 잘 자라는 선구수종의 특성을 갖고 있다. 유럽마가목은 높이 15m까지 자라는 아교목에 속하는 나무로, 포유동물 31종과 곤충 72종의 먹이가 되는 생태학적으로 중요한 나무이기도 하다.

펠트베르크에서 펠트제로 가는 길은 경사가 심하기 때문에 지그재그로 나 있는데 길 주위의 숲은 벌채를 한 흔적이 없으며 단지 길 중간 중간에 쓰러진 나무들을 톱으로 잘라 정리한 것들만 가끔 보인다. 처음으로 나타나는 숲은 너도밤나무 노령림인데, 너도밤나무의 수피는 원래 매끈하지만 이곳의 너도밤나무 수피는 얼룩이 있어 너도밤나무가 아닌 것처럼 보인다. 이렇

1. 절대보호림 표지판 | 2. 줄기가 휘었다 곧게 자라는 너도밤나무
3. 초록빛 바닥의 독일가문비나무 노령림

게 얼룩이 진 것은 근처의 호수로 인해 대기습도가 높아 이끼와 지의류들이 잘 자라기 때문인 것으로 여겨진다. 너도밤나무 줄기의 아랫부분은 대부분 아래쪽으로 휘었다가 다시 위로 자라는 모양인데, 너도밤나무가 어릴 때 겨울철에 눈의 압력에 의해 아래쪽으로 기울어졌다가 나무가 커감에 따라 다시 정상적으로 자랐기 때문에 생긴 것이다. 이 모양만으로도 이 지역에 눈이 많이 오는 것을 짐작할 수가 있다. 너도밤나무들은 지름이 50cm, 높이도 30m가 넘는다.

　너도밤나무 주위로 지름 70cm가 넘는 독일가문비나무 노령목이 자라고 있는데 일부는 고사하고 고사한 줄기에 우리나라의 바람버섯과 같은 버섯이 자라고 있다. 그리고 나무들 사이에는 독일가문비나무 고사목들이 숲바닥에 줄지어 누워 있는 것이 많이 눈에 띈다. 이렇게 너도밤나무와 독일가문비나무 노령목들이 자라고 있는 숲의 바닥은 너도밤나무 어린나무, 고사리류 그리고 여러 종류의 풀들이 자라고 있어 숲 전체가 초록빛으로 덮여 있다.

　이와는 달리 너도밤나무만 자라는 곳으로 들어가면 너도밤나무 줄기가 마치 장대를 세워 놓은 것처럼 쭉쭉 자라고 있는데 숲바닥을 보면 초록빛은 별로 없고 갈색이 주를 이루고 있다. 이렇게 숲의 색이 변한 것은 너도밤나무 수관이 빛을 가려서 풀이 자라지 못했기 때문인데 이러한 숲은 긴 시간이 흘러야 초록빛이 많아질 것으로 여겨진다. 이렇게 다양한 모습의 숲을 지나 짙은 푸른색의 펠트제에 다다르면 이제까지와는 다른 경관이 나타난다.

호수와 어우러진 숲

호수 뒤편으로 하얀 빛의 암벽지대가 있고 호숫가에는 연초록색 띠, 급경사의 사면에는 독일가문비나무, 산악단풍, 너도밤나무가 어울려 자라고 있다. 독일가문비나무가 군상으로 고사한 곳은 독일가문비나무의 하얀 줄기와 가지가 초록빛 바탕에 변화를 주어 펠트제 주위의 숲이 얼마나 자연적인가를 보여주고 있다.

　암벽 아래쪽의 너도밤나무와 독일가문비나무 숲의 내부를 들여다보면 나무들이 인공조림을 한 듯이 일자로 줄을 지어 자라는 것을 볼 수 있다. 사

1. 너도밤나무 단순림 | 2. 펠트제 암벽 위의 독일가문비나무 고사목 | 3. 펠트제

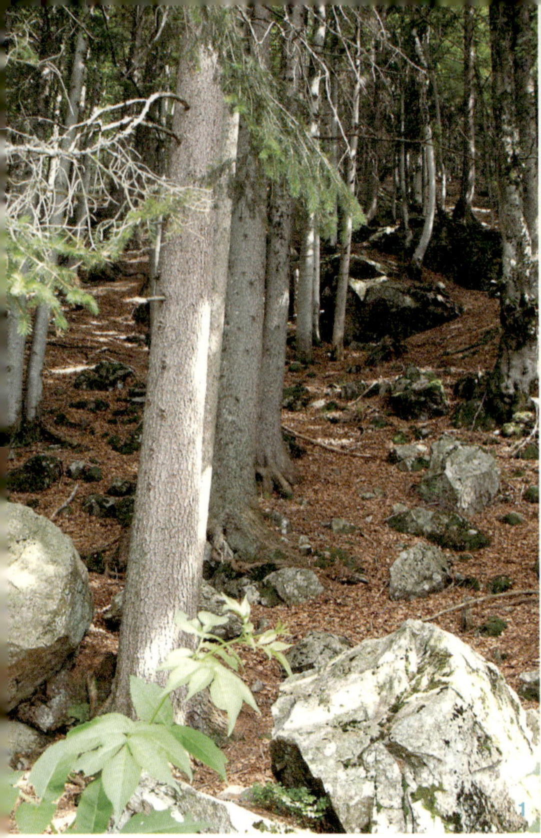
1

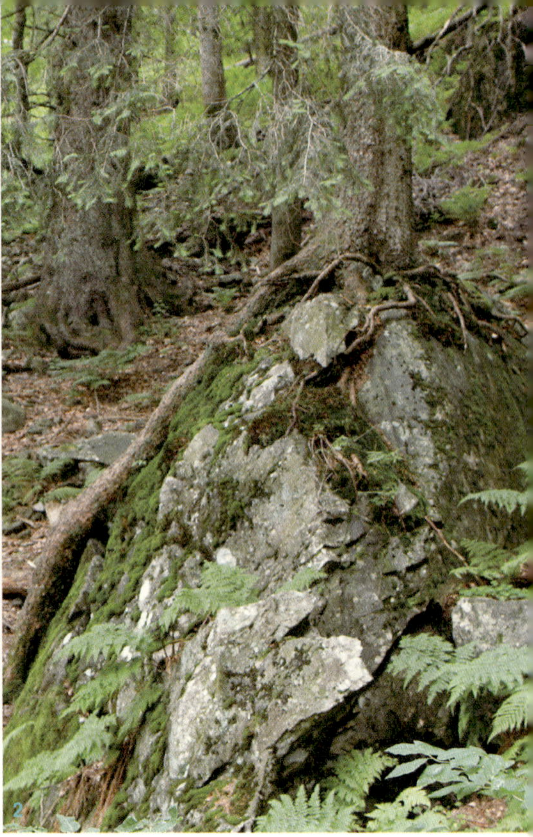
2

3

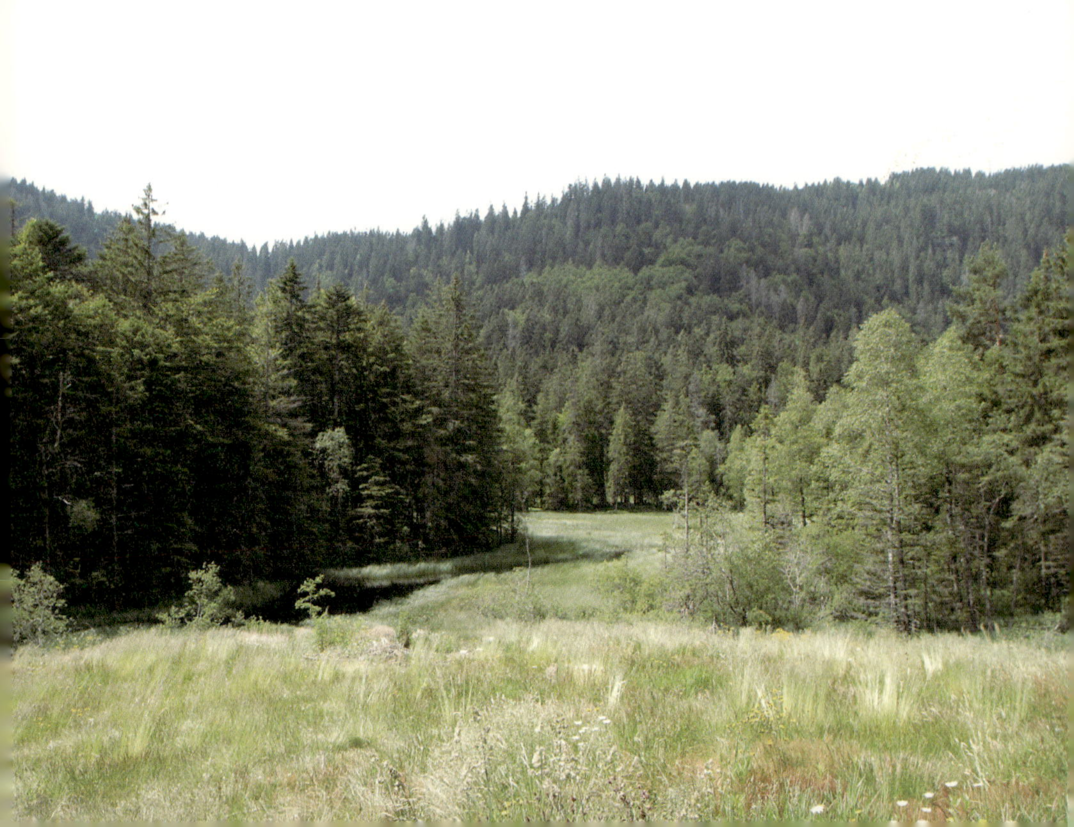

람들이 손을 보아서 생긴 것처럼 보이지만 실은 암반지대에서 떨어지는 돌이나 겨울철에 발생하는 소규모 눈사태로 줄줄이 나무가 사라져버렸기 때문인 것으로 추측된다. 바위가 많은 지대라 바위 사이에 자라는 나무들이 많이 보이는데 나무가 바위 아래쪽보다 바위 위쪽에 자라는 것이 많다. 이러한 현상은 큰 바위가 흙이 흘러나가는 것을 막아주어서 자연적으로 날아온 종자가 발아를 하여 나무로 자랄 수 있는 조건이 만들어졌기 때문인 것 같다. 발아된 독일가문비나무가 바위 위에서 자라기 위해 커다란 바위 아래로 뿌리를 뻗어 땅에 뿌리를 박고 자라는 모습은 강인한 자연의 적응력과 생명력을 보여준다.

호숫가의 초록빛 띠를 가까이에서 보면 여러 가지 색의 꽃들이 피어 있고, 갈대와 같은 수초가 자라고 있는 곳의 뒤편에는 버드나무가 자라고 있어 숲과는 색다른 정취를 느낄 수 있다. 펠트제의 물이 흘러가는 주위는 습지가 형성되어 있기 때문에 초지처럼 보이며 초지가 끝나는 곳에서 버드나무와 오리나무, 그 뒤를 이어 독일가문비나무가 보이고 구주소나무가 드물게 나타난다.

슈바르츠발트의 최고봉인 펠트베르크의 바로 아래에 있는 펠트제 주위의 숲은 자연 그대로의 모습을 간직하고 있는 곳이 많아 절대보존림으로 지정되었으나 일반인들에게 자연의 모습을 보여주고 숲의 중요성을 홍보하는 장소로 활용되고 있는 것도 이 지역의 특징이라고 할 수 있다.

1. 눈사태와 낙석 때문에 줄지어 자라는 독일가문비나무
2. 바위 위에 자라는 독일가문비나무의 긴 뿌리 | 3. 펠트제 주위의 습지

7. 초지 위에 수놓은 숲의 조각들
상페터의 숲

상페터의 전경

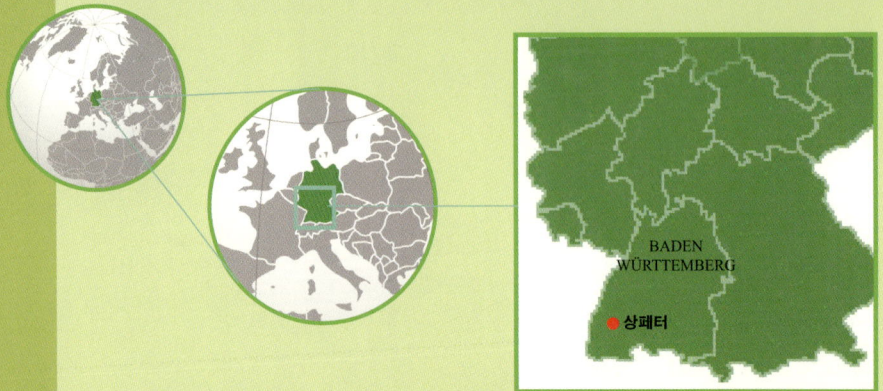

BADEN WÜRTTEMBERG

상페터

Europe | Germany

상페터(St. Peter)는 중세에 채링거(Zaehringer)가에 의해 산악지에 설립된 소도시로 남부 슈바르츠발트(Schwarzwald)의 중심부에 위치하고 있으며, 슈바르츠발트 파로라마도로가 이 지역을 통과하고 있을 정도로 자연경관이 수려하다. 일반적으로 슈바르츠발트라고 하면 산악지의 숲으로 대부분 알고 있지만 슈바르츠발트는 하부지역에서 산등성이까지는 경사가 심한 산악지형이 나타나고 산등성이에 도달하면 경사가 완만한 고원형태를 보이고 있어 우리나라의 산악지역과는 전혀 다른 모습을 보여준다.

상페터는 이러한 산지 평원에 위치하고 있기 때문에 숲으로만 이루어진 것이 아니라 초지와 숲이 조화롭게 자리를 잡고 있으며, 독일가문비나무(*Picea abies*), 너도밤나무(*Fagus sylvatica*), 전나무(*Abies alba*)가 주수종을 이루면서 다양한 모양의 숲을 이루고 있다. 상페터는 중심부에 위치한 화려한 실내장식이 있는 바로크양식의 교회를 보기 위해 많은 관광객이 방문하는 곳인 동시에 주변 경관과 어울려 있는 수려한 숲이 있는 산악휴양지로도 유명한 지역이다. 주변의 숲 입구를 지나 조금만 가면 벤치와 그네가 있는 조그마한 놀이터에 가족단위로 와서 놀이도 하며 자연을 즐기는 모습을 많이 볼 수 있다.

상페터의 울창한 숲은 획벌림 경영(Femelschlagbetrieb)으로 많이 알려진 지역 중 하나이다. 획벌림 경영이란 갱신 시 획벌을 실시하여 나지가 발생하지 않도록 하는 산림경영의 한 방법으로 갱신기간이 긴 것이 특징이다. 특히 독일가문비나무의 단순림이 아니라 독일가문비나무, 전나무, 너도밤나무 등 혼효림에서 획벌을 실시하면서 벌채시기를 조절하여 전나무, 독일가문비나무, 너도밤나무 어린나무의 발생을 유도하여 생태적으로 안정된 혼효림을 만들 수 있는 것이 큰 장점이다.

숲과 초지의 조화

경사가 완만한 길을 따라 숲으로 가다 보면 먼저 보이는 것은 넓은 면적의 초지로 대부분 소를 방목하고 있다. 또 우리나라 새마을도로와 같이 좁은 길 양쪽으로 끝까지 벚나무가 심겨져 있어 여름철에 이러한 길을 걷다 보면 나무가 주는 그늘의 고마움과 즐거움을 절로 느낄 수 있다. 숲에 들어서면 높이 40m에 가깝게 자란 독일가문비나무와 전나무가 사람들을 압도한다. 줄기의 윗부분에 마른 가지가 달려 있는 모양은 마치 살을 발라먹고 남은 생선뼈처럼 보이기도 한다.

큰 나무들이 울창하게 서 있는 숲 중 다른 곳에 비해 밝은 곳의 숲바닥을 자세히 보면 어린 가문비나무와 전나무들이 큰 나무 아래서 자라고 있다. 이 어린나무는 사람들이 심은 것이 아니라 택벌작업을 하여 숲을 서서히 갱신을 하면서 나타나는 현상이다. 이렇게 울창한 독일가문비나무와 전나무숲을 지나다 보면 하늘을 가리던 수관이 갑자기 사라지고 숲 가운데 초지가 나타난다. 이 초지는 소를 방목하기 위한 것으로 멀리서 보면 숲속에 초지가 있는지 초지 사이에 숲이 있는지 구분하기 힘들 정도이다.

초지를 지나면 다시 숲이 시작되는데 숲을 구성하는 수종들이 다양하게 나타난다. 위쪽에서는 독일가문비나무와 전나무가 많이 나타났지만 산 아래쪽으로 내려오면 너도밤나무숲이 많이 나타난다. 너도밤나무가 많이 자라는 곳은 고도가 낮은 중산간지역이기 때문에 아래로 내려올수록 더 잘 자라서 지름이 50cm 이상이고 높이도 40m 가까이 된다. 특히 너도밤나무의 줄기는 멀리서 보면 회색빛 줄기가 흰빛을 띠어 마치 대리석 기둥을 세워 놓은 것처럼 보이기도 한다. 너도밤나무가 음수이어서 큰 너도밤나무의 수관 아랫부분에는 너도밤나무가 많이 자라 독일가문비나무숲과는 달리 숲 전체

1. 숲과 초지가 조화롭게 자리잡고 있는 상페터의 숲 | 2. 숲속의 조그마한 놀이터
3. 획벌작업을 실시한 초기의 숲 | 4. 획벌작업을 실시하여 어린나무가 자란 숲
5. 너도밤나무숲과 흰 줄기 | 6. 숲 관리가 소홀한 독일가문비나무숲

가 초록빛으로 가득 차 있다. 이 지역에서처럼 획벌작업을 거쳐 만들어진 숲은 숲바닥이 대부분 싱그러운 초록빛을 선사하지만 식재를 하여 조성한 독일가문비나무숲 중에 숲 관리를 소홀히 한 곳의 숲바닥은 풀 한 포기 없는 황량한 갈색만 보인다. 이러한 두 숲의 차이는 숲 관리의 필요성을 나타내는 좋은 예가 된다. 너도밤나무숲을 지나다 보면 전나무와 너도밤나무가 같이 자라는 혼효림이 나타나는데 이 숲 역시 위에서 아래까지 초록빛으로 덮여 있으며, 숲 아래쪽에는 전나무와 너도밤나무가 같이 자라고 있어 숲의 상층 수종과 하층수종이 일치하는 획벌갱신지의 특징을 한눈에 볼 수 있다.

숲을 벗어나면 방목이 되는 구릉성 초지가 많이 나타나고 구릉 사이로 농가가 자리를 잡고 있는데 농가의 위치는 구릉 꼭대기가 아닌 구릉 사이에 있어 아늑해 보인다. 농가 주위에는 숲은 아니지만 늘 나무들이 여러 그루 자라고 있고 계곡부로는 줄을 지어 활엽수들이 자라고 있다. 농가의 지붕은 붉은색 계열이지만 벽은 흰색이 많아 멀리서 보면 말 그대로 언덕 위의 하얀 집으로 보인다.

물푸레나무 골짜기

산 아래로 내려오면 계곡부에 활엽수들이 많이 나타나기 시작하는데 줄기가 곧게 자라고 촘촘히 서 있는 모습은 활엽수림이 아닌 대나무숲처럼 보인다. 계곡부에 있는 이 숲은 물푸레나무숲으로 우리나라의 물푸레나무와는 자라는 모양이나 크기가 달라 보인다. 수분을 많이 필요로 하는 물푸레나무의 생태적 특성을 고려하여 계곡부에 조림을 한 것인지 자연발생을 한 것인지를 구분하기 힘들 정도로 숲 관리가 되어 있는 것이 특색이다. 이 골짜기의 이름은 에센바흐(Eschenbach)로 우리말로 하면 '물푸레나무골' 정도로 풀이 할 수 있는데 이 지역에 물푸레나무가 자연적으로 많이 자란다는 것을 지역명에서 엿볼 수 있다.

골짜기가 끝나는 지점에 제재소가 있는데 이전에는 산골짜기마다 제재소가 하나씩 있었다고 한다. 이 제재소도 이 골짜기와 건너편 골짜기에서 생산되는 침엽수를 가공하기 위해 오래전부터 있었던 것 같다.

1. 슈바르츠발트의 농가 | 2. 에센바흐의 물푸레나무숲
3. 에센바흐의 전형적인 독일가문비나무 인공림 | 4. 에센바흐의 제재소

8. 하천정비사업, 그 후 150년
부르크하임의 하안림

부르크하임의 성

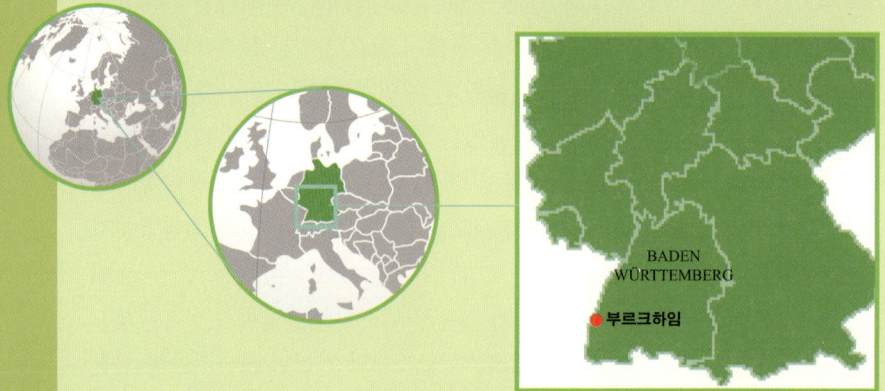

Europe | Germany

라인강(Rhein R.)은 알프스에서 발원하여 스위스, 독일, 프랑스, 네덜란드를 지나는, 길이 1,324km의 독일을 대표하는 강이다. 'Rhein'이라는 이름은 '흐르다(fliessen)'라는 단어에서 유래했다. 라인강은 알프스 라인강(Alpenrhein), 고지대 라인강(Hochrhein), 상부 라인강(Oberrhein), 중부 라인강(Mittelrhein), 하부 라인강(Niederrhein)으로 나뉘는데, 알프스 라인강과 고지대 라인강은 스위스에 속한다. 독일에 위치한 상부 라인강은 독일과 프랑스의 국경지대를 흐른다. 상부 라인강 지역의 하안림은 강 주변에 포플러, 버드나무 등이 주를 이루며, 강에서 멀어질수록 물푸레나무, 오리나무 등이 자라고, 더 멀리 떨어진 곳이나 구릉지로 올라가면 너도밤나무, 단풍나무, 참나무 등이 자란다.

하천정비사업의 상징

라인강에 전형적인 활엽수림은 별로 남아 있지 않은데, 19세기 초 토목기술자였던 툴라(Johann Tulla)의 설계에 따라 1817년부터 1876년까지 강을 정비하고 직선화했기 때문이다. 원래 상부 라인강 지역은 메안더형으로 지류가 많고 조그마한 섬도 있었다. 이 지역에 주택이 많이 들어서고 홍수가 자주 발생하자 이를 막기 위해 라인강을 정비하고, 이후 운하를 만들어 수송길로 이용하고 있다. 이 공사로 지하수면이 낮아져 숲이 변하면서 다른 수종이 자라게 되었다. 또한 이곳에 경제수종이 조림되었는데, 그 중 하나가 부르크하임(Burkheim)의 하안림이다.

부르크하임에서 라인강변으로 들어가는 입구에 조그마한 호수들이 있다. 주변에 포플러(Poplus alba)들이 자라고 있어 이곳이 하안림임을 알 수 있는데, 호수의 물이 유독 맑은 것이 특징이다. 물이 맑은 이유는, 호수 물이 주변 유역에서 들어오지 않고 슈바르츠발트(Schwarzwald) 지역에서 지하로 들어간 빗물이 여과된 뒤 이곳에서 용출되기 때문이다.

호수를 지나면 숲 쪽으로 기다란 제방이 나오는데 라인강을 정비할 당시 쌓은 툴라제방이다. 제방 뒤로는 소나무가 자라고 있다. 강변의 소나무가 약간 어색해 보이기도 하지만 소나무숲은 제방을 축조한 후 조림한 것이다. 소나무 외에 자작나무도 조림되어 있는데, 추운 지방이나 건조지역에 자라는 자작나무가 강변을 둘러싸고 있어 이색적이다.

강변의 조림지

툴라제방을 뒤로하고 라인강에 도착하면 키가 큰 포플러가 쭉 늘어서 있는데 높이가 30m나 되고 굵기도 한 아름이 넘는다. 강 건너 프랑스의 강변 역시 포플러가 줄지어 자라고 있는 것이 보인다. 숲속으로 들어가면 조림된 단풍나무가 자라고 있다. 높이는 10m가 조금 넘고 지름도 15cm 내외로 나무의 나이가 그리 많지는 않다. 조림한 단풍나무 아래에는 어린 단풍나무가 자라고 있어 이곳이 단풍나무가 자라는 데 적합하다는 것을 알 수 있다. 습기가 많아서인지 달팽이가 나무줄기를 타고 올라가는 것이 자주 눈에 띈다. 또한 아이비(Hedera helix)가 다른 나무의 줄기를 감싼 채 높이 자라고 있어 멀리서 보면 마치 열대림에 온 것 같은 착각을 하게 된다.

단풍나무숲을 지나면 귀룽나무(Prunus padus), 물푸레나무(Fraxinus exelcior) 조림지가 연이어 나타난다. 이 수종들은 원래 강변에서 조금 떨어진 곳에서 자라지만 이 지역의 지하수면이 낮아짐에 따라 생육조건이 바뀌어 이런 나무들도 자라는 데 지장이 없게 되었다. 봄이 되면 벚꽃이 만개해 새로운 풍경을 자아낸다.

1. 용출수가 나오는 호수 | 2. 제방 뒤로 보이는 소나무
3. 툴라제방 | 4. 강변에 줄지어 선 포플러

숲속을 보면 나무에 노란색으로 표시해 놓은 것이 보인다. 솎아베기를 하기 위한 표식인데, 정기적으로 숲가꾸기를 하고 있음을 알 수 있다. 그리고 중간 중간에 단목으로 자라고 있는 포플러는 나무높이가 30m에 가깝고 굵기도 한 아름이 넘는다. 위치도 개울과 가까워 이곳이 과거에는 포플러숲이었음을 짐작하게 한다. 숲 사이로 난 길과 조그마한 개울은 한 폭의 그림처럼 아름다워 많은 산책객들이 찾는다.

구릉지로 이어지는 수종의 변화

강변에서 안으로 들어가면 나무 종류가 조금씩 달라진다. 먼저 커다란 로부르참나무(*Quercus robur*)가 단목으로 나타나는데, 나무높이는 20m 정도지만 굵기는 한 아름이 넘어 100년 이상 된 노령목임을 알 수 있다. 이렇게 참나무가 자라는 것은 지하수면이 강변보다 많이 낮아졌다는 것과 과거에 이 숲이 중림이었으며 상층의 참나무가 지금까지 남아 있다는 것을 보여 준다.

평지를 지나 구릉지로 들어서면 가장 먼저 눈에 띄는 것이 너도밤나무(*Fagus sylvatica*)이다. 너도밤나무는 나무높이가 30m에 가깝고, 굵기도 한 아름이 넘어 보기에도 시원하며, 밋밋한 줄기와 함께 잎으로 가득 찬 수관은 마치 초록색 천장을 대리석 기둥이 받치고 있는 듯하다.

울창한 너도밤나무숲을 지나면 수피가 두꺼운 나무가 군데군데 자라고 있다. 나뭇잎이 우리나라의 산사나무처럼 생긴 단풍나무(*Acer campestre*)이다. 매끄러운 너도밤나무 수피와 달리 수피가 참나무처럼 갈라져서 대조를 이룬다.

구릉 위쪽으로 올라갈수록 건조해져서인지 나무의 높이가 낮아지기 시작하는데, 이곳에 자라는 참나무 종류도 달라진다. 건조하고 따뜻한 곳에서 자라는 참나무(*Quercus pubescens*)가 구릉 위쪽에서 자라는데, 높이는 10m, 지름은 20cm 내외로 독일 남부에서만 자라는 참나무 종류이다. 구릉 위에 올라서면 라인강변 하안림이 한눈에 들어온다. 어두운 빛을 띠는 소나무 인공림과 포플러, 단풍나무, 너도밤나무 등의 활엽수가 작은 구획 단위로 자라서 캔버스 위에 다양한 색의 모자이크를 그려놓은 것 같다.

1. 숲 사이로 흐르는 개울 | 2. 라인강 하안림 전경

라인강변 하안림의 대부분은 지하수면이 낮아지면서 다른 나무로 대체된 곳이 많다. 강변에서 구릉지까지 거리가 짧은 편이지만 전형적인 숲 형태를 유지하는 곳은 적다. 포플러, 오리나무, 물푸레나무, 너도밤나무, 단풍나무, 참나무가 자라고 있어 하안림의 특성이 나타나며, 산책로 등이 정비되어 있어 많은 사람들이 이용한다. 특히 라인강과 조화를 이루게 하면서 숲을 유지, 관리하는 것은 우리나라의 하안림 관리에 시사하는 바가 크다.

너도밤나무숲과 산책길

스웨덴

사진_ 스웨덴 바닷가의 소나무숲

Sweden

스웨덴은 지역적인 특성을 기반으로 남부(Goetaland), 중부(Svealand), 북부(Norrland) 지역으로 구분한다. 스칸디나비아산맥을 경계로 노르웨이와 국경을 접하고 있으며, 북동부로는 핀란드와 접하고 있다. 스웨덴의 동부는 발트해(Baltic Sea)와 보트니아만(Gulf of Bothnia), 서남부는 스카게라크(Skagerrak)해협과 카테가트(Kattegat)해협, 남부는 외레순(Öresund)해협이 위치해 있다. 삼림지대가 전국토의 50%, 경작지가 10%, 호수와 하천이 9%, 기타 31%로 구성되어 있으며 호수도 9만 6,000여 개에 달한다. 스웨덴 대부분은 평지이거나 구릉지이지만 노르웨이 국경지역은 산악지대로 해발 2,000m 이상으로 높아진다. 이 지역에서 가장 높은 산은 케브네카이세(Kebnekaise)로 해발 2,111m이다.

멕시코만류의 영향으로 동일 위도에 위치하고 있는 타 지역보다 온화한 기후를 보인다. 북부는 1년 중 6개월 동안 눈에 덮여 있으며, 여름의 평균 기온은 14.7℃, 겨울의 평균 기온은 영하 12.8℃로 하루 종일 영하권에 머물게 된다. 또한 6월부터 7월까지는 백야현상으로 수 주일에 걸쳐 태양이 24시간 지속되기도 한다. 스웨덴 국토의 1/7이 북극권에 속한다. 이에 비해 남부는 겨울이 짧고 날씨도 대체로 온화하다. 여름의 평균 기온은 16.6℃, 겨울의 평균 기온은 영하 0.6℃이다. 연강수량은 500~750mm로 남동부의 발트해 연안과 북부의 노를란드 내륙지방은 강수량이 300~400mm로 적은 편이나 서남부의 노르웨이 접경 고산지대는 약 2,000mm로 많다.

산림 2,400만 ha 중 국유림이 110만 ha로 점유율은 5% 미만이며 대부분 국립공원이나 자연보존지역으로 일반적인 시업이 불가능하다. 공유림은 180만 ha이다. 사유림은 1,150만 ha로 이 중 대규모 산림경영이 가능한 사유림이 860만 ha이며 그 비율이 전체 산림의 50%를 차지하고 있다. 산림소유 점유율은 국공유림 13%, 대기업 소유림(주식회사) 37%, 사유림 50%이며 기업림의 대부분(860만 ha)은 5개 대기업 소유이다. 국·공유림 대부분은 목재생산기능보다는 다른 기능에 중점을 두고 있다. 스웨덴의 임목축적은 26억 2,300만 m^3로 침엽수가 전체의 85%, 활엽수가 15%를 차지하고 있으며, 남부의 임목축적이 가장 높고 북부는 남부의 절반에 불과하다. 이것은 북부의 추운 기후로 임목생장이 불리하기 때문이다. 연생장량은 북부 산림은 2.3 m^3/ha, 남부는 6.5 m^3/ha이며 전국 평균은 4.2 m^3/ha이다.

스웨덴의 식생은 북방계 식물 한계선(limes norrlandicus)의 북쪽으로는 한대 침엽수림인 독일가문비나무와 구주소나무가 자리를 잡고 있고, 남쪽으로는 침엽수·활엽수 혼효림이, 가장 남쪽으로는 활엽수림(참나무)이 자라고 있다. 자작나무는 거의 전국에 자라고 있는데 북부에서는 해발 600m까지 자라고 있다. 한계선의 북쪽으로는 참나무가 분포하지 않고 있는 것이 특징이며 자연경관이 이 선을 경계로 구분이 된다. 스웨덴은 지역적으로 자라는 수종이 뚜렷이 구분되어 북부는 침엽수, 남부는 활엽수가 숲을 이루고 있다.

1. 시민을 위한 도심의 오아시스
스톡홀름의 생태공원

베르셀리공원의 너도밤나무

소톡홀름

Europe | Sweden

린네 동상

스웨덴의 수도인 스톡홀름(Stockholm)은 스웨덴 전체 인구의 19%인 약 160만 명 정도가 살고 있는 북유럽의 대도시로 14개 섬과 40개의 교량으로 이루어져 있는데 전체면적의 1/3이 해수면과 맞닿아 있다. 스톡홀름시는 1254년 비르거 야리(Birger Jar)가 멜라렌호(Lake Mälarsee)의 섬에 조성한 도시이다. 도심에 35ha의 녹지가 형성되어 있고 3만 5,000그루의 나무가 심겨져 있다. 녹지 중 특히 중심에 위치한 베르셀리공원(Berzelii Park)은 시 최초의 공원으로 면적은 작지만 도심의 오아시스와 같으며 공원 중앙에는 스웨덴의 화학자인 베르셀리우스(Berzelius)의 동상이 서 있다. 도심을 찾는 사람들이 항구를 보며 너도밤나무 아래에서 휴식을 취할 수 있는 곳이다.

시민들의 휴식처, 노벨공원

스톡홀름 도심에서 조금만 벗어나도 녹지공간이 많이 있는데, 이 중 바닷가에 위치한 노벨공원(Nobelparken)은 경치가 좋은 탓인지 주위에 외국 대사관저가 많이 있어 외교관 주거지역이라는 이름으로 불릴 정도이다. 노벨공원에는 이전에 임업교육을 실시하던 임업학교가 있으며, 그 주위로 고목들이 즐비하게 자라고 있어 깊은 산속에 들어와 있는 듯하다. 호숫가에는 산책로가 있어 많은 시민들이 산책이나 조깅을 하는 것을 볼 수 있다. 공원에 자라는 나무는 대부분 활엽수인 참나무, 버드나무 그리고 너도밤나무로 침엽수는 눈에 별로 띄지 않는다. 특히 호수 쪽으로는 잔디밭에 참나무와 너도밤나무 고목들이 호수와 조화를 이루고 있어 평화롭게 느껴진다.

호프농장이었던 호프공원

도심에서 얼마 벗어나지 않은 곳에 위치하고 있는 호프공원(Humlegården)은 구스타프 아돌프(Gustav Adolphs) 시대에는 맥주 원료인 호프를 생산하기 위한 농장으로 이용되었다가 이후 무도장과 회전그네가 있는 공원으로 바뀌었고, 1877년도에 왕립도서관이 들어서 현재까지 유지되고 있다. 호프공원은 잔디밭과 정원수들이 줄지어 서 있는 비교적 넓은 면적의 공원으로 여러 개의 동상이 서 있는데, 가장 중심부에 세계적인 식물학자 칼 폰 린네(Carl von Linné)의 동상이 있다. 린네는 스웨덴 출신으로 많은 식물종을 발견하여 학명을 명명하였기 때문에 우리들이 알고 있는 많은 종류의 나무나 풀들의 학명에 명명자인 린네의 이름이 붙여져 있다. 린네 동상을 힘겹게 찾아 나섰으나 공교롭게도 동상은 보수를 위해 수선소로 옮겨지고 좌대만 남아 있어 이곳을 찾는 사람들에게 아쉬움을 안겨주었다.

공원은 입구에서부터 초록빛 잔디와 너도밤나무 그리고 피나무가 인상적으로 나타난다. 잔디밭은 우리나라에서처럼 출입금지 구역이 아니라 자유로운 출입은 물론 체조나 놀이를 할 수도 있다. 공원의 산책로 좌우로는 피나무들이 줄을 지어 심겨져 있다. 이들 피나무의 수령은 오래되었으나 크지는 않고 줄기 부분이 울룩불룩해서 오랜 풍상의 흔적을 엿볼 수 있다. 호프공원은 시민들뿐만 아니라 외국방문객들도 린네 동상을 보기 위하여 많이 방문하는 곳이기도 하다.

영국식 정원, 하가공원

스톡홀름 도심에서 북쪽, 공항으로 가는 도중에 있는 하가공원(Hagaparken)은 스톡홀름 영빈관의 대표적인 공원으로, 1780년대에 국왕 구스타프(Gustav) Ⅲ세가 조성하였다. 공원을 영국식 정원 스타일로 조성했기 때문에

1. 상공에서 본 스톡홀름 외곽의 숲 | 2. 베르셀리공원 중심의 베르셀리우스 동상
3. 노벨공원의 임목 | 4. 노벨공원 호수 주위의 산책로

초지와 나무들이 천연적으로 형성된 것처럼 자연스러운 변화를 느낄 수 있는 것이 특징이다. 하가공원에는 여러 건물이 있지만 이 중 나비애호가들 사이에서는 세계적으로 유명한 온실이 있는 나비건물이 돋보인다. 1995년부터 하가공원은 생태공원으로서 스톡홀름의 다른 공원들과 함께 통합적인 도시국립공원(national stadspark)으로 지정·관리되고 있다.

하가공원에 들어서면 우선 눈에 보이는 것은 시원하게 펼쳐진 초록색 초지와 그 주위에 자라고 있는 너도밤나무와 참나무이다. 참나무, 너도밤나무, 피나무는 노령목으로 높이가 30m 이상이고 마치 초원을 수호하는 것처럼 보인다. 구주소나무가 산책로 주변에 가끔 나타나며, 스웨덴의 대표수종인 소나무가 이곳에서는 드문드문 보여 공원을 조성할 당시 활엽수를 선호했음을 추측하게 한다. 초지 주위로 난 산책로는 조깅을 하는 데도 많이 이용되고 있다.

산책로를 걷다 보면 호수가 나타나고 호수 위를 여유롭게 헤엄치고 있는 오리들을 심심치 않게 볼 수 있다. 도시 외곽의 숲속에 호수가 나타나는 것을 보면 스웨덴이 호수의 나라라고 하는 것이 실감난다. 언덕 위에 서 있는 조그마한 성처럼 보이는 건물은 공연장으로 이용되는데 그 형태나 색은 마치 마법사의 집처럼 보인다.

스톡홀름은 북구의 최대 도시이지만 많은 녹지와 공원이 조성되어 있다는 것은, 단지 국토가 넓기 때문이 아니라 자연을 귀중하게 여기는 마음가짐이 더 크게 작용을 했을 것이라는 생각이 든다. 특히 대도시 외곽의 넓은 공원을 고립된 공간으로 두지 않고 여러 공원을 연계하여 생태공원화하고 이들 전체를 도시국립공원으로 지정하여 관리하는 시스템은 대도시 주변의 숲 관리에 도입해 볼만하다.

1. 호프공원의 피나무 정원수 | 2. 호프공원의 린네 동상(동상은 수리 중이어서 좌대만 있음)
3. 하가공원의 호수 | 4. 하가공원의 소나무

2. 나무의 바다, 숲의 지평선
베스테르노를란드의 침엽수림

도시와 주변의 숲

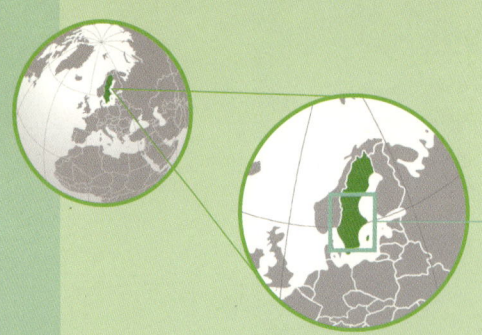

Europe | Sweden

스웨덴에는 침엽수가 많이 자라지만 남부의 해안가에는 참나무, 너도밤나무 등이 자라고, 남부와 중부에는 구주소나무(*Pinus sylvestris*), 독일가문비나무(*Picea abies*) 등의 침엽수와 함께 자작나무(*Betula pendula*), 사시나무(*Populus tremula*) 등이 같이 자라고 있다. 단풍나무(*Acer pseudoplatanus*), 피나무(*Tilia cordata*), 물푸레나무(*Fraxinus exelsior*) 등 유용활엽수는 남부에서 북부 경계까지 자라며 북부에는 소나무, 독일가문비나무가 주로 자라고 있다.

북부가 시작되는 곳, 구릉과 호수로 이루어진 이곳에 베스테르노를란드주(Västernorrlands län)가 자리 잡고 있다. 스웨덴의 행정구역은 21개 주로 구성되어 있는데 이 중 베스테르노를란드주의 면적은 2만 1,684km^{2}이고 인구는 24만 명으로, 강원도보다 넓은 면적에 인구는 강릉 정도여서 인구밀도가 낮다. 산림이 차지하는 비율은 74%로 스웨덴 평균 53%보다 높다.

침엽수의 바다

스톡홀름에서 북부로 가기 위해서는 대부분 항공편을 이용하게 되는데 비행기에서 보이는 숲의 모습이 인상적이다. 구릉지대는 침엽수림으로 가득 차 있고 구릉 사이로 하천이나 호수가 자리를 잡고 있는 모습은 우리나라에서는 볼 수 없는 광경이다. 특히 숲이 주로 보이는 것으로 보아 이 지역

1

2

이 산림지대인 것을 알 수 있다.

구릉지대에 들어서면 주위가 숲으로 덮여 있어 수해(樹海) 속에 들어와 있는 것 같다. 언덕 위에서 보면 나무로 가득 찬 언덕들이 끝이 안 보일 정도로 줄을 지어 서 있어 멀리 보이는 숲은 지평선처럼 보이고, 언덕들 사이로는 호수만 보여 원시림에 와 있는 것 같다. 주위를 둘러보면 한쪽 방향 멀리 송전탑과 송전선이 있어 이 지역에 사람들이 살고 있고 도시가 주변 어디엔가 있다는 것을 짐작할 수 있다.

구릉지대에는 붉은 줄기의 구주소나무가 무리를 지어 자라고 있는데 굵기는 한 아름 정도밖에 되지 않지만 줄기가 곧게 자라고 있는 것이 우리나라 금강소나무를 보는 것 같아 인상적이다. 숲가장자리로 줄지어 자라는 구주소나무는 마치 숲을 지키려는 듯 붉은색의 줄기가 더욱 돋보이고, 특히 아침 햇살이 들 때의 소나무 모양은 마치 한 폭의 그림 같다. 소나무가 무리를 지어 자라는 옆에는 독일가문비나무가 대나무처럼 곧게 자라고 있어 이 숲에 여러 종류의 나무들이 자라고 있다는 것을 알 수 있다. 숲의 아래쪽에는 유럽마가목(*Sorbus aucuparia*)이 같이 자라고 있어 독일가문비나무가 있음에도 우리 숲과 비슷하게 느껴진다. 그리고 구주소나무와 독일가문비나무 사이에 자작나무가 같이 자라고 있어 붉은 줄기들 사이에 하얀 줄을 그어놓은 것처럼 보인다.

숲바닥을 손으로 눌러보면 푹신푹신한 카펫을 깔아놓은 것같이 솔이끼(*Polytrichum commune*)가 소복하게 자라고 있다. 이끼는 공중습도가 높고 그늘진 곳에서 자라는 선태류인데 이곳은 소나무가 많이 자라는 곳이지만 습도가 높기 때문에 이끼도 잘 자라는 것 같다. 이곳은 한여름에도 서리가 내릴 정도로 추운 곳이어서인지 새벽에는 솔이끼에도 하얀 서리가 내려앉아 땅 위에 설화가 핀 것처럼 보인다. 햇빛이 들면 설화가 영롱한 이슬로 바뀌는 것도 이곳에서만 볼 수 있는 진풍경이다. 상층이 노출된 숲바닥에는 이끼 외에 에리카(*Erica* spp)도 자라고 있어 하층식물의 다양함을 더해 주고 있다.

1. 공중에서 보이는 숲과 호수 | 2. 구릉지대에서 보이는 수해

효율적인 산림경영

언덕이 많은 곳을 지나 평지로 가면 소나무숲이 나타나는데 산림경영을 위하여 관리하고 있는 숲이다. 굵기는 한 아름이 넘고 나무높이도 30m 정도 되는데 줄기가 곧게 자라는데도 그렇게 커 보이지 않는 것은 주위의 나무들이 거의 비슷한 크기로 자라서인 것 같다. 소나무만 있는 숲이지만 솎아베기를 많이 해서인지 나무들이 빽빽하지 않아 햇빛이 숲속으로 많이 들어오고, 숲바닥을 보니 어린 소나무들이 자라고 있다. 높이가 1m 내외 되는 소나무가 햇빛이 많이 드는 곳에 자라고 있는 것이 마치 일부러 심어 놓은 것처럼 보일 정도이다. 이러한 숲의 모양은 위에 자라는 소나무들이 경쟁 없이 잘 자라게 하기 위해 솎아베기를 하고 숲바닥에 햇빛이 들어오게 함으로써 소나무 종자가 발아하게 하여 다음 세대의 소나무를 같이 키우는 과정에서 자연스럽게 나타난 것이다. 이 소나무 숲은 80~100년을 키워 수확을 하고 아래에 자라는 소나무와 새로이 심은 소나무로 새 숲을 만들어 나갈 계획이다.

소나무숲을 지나면 독일가문비나무숲이 나타나는데 나무굵기는 한 아름이 못되지만 숲을 가득히 메우고 있어 독일의 슈바르츠발트를 연상케 한다. 가지치기를 하지 않아서인지 죽은 가지가 그대로 붙어 있고 멀리서 보면 독일가문비나무만 자라고 있는 것처럼 보이지만 구주소나무와 자작나무도 섞여서 자라고 있다. 숲바닥을 들여다보면 햇빛이 못 들어와서인지 풀이 거의 없어 겉은 푸르지만 속은 갈색인 것이 보기와는 다른 모습이다. 이 숲은 수확기에 들어서 한쪽은 벌채가 되어 황량한 들판처럼 보이고 한쪽에는 수확된 나무들이 무더기로 쌓여 있다.

주변을 둘러보아도 산림작업을 하는 사람들은 보이지 않고 수확기(Harvester) 한 대만 움직이고 있다. 이 수확기 하나로 나무를 벌채하고 정리하며, 집재된 나무들은 대형트레일러 기사가 홀로 집게를 이용하여 차에 실은 후 운반하고 있다. 기계를 이용하여 인력을 줄이고 많은 목재를 생산하는 기계화 작업이 바로 이런 것이구나 하는 것을 보여주는 듯하다.

스웨덴 북부의 베스테르노를란드는 구릉과 호수로 이루어진 산림지역

1. 줄지어 자라는 구주소나무 | 2. 평지의 독일가문비나무숲 | 3. 숲바닥의 이끼와 에리카
4. 군상으로 발생한 소나무 어린나무

1

2

으로 추운 기후 때문에 수종은 다양하지 않지만 구주소나무, 독일가문비나무가 주로 자라고 자작나무가 일부 자라는 등 다양한 숲의 모습을 보여주고 있다. 특히 평지 숲을 경영하는 데 이용되는 임업기계를 우리나라의 산악지역에서는 직접 이용하기가 곤란하지만 경영을 위한 길을 보여주는 것 같다. 기후와 지형조건에 맞는 나무를 키우고, 생산되는 나무의 굵기를 적절하게 선정하는 것도 경영의 다양성을 보여주는 것이 아닐까 하는 생각이 든다.

1. 평지의 소나무숲 | 2. 독일가문비나무숲과 수확기

스위스

사진_ 그린델발트와 아이거봉

스위스는 지방자치제가 발달하였으며 26개 지방정부 칸톤(Kanton)으로 이루어진 연방국가이다. 전체 면적 중 농경지는 38%, 산림은 29%, 주거·산업지는 7%, 내수면은 4%를 각각 차지하고 특히 고산지·암벽지·빙하지가 국토의 22%를 차지하고 있어 스위스가 산악국가임을 말해준다. 이러한 고산지·암벽지·빙하지는 대부분 알프스 지역에 위치하고 있다.

스위스는 쥐라(Jura), 미텔란트(Mittelland), 포어알프스(Voralpen), 알프스(Alpen), 알프스남부(Alpensüdseite) 등 5개 지역으로 구분하며, 산림이 가장 많은 곳은 알프스이고 점유율이 가장 높은 지역은 쥐라와 알프스남부이다. 스위스에서 가장 높은 곳은 해발 4,634m이고 가장 낮은 곳은 193m이다. 기후는 알프스의 북쪽은 중부유럽처럼 해양성기후, 남쪽은 지중해기후의 특성을 보여준다. 미텔란트 지역은 연간 강수량이 1,000~1,500mm, 건조지역은 550mm, 남부지역은 2,000mm로 지역에 따라 큰 차이를 보인다. 기온은 해발고에 따라 차이가 크게 난다.

스위스의 산림은 국·공유림이 79%, 사유림이 21%이며, 국·공유림은 연방정부 1%, 칸톤(지방정부) 28%, 지방자치단체 60%, 협업체 6%, 기타 1%로 구분된다. 또한 사유림 소유주는 25만 명 이상이며, 그들의 평균 소유면적은 1.3ha이다. 국·공유림은 3,508개 영림서에서 경영을 하고 있다. ha당 임목축적은 366m^{3}로 포어알프스 지역이 487m^{3}로 가장 높은 수치를 보이고 알프스남부 지역이 219m^{3}로 가장 낮은 축적을 보이고 있다. ha당 수확량은 3.6m^{3}로 이 중 미텔란트 지역이 7.3m^{3}로 가장 높고 알프스남부가 0.6m^{3}로 가장 낮게 나타났다. 수종분포에 있어서는 본수비율로 침엽수 60%, 활엽수 40%이며 축적비율로 침엽수 72%, 활엽수 28%이다. 가장 많이 분포하는 수종은 독일가문비나무로 임목본수 40%, 임목축적 48%이며, 너도밤나무는 임목본수 18%, 축적 17%, 전나무는 임목본수 11%, 축적 15%로 3개 수종이 전체의 2/3를 차지하고 있다.

숲을 구성하는 주요수종으로 침엽수는 독일가문비나무(Picea abies) 40%, 전나무(Abies alba) 11%, 구주소나무(Pinus sylvestris) 4%, 낙엽송(Larix leptolepis) 4%, 쳄브라소나무(Pinus cembra) 1%, 활엽수는 너도밤나무(Fagus sylvatica) 18%, 참나무류(Quercus petraea, Q. robur) 2%이고 물푸레나무(Fraxinus spp) 4%, 단풍나무(Acer spp) 4%, 밤나무(Castanea sativa) 4%, 기타 9%로 침엽수가 반 이상을 차지하고 있다. 수종분포는 자연분포와는 많은 차이를 보이고 있는데 자연 상태에서는 너도밤나무숲이 가장 많이 차지하는 것으로 알려져 있다. 자연 상태에서는 해발 400~800m에서 너도밤나무숲, 800~1,500m에서 너도밤나무숲에 독일가문비나무와 전나무가 같이 자라고, 해발 1,500m 이상에서는 독일가문비나무가 자라며 일부 지역에서는 낙엽송, 쳄브라소나무가 자란다. 알프스남부에는 지중해 기후의 영향을 받아 밤나무숲이 있다. 위와 같이 독일가문비나무는 해발 800m 이하에서 자연 상태로는 자라지 않지만 미텔란트처럼 고도가 낮은 곳에 독일가문비나무가 많이 자라는 것은 인공조림을 했기 때문이다.

1. 취리히의 실발트
천연의 숲으로 돌아가기 위한 첫걸음

물푸레나무숲

Europe | Switzerland

스위스의 도시 중 세계적으로 손꼽히는 도시 취리히(Zürich)는 인구가 스위스의 도시 중에서 가장 많고 세계적인 상업도시로 유명하다. 이러한 대도시의 중심에서 불과 10km 떨어진 곳에 실발트(Sihlwald)가 자리를 잡고 있다. 실발트는 Sihl과 wald 두 단어에서 유래하는데 Sihl은 소하천의 이름이고 wald는 숲이라는 단어로 '실강 주변의 숲'이라는 뜻이다.

실발트의 과거와 현재

실발트는 853년 취리히 수녀원 소유의 교회림이 되었고, 1309년 취리히시의 공유림이 되었으나 실발트의 공유림 경계표석이 세워진 것은 이보다 200년 후인 16세기 초반으로 이때부터 취리히시가 실질적으로 실발트를 관리하기 시작했다. 또한 이때부터 취리히에서 필요한 많은 양의 나무들을 이곳에서 공급했는데 당시의 운송수단은 실강을 통한 뗏목이었다. 1876년에 철도가 개설되어 목재운송수단으로 이용되다가 1940년대에 중단되었다. 이렇게 실발트는 500년 이상 인구가 밀집된 취리히시의 목재공급원 역할을 했다.

취리히의 시민들은 과거에는 실발트를 목재공급원으로 주로 이용했지만 현재는 자연을 접하고 휴식을 취하는 휴양림으로 이용하고 있다. 도심에서 가깝고 대중교통을 이용하여 쉽게 접근할 수 있어 취리히 시민들이 가장 많이 찾는 숲으로 바뀌었다. 많은 사람들이 실발트를 찾기 때문에 취리히시에서는 자연보호센터를 건립하여 숲의 중요성과 자연보호에 관한 홍보와 교육을 실시하고 또한 산책로를 조성하여 도시민들이 숲속을 편하게 다닐 수 있도록 했다. 실발트 내의 산책로는 총연장 약 50km에 달한다.

실발트의 기능이 목재생산에서 휴양 및 교육으로 바뀜에 따라 벌채가 금지되고 숲을 자연 상태로 되돌리는 천연림프로젝트가 시작되었다. 그러나 500년 이상 실발트가 이용되는 과정에서 크고 나이가 많은 나무들이 모두 벌채되어서 현재는 나이가 많은 나무가 거의 없는 실정이다. 최근에 보존지역으로 지정되어 천연림으로 만들어 가는데 시간이 많이 소요된다. 특히 고사하거나 부러진 나무들을 제거하지 않고 그대로 방치를 하는 등 자연에서 일어나는 현상을 있는 그대로 유지시키고 있다.

다양한 활엽수들의 잔치

실발트는 스위스 중부지역 최대의 활엽수 혼효림으로 다양한 활엽수종이 있다. 실발트를 구성하는 주요수종 중 활엽수로는 너도밤나무, 물푸레나무, 산단풍나무 등이 있고, 침엽수로는 독일가문비나무, 전나무 등이 있다. 이 중 가장 많이 분포를 하는 수종은 너도밤나무이며 독일가문비나무가 그 다음으로 많이 나타난다. 면적상으로는 너도밤나무가 전체의 90%를 차지하고 있다.

너도밤나무는 우리나라의 울릉도에 1종이 자생하고 있지만 잘 알려져 있지 않다. 그러나 중부유럽에서는 활엽수를 대표하는 수종으로 학명은 *Fagus sylvatica*이다. 너도밤나무는 스위스에서는 해발 1,400m까지 분포하고 높이 40m, 지름 1m 이상 자라며 수간이 곧다. 너도밤나무 줄기는 곧고 매끄럽기 때문에 나이가 많은 너도밤나무숲에 들어서면 마치 대리석 기둥에 둘러싸인 듯하다. 너도밤나무는 음수로 큰 나무 아래에서도 어린나무가 고사하지 않고 장기간 자라는 특성을 갖고 있다. 너도밤나무숲은 너도밤나무 종자가 가축의 사료로 이용될 정도로 크고 영양분이 높기 때문에 과거에는 돼지나 소의 임간방목 장소로도 이용되었다.

실발트에는 취리히공과대학(ETH) 임학과의 시험지가 많은데 너도밤나

1. 실발트 산책로 | 2. 자연적으로 쓰러진 나무와 주위의 활엽수
3. 줄기가 곧게 자란 너도밤나무 줄기 | 4. 너도밤나무숲

무 시험지가 많은 부분을 차지하고 있다. 너도밤나무 천연갱신에 관한 시험지 중 산벌갱신 시험지에서는 너도밤나무 어린나무의 자연발생을 유도하고 이를 후계림으로 조성하는 과정을 볼 수 있는데 큰 너도밤나무 아래에 천연치수가 빽빽이 들어서서 자라는 모습은 자연의 힘이 이렇게 크다는 것을 느낄 수 있게 한다.

너도밤나무 다음으로 많이 나타나는 숲은 물푸레나무숲이다. 물푸레나무의 학명은 *Fraxinus exelsior*로 우리나라의 물푸레나무와는 다른 종이다. 우리나라에서는 일반적으로 물푸레나무의 줄기가 휘고 높이 자라지 않는 것으로 알고 있지만 이곳의 물푸레나무는 높이가 30m 이상 자라고 줄기도 곧아 높이 자란 물푸레나무 아래에서 수관을 쳐다 보면 잎의 모양이 제대로 보이지 않을 정도이다. 이외에 산단풍나무가 일부 자라고 있는데 산단풍나무는 대부분 다른 활엽수와 같이 자라고, 수피에 이끼가 같이 자라서 고색창연한 느낌을 준다.

침엽수로 가장 많이 나타나는 가문비나무는 단순림을 이루기보다는 활엽수와 뒤섞여 나무높이도 30m 이상으로 자라고 있다. 이외에도 활엽수 어린나무들이 새로운 숲을 만들어가고 있다.

스위스 취리히 외곽의 활엽수림은 도시숲으로서 다양한 기능을 갖고 있지만 숲을 단지 목재생산이나 휴양을 위주로 한 인간 중심적인 산림으로 이용하기보다는 자연에 중심을 두어 벌채를 통한 목재생산은 포기하고 휴양기능이 있는 천연림으로 되돌리려는 노력을 기울이고 있다.

1. 울창하게 자란 물푸레나무 수관 | 2. 줄기가 곧게 자란 물푸레나무 줄기 | 3. 산단풍나무와 전나무

2. 생태적이고 지속적인 숲의 이용
꾸베의 택벌림

산악지역의 농가와 숲

Europe | Switzerland

택벌림을 독일어권에서는 plenterwald, 영어권에서는 single-stem selection forest라고 하는데 모두 선택하여 이용한다는 의미이다. 선택적 이용의 한계가 모호하기 때문에 18세기 독일에서는 택벌작업이 지역적으로 금지되기도 했다. 택벌림은, 숲을 이용함에 있어 일반 교림에서처럼 수확주기가 일정하게 정해진 것이 아니라 소규모 즉 단목으로 수확을 하기 때문에 수확기가 없고 숲의 형태가 일정하게 유지되기 때문에 이상적인 산림경영 형태로 알려져 있다.

일정하게 유지되는 숲

택벌림의 구조는 숲의 자연적인 발달과정에서 상대적으로 짧은 기간 동안에 나타난다. 어린나무가 자라 성숙림이 되면 나무의 활력이 떨어지기 시작한다. 크고 나이가 많은 나무가 일부 고사하면, 이 자리에 어린나무가 자연적으로 발생하여 빈 공간을 다시 차지하는 경우가 생긴다. 이러한 경우에는 어린나무, 중간크기 나무, 큰 나무가 일정한 공간 내에 같이 자란다. 이렇게 자연 고사할 큰 나무를 수확하여 숲의 구조를 일정하게 유지하게 되면 택벌림이 되는 것이다. 그러나 택벌림을 구성하는 중요인자 중의 하나인 음수 수종이 제한되기 때문에 택벌림을 조성·유지하는 것이 쉽지 않다. 택벌림을 구성하는 수종으로 독일가문비나무, 전나무, 너도밤나무가 대표적인데 전

나무와 너도밤나무는 음수이고 독일가문비나무는 내음성이 있는 수종이어서 3개 수종이 함께 택벌림을 이루는 경우가 많다. 택벌림의 면적은 택벌림이 비교적 많은 독일과 스위스에서도 산림면적의 5% 미만을 차지할 정도이다.

택벌림이 시작된 국가는 스위스, 독일, 프랑스 등으로 대부분 산악지나 준산악지역에 많다. 특히 스위스는 알프스산맥 주위로 숲이 많지만 지형이 급하고 해발고가 높기 때문에 농가가 분산되어 있다. 이러한 농가에서 매년 지속적으로 생활에 필요한 목재를 공급받기 위하여서는 일정 면적의 숲 유지와 관리가 필수적이었다. 이러한 이용 및 관리로 택벌림이란 숲의 형태가 발생했다. 스위스의 숲 중에서 가장 유명한 곳은 알프스이지만 숲에 관심을 갖고 있는 사람이나 임학을 공부한 사람에게는 스위스의 택벌림이 가장 잘 알려져 있다. 택벌림이 유명한 곳으로 독일어권의 에멘탈(Emmental)과 불어권의 꾸베(Couvet)가 있다.

꾸베의 산림경영

꾸베 지역의 대표적인 택벌림은 꾸베공유림이다. 공유림의 면적은 180ha로 해발 760~1,020m에 위치하고 있으며 모암은 석회암이다. 해양성기후지역으로 추운 편인데 연강수량은 1,300mm, 연평균 기온은 6.5℃이고 식물생장기간이 5개월로 비교적 짧다. 이 지역의 자연산림사회는 전나무·너도밤나무숲이다.

꾸베의 택벌림은 자연적으로 발생한 것이 아니라 1881년부터 비올레(Biolley)가 영림서장으로 부임하여 단목 택벌시스템을 도입하면서 시작되었다. 지금으로부터 130년 전부터 택벌림이 조성되기 시작한 것이다. 이곳 택벌림을 구성하고 있는 수종은 전나무와 독일가문비나무이다. 임목축적은 370m^3/ha로 스위스의 임목축적 350m^3/ha보다 약간 높게 나타났으나 이 수치는 지름 17.5cm 이상인 임목을 조사한 자료이다. 최근 지름 7cm 이상인 임목을 측정한 표준지 조사에서는 ha당 500m^3 이상으로 나타났다.

꾸베의 택벌림은 외형적으로는 일반 숲과 구별이 안 될 정도로 평범하게 보인다. 특히 농가 뒤로 보이는 택벌림은 전형적인 교림으로 보일 정도이

1. 택벌림 외곽 모습 | 2. 큰 나무를 벌채한 자리에 자라는 어린나무

다. 그러나 실제 숲속으로 들어가면 숲의 모양이 바깥에서 보던 것과는 다르게 나타난다. 우선 눈에 띄는 것은 나무높이가 40m 이상이고 지름이 1m에 가까운 독일가문비나무와 전나무가 대부분으로, 이들 큰 나무의 줄기는 가지도 없이 곧게 자라고, 주위를 중간크기의 나무들이 에워싸고 있어 이러한 모양이 전형적인 택벌림 구조라는 것을 보는 사람들에게 교과서처럼 가르치는 것 같다. 숲을 자세히 보면 다른 부분보다 밝게 보이는 부분에 큰 나무 그루터기가 있고 이 주위에 어린 전나무와 가문비나무가 자라고 있다. 이것으로 큰 나무를 수확하고 난 자리에 어린나무들이 천연적으로 발생하여 큰 나무의 뒤를 잇고 있는 것을 확인할 수 있다. 최근에 벌채한 그루터기 주변에는 아직 어린나무가 발생하고 있지 않지만 주위에 어린나무가 자라고 있는 것을 볼 수 있다.

택벌림 구조의 특징적인 모습은 어린나무, 중간크기 나무 그리고 큰 나무가 동일한 공간에 같이 자라는 것이다. 1년생 나무부터 200년생에 달하는 나무들이 숲바닥부터 높이 40m까지 같이 자라며 공간을 이용하는 꾸베의 숲은 택벌림이 가지고 있는 장점을 명확히 보여주고 있다. 자연이치에 따른 효율적 공간 이용은 우리들도 배워야 할 점이다.

택벌림의 구조는 노령목을 방치하지 않고 적정한 시기에 수확하며 중간크기의 나무를 솎아주어 어린나무가 자랄 수 있는 조건을 만들어 주기 때문에 유지된다. 즉 자연에 가까운 숲의 형태인 택벌림은 임업인들의 지속적인 관리로 유지된다는 것을 알 수 있다. 택벌림에 인접한 사유림은 50년 전부터 자연 상태로 방치한 교림으로 숲은 단층림으로 이루어져 숲바닥에는 풀도 별로 자라지 않고 있으나 임목축적은 900m³/ha로 택벌림보다 거의 2배 이상 높다. 이렇게 축적이 높은 것은 50년 이상 솎아베기를 실시하지 않았기 때문이고, 따라서 택벌림처럼 지속적인 수확은 불가능한 숲이다.

꾸베의 택벌림과 방치된 교림은 숲이 가지고 있는 특성을 대조적으로 보여주고 있다. 숲의 생태적 특성을 바탕으로 한 자연에 가까운 형태의 택벌림 경영은 숲을 늘 일정한 모습으로 유지하고 지속적으로 목재를 생산할 수 있는 경영방식의 하나이므로 우리나라에서도 시험적으로 시도해 볼 만한 숲가꾸기 방법일 것이다.

1. 택벌림의 숲바닥 | 2. 단순림의 숲바닥 | 3. 단순림의 구조
4. 어린나무부터 나이 많은 나무가 함께 자라는 전형적인 택벌림 구조

3. 산림한계선에서 살아남는 비법
칼프아이젠탈의 독일가문비나무숲

알프스 고산대 계곡부

Europe | Switzerland

알프스 고산대의 산버들나무

유럽의 가문비나무는 우리나라에는 독일가문비나무로 알려져 있으며 학명은 *Picea abies*이다. 중부유럽에서는 해발 1,400m까지, 그리고 알프스 지역에서는 준고산대에 해당되는 해발 1,800~2,000m까지 분포하고 있어 산림한계선을 이루고 있다.

독일가문비나무는 높이 50m, 지름 1m 이상 자라며 좁은 삼각형 수관과 곧은 수간이 특징적으로 나타난다. 특히 산림한계선에 자라고 있는 독일가문비나무는 수관이 좁고 수간이 곧은 원추형 모양을 보인다. 가지가 거의 지표면에 닿을 정도로 낮게 자라고 있다. 이러한 나무형태는 고산지의 강설량이 많아 설압이 대단히 높기 때문에 눈 피해를 피하기 위해 가지가 위로 곧게 자라지 않고 약간 비스듬히 아래로 자라며 길게 자라지 않기 때문이다. 한계지역에 자라고 있는 독일가문비나무는 산악지의 독일가문비나무처럼 크지 않아 나무높이가 4~5m에 불과하지만 수령이 500년 이상이 되는 것도 있다.

알프스 동부 칼프아이젠탈(Calfeisental)의 독일가문비나무숲은 해발 2,000m에 가깝다. 계곡부터 산림한계지역까지 자라고 있는 독일가문비나무는 대면적으로 숲을 이루지 못하고 낮은 산등선이와 평지를 중심으로 분포하고 있다. 계곡부에 독일가문비나무와 같은 침엽수가 자리를 잡지 못하는 것은 토양수분이 높은 이유도 있지만 주기적으로 빙하가 흘러내려 계곡부의 식생들을 휩쓸고 내려가기 때문으로 숲을 형성하지 못하는 것 역시 그 때문이다. 계곡부에는 이러한 환경에도 견딜 수 있는 자작나무와 같은 활엽수들이 개울가에 누운 형태로 자라고 있다.

독일가문비나무숲은 단층림을 이루고 있으며 나무높이도 30m에 달한다. 특히 소계곡이 있는 사면에서는 독일가문비나무가 자리를 잡지 못하고 이외의 지역에 숲을 이루며 자라고 숲으로부터 소계곡부로 작은 독일가문비나무가 일부 자라고 있다. 이러한 형태는 소계곡부가 눈사태에 의해 피해를 주기적으로 입어 계곡부에 나무가 거의 없고 자라고 있는 독일가문비나무도 주위 독일가문비나무숲의 나무보다 어리고 작기 때문에 나타난다.

스위스의 고산지역은 자연 상태로 방치되는 곳도 있지만 방목지로 이용되는 곳도 있다. 방목을 하고 있는 곳은 경사지 사면에 목초지가 조성되어 있고 목초지 주위로 독일가문비나무숲이 있다.

산림한계선의 식생

칼프아이젠탈의 지피식생은 다양하게 나타나지만 가장 많이 보이는 것은 산앵도나무이다. 산앵도나무는 50~60cm 높이로 자라며 열매가 까맣게 열린다. 이외에도 보라색을 머금은 용담 종류가 꽃을 피우고 있다. 특히 나무높이 30~40cm의 산버들나무가 빨간 열매를 달고 있는 것이 인상적이다. 이외에도 이름 모를 여러 야생화들이 자라고 있다.

계곡부의 폭포는 빙하가 녹아서 흐르는 것으로 폭포가 떨어진 아래 지역은 겉으로 보기에는 땅인 것 같지만 자세히 보면 얼음으로 이루어져 있다. 독일가문비나무로 이루어지지 않은 지역은 독일가문비나무가 단목으로 나타나고 고산지역에서 자라는 자작나무와 오리나무류가 자라고 있으나 나무높이가 4~5m에 불과하다.

스위스 알프스 고산대의 독일가문비나무숲은 자연 상태로 방치되지 않고 자연에 적응한 여러 가지 형태로 이용되고 있으며, 특히 여름철에는 소방목을 통한 전형적인 스위스 목축업이 이루어지고 있는 반면에 숲의 보호도 철저하게 하고 있다.

1. 고산지역의 독일가문비나무 수형 | 2. 방목용 초지와 독일가문비나무숲
3. 알프스 고산대의 산앵도나무 | 4. 빙하로 이루어진 폭포

4. 가축, 야생화 그리고 숲의 공존
그린델발트의 쳄브라소나무숲

클라이네샤이데크 기차역과 쳄브라소나무숲

Europe | Switzerland

쳄브라소나무 잎과 구과

알프스 하면 보통 하얀 눈을 머리에 이고 있는 빙하와 고산대 초지를 연상한다. 특히 베르너오버란트(Berner Oberland) 지역의 융프라우(Jungfrau)는 대표적인 알프스 관광지로 세계 각국에서 많은 사람들이 찾아온다. 이 지역 내에 있는 그린델발트(Grindelwald) 또한 관광과 등산의 거점으로 많은 사람들의 사랑을 받는 곳이다. 그린델발트는 관광도시이기도 하지만 농축산업도 병행하고 있다. 그린델발트에는 농축업가구가 138가구 정도 있는데 이 중 95개 축산업가구가 연간 우유 225만 리터, 치즈 92톤을 생산하고 있다. 이 지역에서 젖소 사육은 계곡 지역별로 농가마다 일정 숫자가 지정되어 있다. 알프스 대부분의 지역과 마찬가지로 5월 초에 알프스 초지로 소를 몰고 올라가는 행사가 거행된다. 그린델발트를 둘러싸고 있는 산들은 융프라우, 아이거(Eiger), 쉬렉호른(Schreck Horn) 등으로 해발 4,000m 이상의 봉우리들이 많고 만년설로 덮여 있다. 그린델발트는 이렇게 만년설과 초지 그리고 숲을 배경으로 하고 있다.

알프스 수목분포도

알프스 지역의 해발대별 나무 분포는 해발 500~1,000m 하부 산악대의 산림지대에서는 너도밤나무, 피나무, 참나무, 밤나무 등이 자라고, 해발 1,000~1,500m 상부 산악대의 산악림지대에서는 너도밤나무, 독일가문비나무, 전나무, 소나무 등이 자라며, 해발 1,500~2,000m의 준고산대의 한계림지대에서는 무고소나무(Pinus mugo), 쳄브라소나무(Pinus cembra), 낙엽송이 자란다. 해발 2,000~2,500/3,200m의 고산대의 관목림지대에서는 왜성관목, 관목성 너도밤나무, 쳄브라소나무, 알프스오리나무 등이 자란다. 알프스의 고산대와 수목한계지대에는 다양한 풀과 꽃들이 자라는데 무고소나무와 쳄브라소나무는 한계지의 대표적인 소나무 종류이지만 그린델발트 수목한계지대에는 쳄브라소나무가 자라고 있다.

쳄브라소나무는 한 묶음에 잎이 5개씩 자라고, 스위스에서는 아르베(Arve) 또는 치르베(Zirbe)라고 부른다. 쳄브라소나무는 수목한계선 아래 지역에서는 높이 30m까지 자라는 교목인데 수목한계지역에서는 1,000년까지 살 수 있지만 크기는 작다. 이렇게 수목한계지역에서 크게 자라지 못하는 것은 해발고가 높아 생장기간이 상대적으로 대단히 짧고 기온이 낮아 생장이 더디기 때문이다. 이러한 특성은 수목한계지대에서 자라는 독일가문비나무, 낙엽송, 무고소나무 등 모든 나무들이 공통적으로 가지고 있다.

수목한계선의 쳄브라소나무숲

해발 2,061m에 위치한 클라이네샤이데크(Kleine Scheidegg)에서 그린델발트로 내려가면 소 방목지로 이용하는 초지가 나타난다. 경사진 초지는 멀리서 보면 선을 그어 놓은 것처럼 보이는데 가까이 가서 보면 폭이 좁은 길들이 가지런히 놓여져 있다. 이 길은 자연적으로 만들어진 것이 아니라 방목된 소들이 풀을 먹기 위해 이동하면서 만든 길로 마치 거미줄이 쳐져 있는 것 같다. 7월에는 초지 가운데 붉은색의 알펜로제(Alpenrose; *Rhododendron ferrugineum*)가 핀다. 알펜로제는 쳄브라소나무숲의 하층에 잘 자라는데 쳄브라소나무가 겨울에 눈을 덮어 주어 알펜로제가 어는 것을 막기 때문이다.

초지를 조금 지나면 키 작은 침엽수들이 나타나기 시작하는데 나무의 키는 작지만 가지가 거의 지면까지 나 있으면서 잎이 촘촘한 것이 인상적이다. 이 나무들이 쳄브라소나무로 숲을 이루지는 못하고 몇 그루가 모여서 소군상으로 자라고 있다. 이렇게 여러 그루가 모여서 자라는 것은 추운 겨울과

1. 융프라우 봉우리 | 2. 수목한계지역의 알펜로제
3. 군상으로 자라는 키 작은 쳄브라소나무 | 4. 쳄브라소나무와 독일가문비나무

바람 그리고 폭설을 견디기 위해서인 것으로 여겨진다. 그런데 나무높이 1
~2m 되는 쳄브라소나무가 자라는 곳을 자세히 보면 그 안에 독일가문비나
무가 같이 자라고 있다. 독일가문비나무도 이렇게 해발고가 높은 곳에서는
생명을 유지하기 위해서 쳄브라소나무와 같이 자라는 것 같다.

    군상으로 자라는 쳄브라소나무 중에는 해발고가 낮은 지역에서처럼 키가
아주 크지는 않지만 수고 10m 내외의 쳄브라소나무 노령목이 높이에 비해
굵고 큰 가지 아래쪽에 파란 잎을 달고 자라고 있는 것이 매우 인상적이다.
노령목 줄기는 대부분 고사하여 회색빛을 띠고 있지만 일부 줄기가 살아 있
어 나무 꼭대기에 파란 잎을 달고 있는 모습은 이곳의 열악한 생활환경을 보
여준다. 노령목 주위에는 어린나무들이 자라고 있는데 이 어린나무들은 노
령목의 종자가 발아를 하여 노령목의 보호를 받으며 자란 것으로 보여진다.
이러한 노령목은 40~50년 전에 찍은 사진 속의 모양이 지금의 모양과 거의
차이가 없는 것을 감안하면 수령이 200~300년은 족히 됨직하다. 경사지 노
령목의 뿌리 중 일부는 침식에 의해 토양이 유출되어 맨살을 드러내고 있는
데 이 모습은 모진 환경 속에 자라온 오랜 세월을 말해주고 있는 것 같다. 이
와는 달리 소계곡부에 자라는 쳄브라소나무는 소계곡부의 환경이 노출된 지
역보다 좋아서인지 줄을 지어 자라고 있는 모습이 평화롭게 보인다.

    이 길을 가다 다시 산 위쪽을 올려다보면 쳄브라소나무 위쪽으로 클라이
네샤이데크 기차역이 보이고 쳄브라소나무 뒤쪽을 보면 독일가문비나무숲
이 보인다. 경사가 비교적 완만해지고 해발고가 낮아짐에 따라 독일가문비
나무 단순림이 형성된 것이다.

야생화 만발한 목초지

초지와 쳄브라소나무가 조화롭게 자리를 잡고 있는 가운데로 길이 나 있는
데 방목된 소가 일정구역에만 있게 하기 위하여 문을 만들어 놓았다. 길의
대부분은 가로막으로 막혀 있는데 길 가장자리에 사람은 통과할 수 있지만
소는 통과할 수 없는 ㄱ자 모양의 통로를 만들어 놓아 관리를 효율적으로 하
고 있다. 이 초지에는 노란 야생화가 만발하여 장관을 이루고 있다. 초지 속

1. 쳄브라소나무 노령목 | 2. 쳄브라소나무 노령목의 노출된 뿌리
3. 소계곡부의 쳄브라소나무

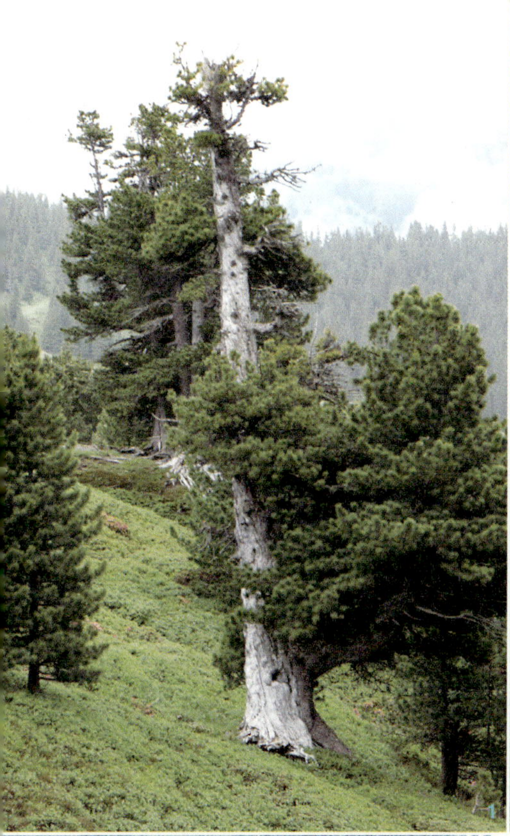

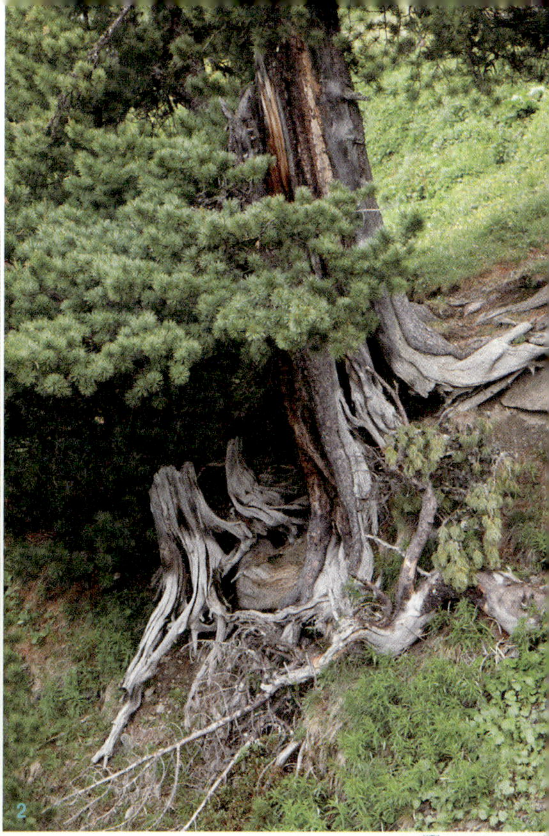

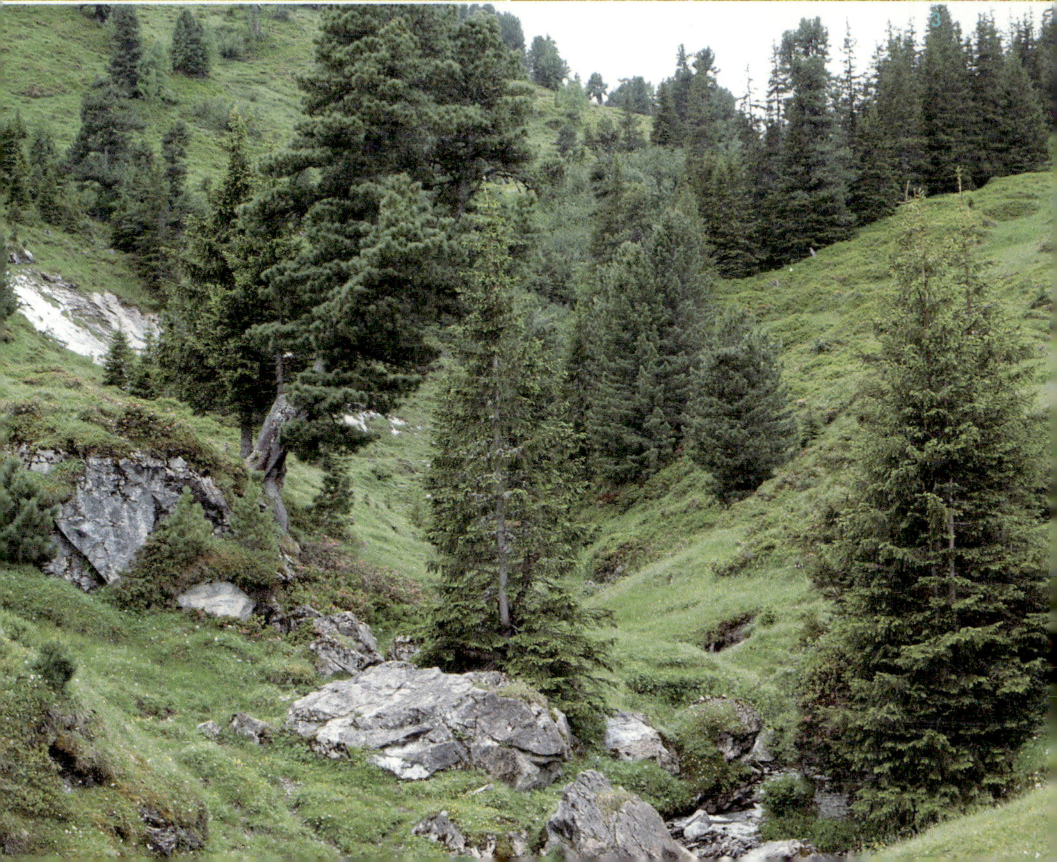

1

2

을 자세히 보면 키가 10cm도 채 안 되는 쳄브라소나무 어린나무가 풀 사이로 자라고 있다. 목초지에 소만 방목을 하는 것이 아니라 산 아래쪽으로 조금 더 내려오면 방목된 돼지들도 볼 수 있는데, 알프스 지역에서는 돼지를 방목할 수 있다. 아래로 내려올수록 쳄브라소나무는 적어지고 독일가문비나무숲들이 주를 이룬다. 독일가문비나무 아래로는 그린델발트가 모습을 드러내기 시작하는데 구름 낀 소도시의 모습은 아늑하기 그지없다.

쳄브라소나무는 알프스의 여러 지역에서 볼 수 있지만 그린델발트 수목한계선의 쳄브라소나무 지역은 많은 사람들이 찾는 관광지이자 소를 방목하는 축산지이지만 자연 상태를 유지하면서 조화를 이루고 있다. 특히 생태적으로 외부영향에 민감한 고산지대의 보존이 어려운 점을 감안하면 쳄브라소나무가 40~50년 전 모습을 유지하고 있다는 것은 자연의 모습을 그대로 간직하고 있는 것을 의미한다. 2001년 융프라우 지역은 유네스코에서 세계자연유산으로 지정했다.

1. 야생화가 피어 있는 초지 | 2. 방목 중인 돼지

5. 눈앞에서 펼쳐지는 숲의 변화
티틀리스의 산악림

엥겔베르크의 그림 같은 집

Europe | Switzerland

알프스는 유럽의 지붕으로 산 정상에는 빙하가 많아 해발 2,500m 이상에서는 나무를 거의 볼 수 없고 대부분 베르너오버란트(Berner Oberland)에 숲이 분포한다. 스위스 알프스 중심에서 떨어져 있는 알프스 지맥인 티틀리스(Titlis)는 해발 3,239m로 케이블카를 타야 도달할 수 있는 곳으로, 관광도시 루체른(Luzern)에서 차로 1시간 정도 달리면 티틀리스행 케이블카를 탈 수 있는 엥겔베르크(Engelberg)에 도달한다. 엥겔베르크로 가는 길은 계곡으로 나 있고 계곡에는 조그만 교회가 있는 마을들이 줄이어 나타난다.

산악도시 엥겔베르크

엥겔베르크는 해발 1,050m에 위치한 산악 소도시로 규모는 작지만 주위 경관이 대단히 다양한 곳이다. 제일 먼저 눈에 띄는 것은 산 중턱까지 자리 잡은 장난감처럼 보이는 아기자기한 산장들인데 마치 한 폭의 그림 같다. 이 산장들은 관광객을 위한 숙박시설과 대도시 부유층의 주말 별장이며 그 외 대부분의 산장이 이곳 주민의 주거용이다. 늦봄에 이곳을 찾으면 주택가 건너편 산기슭에 노란 야생화가, 우리나라 제주도의 유채꽃밭처럼 넓은 초지 가득 만개해 있다. 산속에 넓게 자리를 잡고 있는 이러한 꽃밭은 스위스가 세계적인 관광국가로 발전할 수 있었던 천연자원이자 허브산업의 원천인 것 같다. 엥겔베르크 복판을 흐르는 계곡물은 회색빛인데 이 지역의 모암이 석회암으로 구성되어 있기 때문이다. 관광객들이 오염되지 않은 자연환경을 만끽할 수 있는 요인 중 하나는 친환경적인 관리를 하기 때문이다. 그 중 계곡변의 침식을 방지하기 위한 시설로 통나무를 이용한 것이 한 예이다. 우리나라의 계곡변이 대부분 인공구조물로 이루어져 있는 것과 대조적이다.

엥겔베르크의 케이블카는 숲 사이로 긴 선을 그리며 자리 잡고 있고, 톱니바퀴 기차가 다니는 기차레일이 케이블카 노선 옆으로 조화를 이루며 놓여 있다. 일반적인 기차레일과 기차바퀴가 2열인데 반해 톱니바퀴 기차의 레일과 바퀴는 3열로 되어 있는데 이러한 구조는 가운데 레일과 기차바퀴에 톱니가 있어 급경사 산악지에서 기차가 미끄러지지 않고 올라가고 내려오도록 한다. 또한 케이블카선과 기차노선을 나란히 놓은 것은 산악지의 협소한 땅을 이용하는 방법의 하나로 여겨진다.

해발고에 따른 숲의 변화

해발 1,050m의 엥겔베르크에서 티틀리스 정상으로 오르기 시작하면 해발 1,250m 지점까지 숲의 모습이 다양하게 나타난다. 중간지역에 보이는 나무높이 30m, 지름 50cm가 넘는 나무들로 이루어진 숲은 늦봄에 약간 붉은 빛을 띠는 독일가문비나무(*Picea abies*), 푸른빛의 전나무(*Abies alba*)와 신록의 너도밤나무(*Fagus sylvatica*)로 이루어진 혼효림으로 독일가문비나무가 군상, 전나무는 단목, 너도밤나무는 소군상으로 국부 입지조건에 따라 다양한 형태로 나타난다. 독일가문비나무가 붉게 보이는 것은 잎이 붉어서가 아니라 시계추처럼 주렁주렁 달려 있는 구과와 수피 때문이다. 이 외 주로 나타나는 숲은 붉은빛의 독일가문비나무와 신록의 너도밤나무, 산악단풍나무(*Acer pseudoplatanus*)로 이루어진 혼효림으로 독일가문비나무의 점유면적이 적어지고 너도밤나무와 산악단풍나무의 분포면적이 많아진다.

이 지역을 지나면 목초지 주위에 독일가문비나무숲이 나타난다. 독일가문비나무숲은 쐐기 모양으로 산 아래쪽으로 길게 자리를 잡고 이 주위에 독일가문비나무가 소군상으로 나타나고 있다. 이러한 모양이 나타나는 것은 방목지로 독일가문비나무가 세력을 확장해 나가고 있기 때문으로 보인다.

1. 엥겔베르크으로 가는 중간의 마을 | 2. 산기슭의 초지에 만개한 야생화
3. 회색빛 계곡수와 침식방지용 통나무 | 4. 케이블카 노선과 톱니바퀴 산악기차레일

이런 현상이 계속된다면 목초지가 독일가문비나무숲으로 변하기 때문에 인위적 간섭이 필요하지만 그 변화기간이 길기 때문에 독일가문비나무를 제거하는 행위는 장기간 동안 한 번 정도 실시하는 것으로 여겨진다. 목초지 역시 지표면에 굴곡이 보이는데 등고선과 평행으로 난 굴곡은 방목된 소들이 지나가며 생긴 것으로 보인다.

해발 1,300~1,800m 사이에 주로 나타나는 숲은 독일가문비나무숲으로 나무의 형태가 원추형이다. 이러한 나무 형태는 눈이 많이 내리는 이 지역에서 나무가 길게 자라면 눈 무게에 의해 가지가 부러지기 때문에 진화를 통하여 가지의 길이가 짧아진 것으로 여겨진다. 이외에도 독일가문비나무의 가지는 아랫부분까지 있고 아래쪽 가지에도 푸른 잎이 달려 있는데, 고산대의 생육조건이 좋지 않아 나무 간의 간격이 넓어져 나이가 많고 키가 큰 독일가문비나무도 아랫부분까지 파란 잎이 달린 가지를 유지할 수 있기 때문인 것으로 보인다.

해발 1,800m 이상에서는 독일가문비나무, 쳄브라소나무(*Pinus cembra*), 유럽낙엽송(*Larix europaea*)이 나타나는데 독일가문비나무는 순림 형태로 나타나고 쳄브라소나무와 유럽낙엽송은 군상이나 단목으로 자라고 있으며 나무가 별로 크지 않은 특징을 보여준다. 절벽이나 급경사지에는 관목들이 자라고 있으며 절벽 사이에는 유럽마가목(*Sorbus aucuparia*)이 이끼를 가지에 잔뜩 이고 힘겹게 자라고 있다. 이러한 지형에 자라고 있는 관목과 마가목은 크기가 작지만 줄기의 모양을 보면 척박한 환경을 견디며 자라는 생명력의 강인성과 환경 적응성을 엿볼 수 있다.

해발 2,000m 이상의 지역에는 관목림이 주로 나타나기 때문에 우리가 일반적으로 생각하는 숲은 찾아보기 힘들다. 이 숲은 경사가 심하지만 특정 해발고부터 전체가 절벽으로 이루진 것은 아니다. 고도가 낮은 지역에는 독일가문비나무와 너도밤나무 등의 활엽수로 이루어진 숲이, 고도가 높아지면 활엽수가 적어지고 독일가문비나무숲이 나타난다. 해발 2,000m 이상의 지역에서는 독일가문비나무, 쳄브라소나무, 낙엽송이 나타나는 것을 볼 수 있다. 절벽이 많은 티틀리스 지역에서는 이러한 특성이 절벽 아래까지 나타난다.

1. 독일가문비나무, 너도밤나무, 구주전나무 혼효림 | 2. 원추형 독일가문비나무로 구성된 숲
3. 절벽 위에 자라는 유럽마가목 | 4. 목초지와 독일가문비나무숲

티틀리스 지역의 숲은 해발고에 따른 주요수종의 변화와 숲 구조를 볼 수 있고, 특수 지형에 나타나는 숲의 변화도 바로 눈앞에서 볼 수 있을 뿐만 아니라 환경친화적인 재해방지시설도 체험할 수 있는 지역이다. 특히 소도시인 엥겔베르크에서는 친환경적이고 효율적인 산지 이용의 좋은 예를 보여주고 있다.

해발고에 따른 숲의 변화

6. 새와 물고기를 지켜라
바이센아우의 수변림

갈대밭과 자작나무

Europe | Switzerland

스위스는 사시사철 하얀 설원의 알프스 때문에 세계적인 관광국가로 알려져 있지만 알프스 지역에 빙하기 때 생겨난 호수들이 많이 있다는 사실은 알려지지 않은 편이다. 알프스 지역은 산악지로 스위스 면적의 25%를 차지하고 있고 호수가 차지하는 면적은 약 4% 정도이다. 알프스 지역의 하나인 베르너오버란트(Berner Oberland)에는 융프라우(Jungfrau)를 달리는 궤도식 열차가 있어 많은 관광객들이 찾는다. 이곳으로 들어가는 입구에 스위스에서 8번째로 큰 투너제(Thunersee)와 11번째로 큰 브리엔저제(Brienzersee)가 있다. 이 호수들은 알프스 빙하가 녹아내려 이루어졌으며 수심이 깊고 푸른색을 띠고 있어 주위 산들과 어우러진 빼어난 경관을 보여준다. 투너제는 면적 4,774ha, 수심 200m가 넘는 호수로 해발 558m에 위치하고 있는데, 호수 주변은 경사가 심하여 숲이 곧바로 잇닿아 있는 곳이 대부분이다. 그러나 호숫가의 바이센아우(Weissenau) 지역은 주변이 평평하여 수변 숲을 이루고 활엽수와 갈대들이 함께 자라고 있어 다른 곳과는 대조를 이루고 있다.

바이센아우의 숲

투너제의 바이센아우는 1931년에 조류보호지역(Vogelschutzgebiet)으로, 1943년에는 자연보호지역(Naturschutzgebiet)으로 지정된 후 면적이 확대되어 1981년에는 49.7ha가 자연보호지역이 되었다. 바이센아우의 입구는 초지로 이루어져 있어 멀리서는 호수가 보이지 않지만 이곳을 지나면 숲과 호수가 어우러진 호숫가로 들어갈 수 있다. 숲에 들어서면 우선 호수 건너편에 보이는 알프스와 찰랑거리는 물이 눈에 들어오는데 오솔길로 들어서면 호수는 보이지 않고 숲 사이로 길이 나 있어서 수변숲이 아닌 울창한 산림지대에 들어와 있는 것 같은 착각을 일으킬 정도이다.

오솔길 주변에 자라는 나무들은 키가 20m를 넘고 굵기는 한 아름 가까이 되며, 나이도 많아 보인다. 이 중에 가장 눈에 띄는 나무는 구주소나무(Pinus sylvestris)이다. 호숫가에 소나무가 자라서 이상하게 보이지만 이 지역의 땅이 모래 종류로 이루어져서인 것 같다. 거북등처럼 생긴 소나무 수피를 보면 우리나라 소나무를 보는 것 같아 친근함마저 느껴진다. 소나무 줄기에는 지름이 거의 10cm에 이르는 덩굴이 줄기를 감고 높게 자라고 있다. 잎의 모양이 한 가지가 아니고 두 가지로 나는 아이비(Hedera helix)이다. 소나무에 자라는 아이비는 흔하게 볼 수가 없는데 이곳은 호숫가여서 습도가 높기 때문에 발견되는 것 같다. 하지만 소나무들의 나이가 많아서인지 점차 쇠퇴해 가는 것이 느껴지는 것은 이곳이 소나무 적지가 아니기 때문인 것 같다. 소나무가 무리를 지어 자라는 곳이 있는가 하면 참나무도 자라는데 그 굵기가 한 아름이 넘는다. 줄기를 감싸고 자라는 아이비와 껍질을 벗어버린 고사목의 굵은 줄기만 서 있는 모습은 마치 원시림에 와 있는 것 같다.

소나무 아래에는 내음성이 강한 전나무(Abies alba)가 있는데 마디 간격이 좁아 정상적으로 자라지 못하고 있는 것 같아 자연적으로 자라는 것인지 궁금하다. 길가 양지에는 자작나무가 단목으로 자라고 있는데 하얗게 드러나야 할 자작나무 줄기가 어두운 색을 띠어서 자작나무가 아닌 것처럼 보이지만 가지 부분의 하얀색 때문에 자작나무라는 것을 알 수 있다. 자작나무가 무리를 이루지 못하고 단목으로 자라는 것 역시 이 숲이 점차 변해 가는 것을 보여주는 형상이다.

호수변의 생태

숲을 지나면 갑자기 앞이 밝아지는데 주변에는 관목과 아교목이 자라고 한쪽으로는 호수가 보인다. 관목은 높이 1~2m 정도 자라고, 아교목은

1. 투너제로 흘러 들어가는 계곡물 | 2. 호숫가의 소나무와 오솔길
3. 소나무 줄기의 아이비 | 4. 양지에 자라는 자작나무

3~7m까지 자라는데 빨간 열매를 달고 있는 산사나무(Crataegus monogyna)가 무리를 지어 자라고 있다. 숲속에서는 볼 수 없는 종류들이 자라고 있는 것을 보면 호숫가에 얼마나 다양한 식물들이 자라고 있는가를 말해주는 것 같다. 물가에는 갈대가 멍석을 깔아 놓은 듯 넓게 자라고 있는데 이 갈대밭 때문에 이 지역이 처음에 조수보호지역으로 지정되고 지금도 24종의 조류가 서식을 할 수 있는 것 같다. 수변으로 난 길은 오솔길이 아닌 목재데크로 만들어져 있어 마치 물 위로 다리를 건너는 것 같은데 길 좌우로는 산사나무가 무성하고 물에는 갈대가 자라고 있다. 갈대밭은 호숫가뿐만 아니라 안쪽 습지에도 있는데 갈대밭 사이로 난 물길은 배가 다니는 수로처럼 말끔하게 정리되어 있어 사람들이 관리하여 유지되고 있다는 것을 추측할 수 있다.

　호수에는 나무 말뚝이 일정한 간격으로 서 있는데 이 말뚝은 죽은 나무의 줄기가 아니라 사람들이 설치한 것으로 호숫가로 부유물들이 들어와 갈대밭을 훼손하는 것을 막기 위한 것이다. 봄철 빙하가 녹아내리면 부유물을 많이 포함하고 있기 때문에 이곳 생태계를 유지하기 위한 방지책으로 이러한 시설이 필요한 듯하다.

　갈대밭 뒤쪽으로는 자작나무들이 군상으로 자라고 있는데 멀리서 보면 장대같이 자라서 포플러처럼 보인다. 자작나무가 자라고 있는 곳은 물이 아니라 초지 한가운데이다. 포플러도 수변부에 자라고 있는데 굵기가 거의 한 아름이 되고 키도 20m가 넘으며 일부는 초두부를 잘라서 마치 가로수 전정작업을 한 것처럼 보인다. 물가에는 버드나무들이 자라고 있어 물에 그늘을 만들어주는데, 수초와 함께 호수에 다양한 물고기들이 자라는 데 좋은 환경이 되고 있다. 버드나무는 높이 자라지는 않지만 물가나 수초 사이에 소군상으로 자라고 있어 수변지역의 대표수종임을 짐작할 수 있다.

　바이센아우의 자연보호지역은 면적은 넓지 않지만 숲, 수초, 호수로 이루어진 지역으로 수변의 숲과 갈대밭과 함께 조류를 보호하고 있다. 숲 관리에서는 자연 도태되는 수종이나 조림수종은 점차 감소시키고, 갈대, 수초 등을 보호하기 위해 물속에 부유물 침입방지 말뚝을 설치하는 등 현 상태의 유지를 위해 다양한 방법을 이용하고 있다.

1. 목재데크와 관목 | 2. 부유물 방지를 위한 수중 말뚝

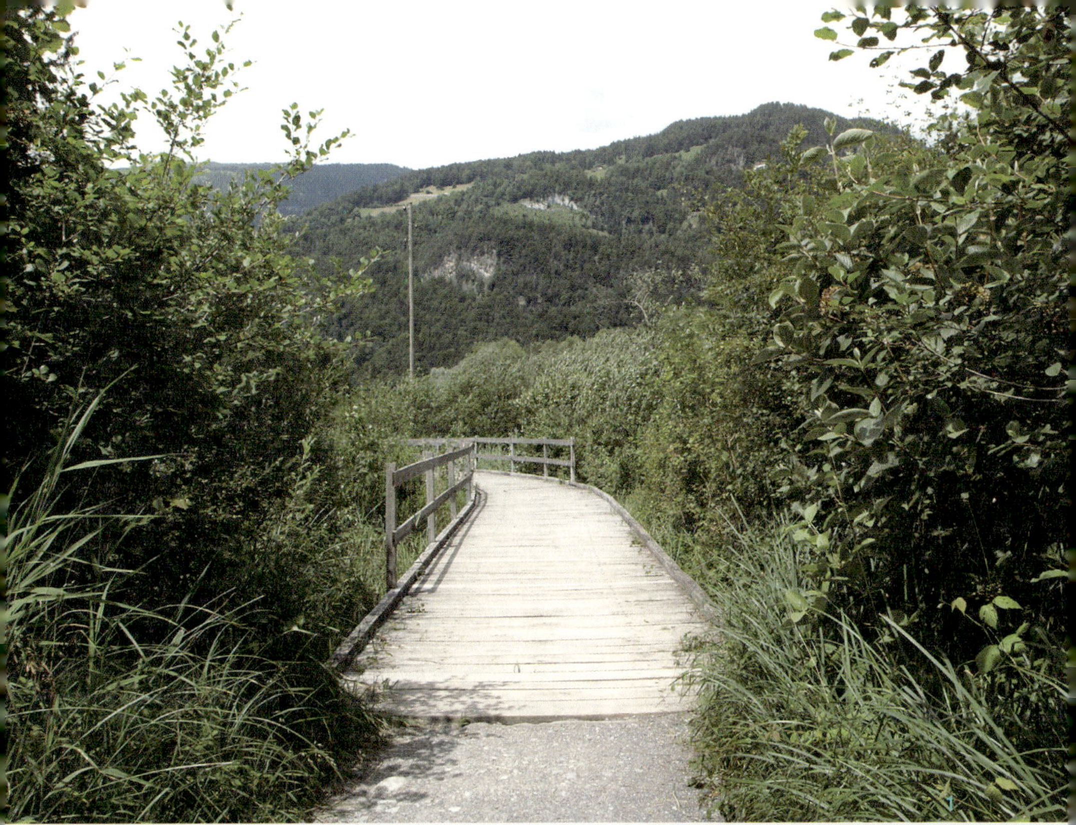
1
2
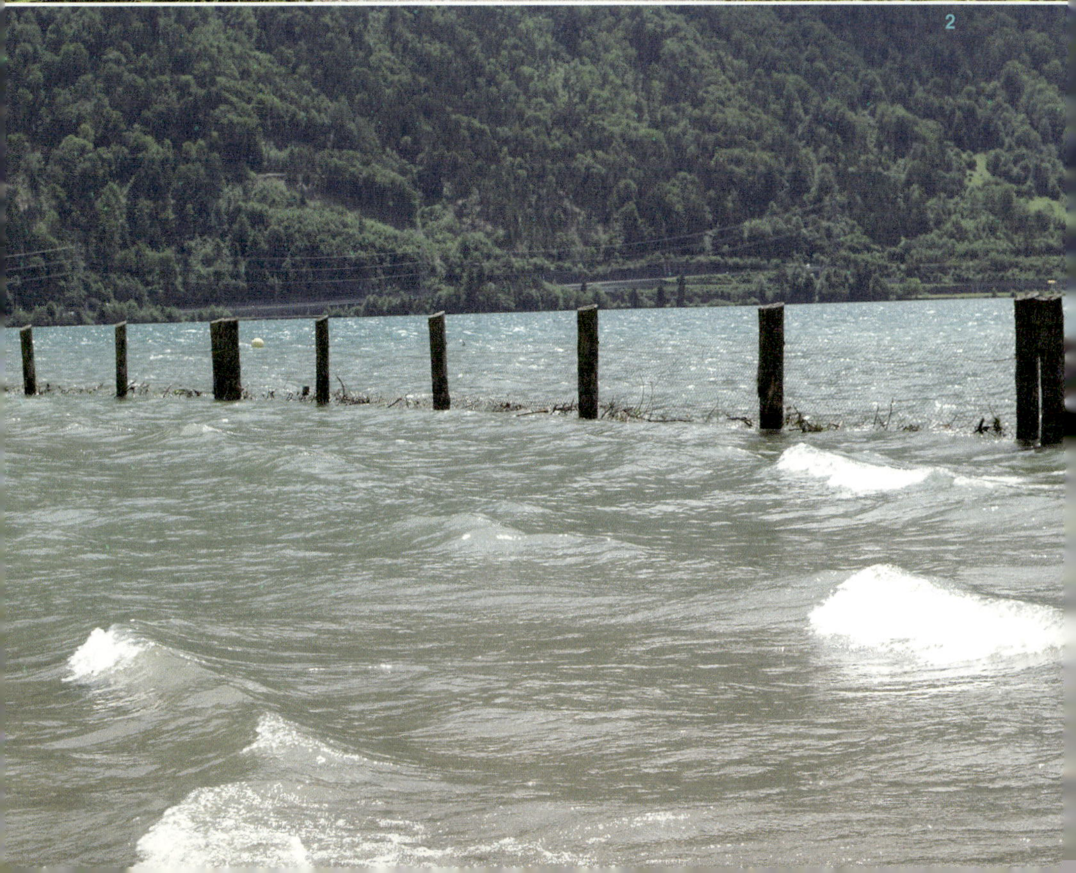

슬로바키아

사진_ 도브록스키 원시림의 너도밤나무와 전나무

Slovakia

슬로바키아는 지역적으로 다른 특성을 보이는 북부와 중부의 산악지대, 남부의 헝가리로 이어지는 저지대로 구분을 할 수 있다. 산악지역은 카파탄(Karpaten)으로 전면적의 2/3를 차지하고 있으며 최고봉은 켈라초브스키산(Gerlachovský štít)으로 해발 2,665m이고, 저지대는 1/3을 차지하고 있다. 전체 지형은 해발고가 높은 북쪽에서 남쪽으로 경사져 있기 때문에 도나우강(Donau R.)은 동에서 서로 흐르고 바강(Váh R.), 모라바강(Morava R.), 흐론강(Hron R.)은 북에서 남으로 흘러간다. 기후는 우리나라와 같이 사계절이 있는 온대기후로 대륙성기후를 나타낸다. 연평균 기온은 북쪽 지역 6℃, 남쪽 지역 11℃로 큰 차이를 보이고 있으며 전반적으로 겨울은 다습·한랭하고, 여름은 고온 건조한 편이다. 연간 강수량은 500~2,000mm이다.

슬로바키아의 34%는 농경지, 17%는 초지, 41%는 숲, 8%는 주거 및 산업용지로 이용되고 있다. 산림면적은 199만 ha로 전국토의 40%가 산림이고, 임목축적은 평균 210m³/ha이다. 주요수종으로 침엽수는 독일가문비나무(Picea abies) 26.9%, 전나무(Abies alba) 4.3%, 구주소나무(Pinus sylvestris) 7.5%, 기타 침엽수 3.4%로 침엽수 총계 42.1%이며, 활엽수종으로는 참나무(Quercus petraea, Q. robur, Q. zerr) 13.6%, 너도밤나무(Fagus sylvatica) 30.2%, 기타 활엽수(피나무 Tilia spp, 물푸레나무 Fraxinus spp, 단풍나무 Acer spp, 오리나무 Alnus spp, 포플러 Populus spp 등) 14.1%로 활엽수 총계 57.1%이어서 침엽수보다 활엽수가 더 많다. 산림분포는 북쪽과 동쪽으로 갈수록 높게 나타난다. 자연 상태에서는 저지대에 너도밤나무, 참나무숲, 서어나무숲, 물푸레나무, 오리나무 등이 나타나고 산악지에는 전나무, 가문비나무가, 해발 1,500~1,800m 고산대에는 무고소나무와 낙엽송이 나타난다. 전체적으로 보면 활엽수인 참나무, 서어나무, 너도밤나무가 해발고가 낮은 평지와 구릉지에 주로 자라며 산악지에 전나무, 가문비나무, 고산지에는 무고소나무와 낙엽송이 천연분포를 한다.

슬로바키아의 숲은 한 지역에 편중되어 있지 않고 전국에 비교적 고르게 분포되어 있으나 동부지역의 너도밤나무 원시림 부코벡산(Bukovské vrchy), 비호라트산(Vihorlatské vrchy)이 있고, 바비아호라(Babia Hora) 독일가문비나무 원시림, 크렘니츠산(Kremnitz)의 독일가문비나무·활엽수 원시림 등이 있다. 국립공원으로는 벨카파트라(Veľká Fatra), 말라 파트라(Malá Fatra), 로우타트라스(Low Tatras), 피에니니(Pieniny), 폴로니니(Poloniny), 슬로바크파라다이스(Slovak Paradise), 타트라(Tatra), 무란스카플라니나(Muránska Planina) 등이 유명하다.

1. 자연스런 숲의 발달과 쇠퇴
바비아호라의 독일가문비나무숲

택벌림 구조의 독일가문비나무 원시림

Europe | Slovakia

슬로바키아는 비교적 산림이 잘 보전된 국가로 원시림에 관한 연구가 활발히 진행되고 있다. 슬로바키아에서는 원시림을 수종구성, 임분구조, 외형을 고려하여 구분하는데 면적은 1만 5,000~2만 ha로 추정하고 있다. 원시림 수종구성이 자연 상태에 가까우며 인위적인 간섭이 없는 숲은 A등급, 인위적인 간섭이 미약하여 원시림의 발달원칙과 생장원칙이 유지되는 숲은 B등급, 인위적인 간섭에 의하여 원시림 발달원칙과 생장원칙이 유지되지는 않지만 장기적으로 인위적 간섭이 없을 때 B등급으로 발달할 수 있는 숲은 C등급에 해당된다. C등급에 해당되는 숲은 원시림의 카테고리에서 제외되는 것이 원칙이나 생물학적으로 보호가치가 높은 경우에만 원시림 C등급에 포함시킨다. 슬로바키아 원시림보호지역은 1만 4,630ha이고 숫자로는 74개소이며 A등급은 68.2%로 거의 1만 ha에 가깝고, C등급은 1.3%로 200ha 정도이며 인접국가와 연계된 국경 외 보호림을 포함하면 총 면적은 1만 6,100ha에 달한다. 원시림의 자연적인 발달과정은 수종과 임분 상태에 따라 차이가 있지만 중부유럽에서는 보통 200~400년 정도가 걸린다. 발달과정은 생장기, 극성기, 쇠퇴기, 갱신기로 구분할 수 있다.

독일가문비나무(*Picea abies*)는 중부유럽, 스칸디나비아반도에서 시베리아까지의 북쪽이나 북동지역에 자생하고 있으며, 대부분 독일가문비나무 단순림이다. 독일가문비나무는 유럽, 특히 독일에서는 대표적인 경제수종으로 알려져 있다.

독일가문비나무는 대기오염에 의한 피해를 많이 받는 수종으로 잎이 직접 오염물질에 의해 피해를 받거나 간접적으로 오염된 토양에 의해 뿌리가 피해를 입기도 한다. 특히 중산간지역과 고산지역의 독일가문비나무가 큰 피해를 보고 있다.

독일가문비나무 원시림

슬로바키아 내 독일가문비나무 원시림 중의 하나인 바비아호라(Babia Hora) 원시림은 해발 1,100~1,700m 사이에 걸쳐 있으며, 연평균 기온 2.0℃, 연평균 강수량 1,600mm로 저온다습한 기후이다. 면적이 503ha로 1926년 원시림보호지역으로 지정되었다. 핵심지역인 보호지역의 외곽으로는 완충지역이 설정되어 있어 일반적인 경제활동이 실시되고 있다.

바비아호라 원시림의 구성수종은 독일가문비나무의 단일수종으로 이루어졌으나 임분구조는 대단히 다양하게 나타나 임목축적은 300~670m^3/ha로 동일한 지역에서도 축적이 2배 이상 차이가 나며 해발고가 높아짐에 따라 임목축적이 낮아진다.

바비아호라 원시림은 독일가문비나무가 상층을 이루고 있다. 임분발달 상황에 따라 단층구조를 보이는 장령림은 한창 생장이 왕성한 생육단계를 보인다. 이때에는 임분구조가 단순하게 나타나는데, 이러한 임분구조는 짧은 극성기를 지나 서서히 쇠퇴기로 들어서면서 임분의 구조가 복잡하게 변한다. 특히 이 시기에는 단목으로 독일가문비나무가 고사하거나 쓰러지기 때문에 빈 공간이 발생하고 이 자리에 독일가문비나무의 천연치수가 발생한다. 극성기가 경과하면 노령목이 고사하여 쓰러지거나 입목고사를 하며 임분 내에 고사목의 양이 증가하는 쇠퇴기에는 고사목 재적이 100~240m^3/ha로 고사목이 많다. 쇠퇴와 갱신은 거의 동시에 이루어진다.

이러한 변화주기는 이 지역에서 약 400년 정도 걸릴 것으로 추정하고 있다. 이와 같이 바비아호라 원시림은 다양한 발달과정을 보이고 있으며 다른 원시림에서 보기 힘든 택벌림 구조를 보여준다. 이 구역 내에서는 야생동물의 활동도 활발해 서부유럽에서는 보기 힘든 야생늑대의 흔적을 자주 발견

1. 고사풍도목 줄기 위에 자라는 독일가문비나무 천연치수 | 2. 고사목이 많은 극성기에 도달한 독일가문비나무 원시림 | 3. 독일가문비나무 원시림 공한지 내 늑대 발자국
4. 해발 1,500m 이상에서 나타나는 소밀한 독일가문비나무 원시림

할 수 있다.

해발 1,500m 이상에서는 독일가문비나무 생장이 감소하며 빈 공간이 많이 발생하고, 쳄브라소나무(*Pinus cembra*)가 나타나기 시작한다. 또한 이 정도의 해발고에서는 독일가문비나무가 종자에 의한 번식과 함께 무성번식(휘묻이)이 많이 되어 독일가문비나무 한 그루를 중심으로 여러 줄기가 발생하여 조그만 무리를 이룬다.

독일가문비나무의 피해

바비아호라 원시림과 멀지 않은 폴란드 국경 쪽에 보호림으로 지정된 코트로프(Kotlov) 원시림은 대기오염에 의하여 극심한 피해를 보고 있다. 보호지역 입구에서부터 독일가문비나무 원시림은 대기오염물질에 의해 나뭇잎이 모두 떨어져 고사된 모습을 보이고 있다. 이러한 피해지는 계곡에서 산등성이까지 줄지어 나타나고 있으며, 일부 독일가문비나무는 바람에 쓰러져 뿌리까지 노출된 상태로 누워 있다.

대기오염에 의해 1차 피해를 입은 독일가문비나무는 나뭇잎이 떨어지면서 쇠약해지면 해충에 의한 2차 피해를 입고 고사를 하게 된다. 이러한 형태의 고사는 개개목 상태가 아닌 면적단위의 고사목 발생으로 나타나고 있다. 이 지역의 피해를 유발하는 대기오염물질은 슬로바키아 자국 내에서 발생된 것이 아니라 폴란드 등 이웃 국가에서 발생된 것이어서 저지대보다는 산악지에 그리고 국경지역에 피해가 많이 발생하고 있는 것이 특징이다.

1. 해발 1,500m 이상에서 무성번식을 하는 독일가문비나무 | 2. 독일가문비나무 원시림의 풍도목
3. 독일가문비나무 원시림 피해지 원경

2. 끊임없이 이어지는 세대교체
보키와 바딘의 활엽수림

보키 지역의 구릉과 숲

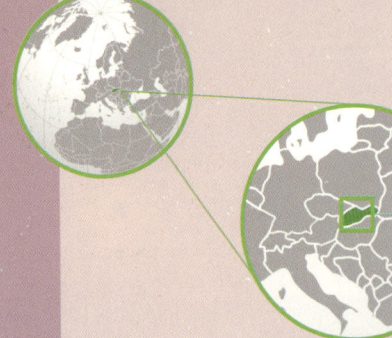

Europe | Slovakia

슬로바키아 원시림보호지역은 총 1만 4,630ha로 활엽수 원시림, 침활혼효 원시림, 침엽수 원시림으로 구분되며 해발고가 낮은 지역에는 활엽수 원시림, 해발고가 높은 지역은 침엽수 원시림이 많이 분포하고 있고, 혼효림은 중간에 위치하고 있다. 활엽수 원시림은 참나무, 너도밤나무가 주를 이루며 도나우강(Donau R.) 강변 저지대에는 오리나무, 버드나무, 포플러, 물푸레나무 등의 활엽수 원시림이 자리를 잡고 있다.

참나무 원시림

참나무 원시림은 해발고가 비교적 낮은 구릉지대에 많은데 대표적인 보키(Boky) 원시림은 크렘니차산맥(Kremnitca Mts.) 남동부에 위치하며, 1964년에 176.5ha가 원시림보호지역으로 지정되었다. 보키 원시림은 해발 280~590m 사이에 걸쳐 있으며, 연평균 기온 7.5℃, 연평균 강수량 720mm로 온난하고 건조한 기후를 보이고 있다. 지형은 대부분 완만한 경사를 보이는 구릉을 이루고 있으며 주위의 숲들도 대부분 활엽수림이다. 보키 원시림의 주수종은 참나무류로 페트라참나무(*Quercus petraea*)와 체리참나무(*Quercus cerris*)이며 부수종은 서어나무(*Carpinus betulus*)로 참나무류가 대부분을 차지하고 있다. 숲 중·하층부에는 서어나무, 페트라참나무, 체리참나무, 너도밤나무가 자리 잡고 있다. 전체적으로 보면 원시림은 참나무 혼효림으로 볼 수 있다.

　　체리참나무는 남프랑스, 이탈리아, 남동유럽, 발칸반도에서 흑해 서안까지, 중부유럽에서는 스위스 테신(Tessin) 지역, 남부 티롤(Tirol) 지역, 오스트리아에 천연분포하고 있다. 나무높이가 35m까지 자라고 지름도 1m 이상 자라는 교목으로 건축재, 합판재 등으로 다양하게 이용되며 왜림으로 경영되는 지역에서는 신탄재로 많이 이용이 되었다. 페트라참나무는 중부유럽에 널리 분포된 참나무 종으로 남북으로는 남부 스칸디나비아반도에서 이탈리아까지 분포하고 서쪽으로는 흑해 동안까지 천연적으로 자란다. 페트라참나무는 나무높이가 40m까지 자라며 지름 2m까지 자라는 유럽의 대표적인 참나무 수종의 하나이다. 페트라참나무 목재는 건축재, 합판재, 내장재 등으로 다양하게 이용이 되며 신탄재로도 이용이 된다.

　　보키 참나무 원시림에는 페트라참나무와 체리참나무가 같이 자라고 있으며 너도밤나무도 일부 자라고 있다. 수종별로 가장 큰 나무의 지름은 페트라참나무 82cm, 체리참나무 90cm, 너도밤나무 75cm이며, 임목축적은 350~520m³/ha로 높은 편은 아니다.

　　보키 참나무 원시림의 외곽지역은 활엽수림으로 둘러싸여 있어 어디부터가 원시림인지 구별이 안 될 정도이다. 이 외곽지역은 원시림을 보호하기 위하여 숲으로 유지되기 때문에 침엽수와 같이 이 지역에 자라지 않는 나무를 심지 않고 활엽수로 유지되는 숲이다. 이러한 외곽 숲을 지나면 참나무 원시림이 나타나는데 숲의 모습이 균일하지 않고 다양하게 나타나는 것이 특징이다. 발달과정에 따라 여러 가지 형태가 나타난다.

　　원시림의 발달과정은 극성기, 생장기, 쇠퇴기로 구분할 수 있는데 이 숲에서 극성기에 해당되는 지역은 노령 대경재 참나무(페트라참나무, 체리참나무)가 상층을 이루고 아래에는 어린나무 등 다른 나무들이 거의 없는 상태이다. 나무높이가 30m 이상 되고 지름도 거의 1m에 달하는 참나무들이 하늘을 뒤덮고 있어 숲속이 어둡게 보일 정도이나 아래에는 내음성이 강한 서어나무가 자리를 잡고 있다. 이러한 형태의 숲은 군상이나 소군상으로 나타나고 있다.

1. 보키 원시림 극성기의 숲 | 2. 보키 원시림 쇠퇴기의 숲

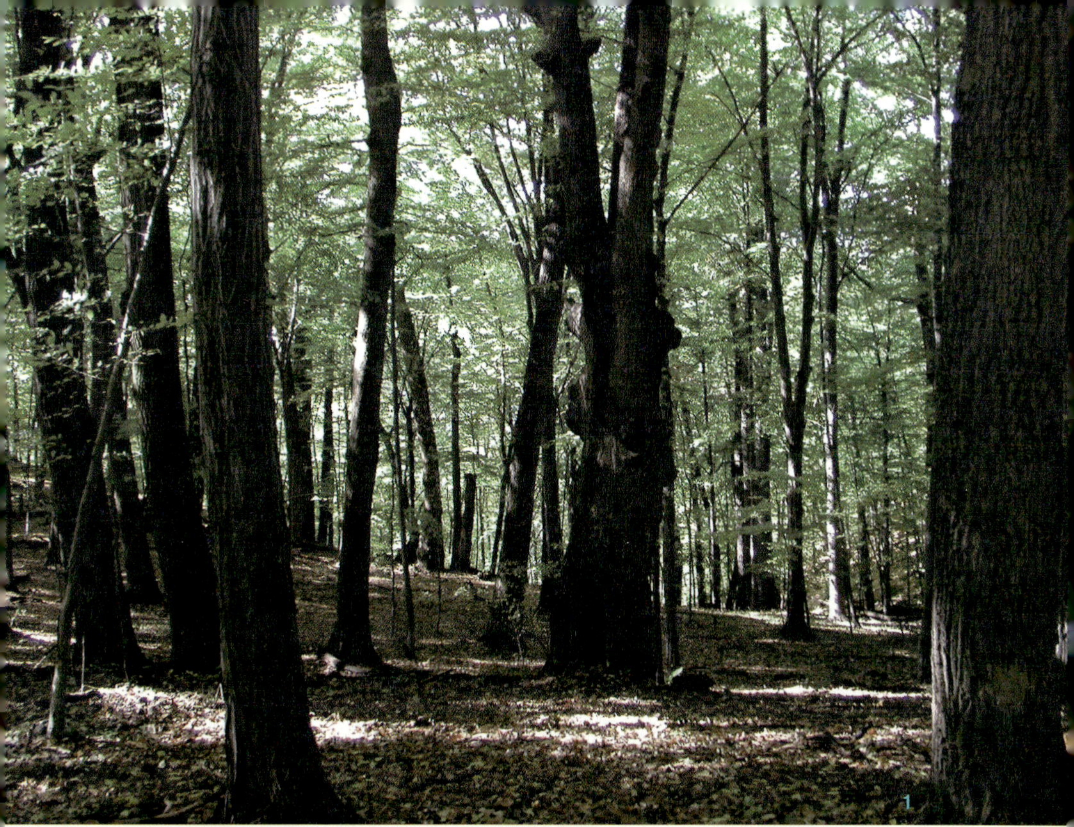

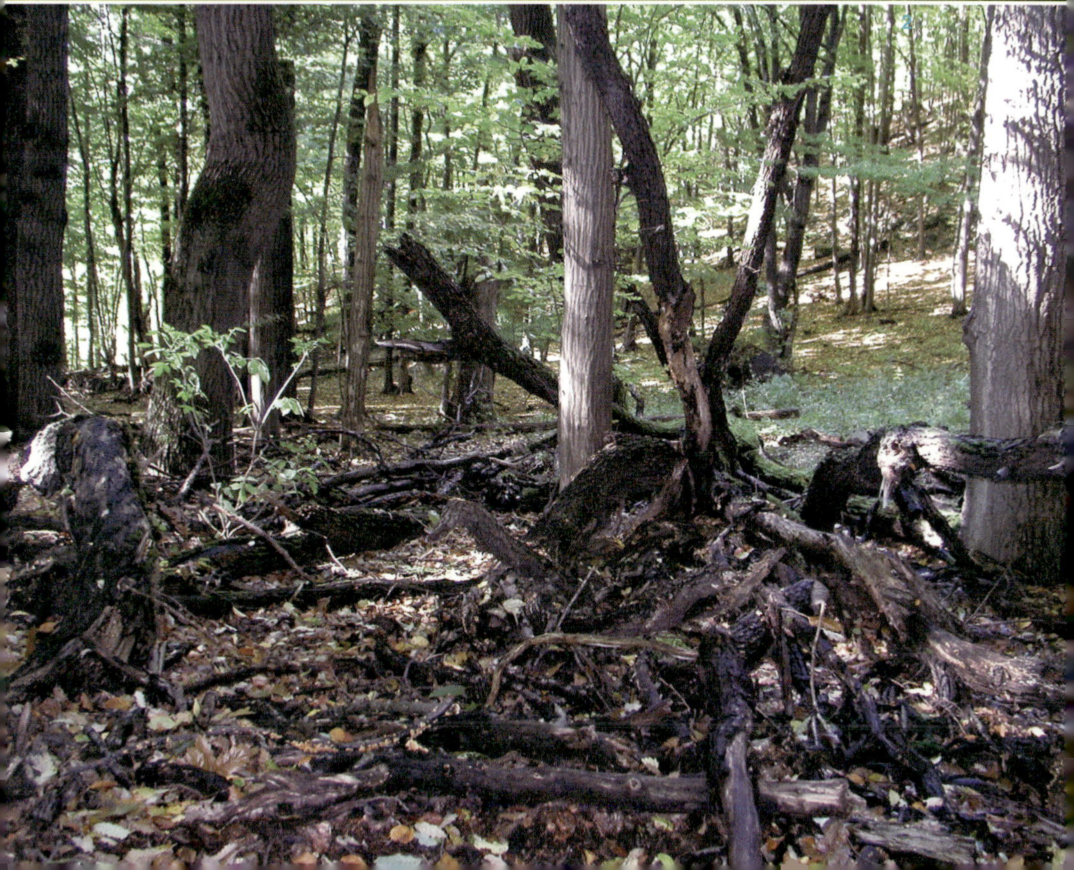

극성기가 경과하면 노령목이 서 있는 상태에서 고사하거나 고사되어 쓰러져 있는 등 임분 내에 고사목의 양이 증가하는 쇠퇴기에 도달하게 되는데 쇠퇴기 후반에는 노령목이 서 있던 빈 공간에 어린나무들이 다시 자라기 시작하는 갱신기가 시작된다. 이 시기에 도달한 보키 원시림의 모습은 상층에는 참나무가 적어지고 땅 위에 커다란 고사목이 많이 보인다. 고사목 사이로는 어린 참나무들이 나타나기 시작하는데 보키 원시림에서는 4~5년 간격으로 참나무 도토리가 많이 열려서 종자공급에 어려움이 없기 때문에 ha당 수천 본의 어린나무가 자랐다. 갱신기에 자연발생된 어린나무가 한창 자라는 시기인 생장기에는 나무 간격이 좁게 촘촘히 자란다.

너도밤나무 원시림

대표적인 너도밤나무 원시림은 바딘(Badin) 원시림으로 크렘니차산맥 남동부에 위치하며 보호구역 면적이 30.7ha로 1913년 원시림보호지역으로 지정되었다. 바딘 지역은 해발 600~900m 사이에 걸쳐 있으며, 연평균 기온 5.5~6.0℃, 연평균 강수량 850~900mm로 비교적 건조·온난한 기후를 보이고 있다. 바딘 원시림의 주수종은 너도밤나무(*Fagus sylvatica*)와 전나무(*Abies alba*)이며 국부적으로 물푸레나무(*Fraxinus excelsior*)가 생육하고 있다. 이 지역에서 가장 큰 나무로 전나무는 지름 148cm, 높이 46m이며, 너도밤나무는 지름 108cm, 높이 45m이다. 임목축적은 640~970m^{3}이며, 국부적으로는 1,000m^{3}이 넘는 곳도 있다.

바딘 원시림은 보키 참나무 원시림과 마찬가지로 극성기의 숲은 노령 너도밤나무와 전나무가 상층을 이루고 있으나 하층에는 어린나무 등 다른 나무들이 거의 없다. 하층에 어린나무가 없는 이유는 너도밤나무는 잎이 촘촘하게 많아서 햇빛이 땅에까지 거의 도달하지 못하고 산란광이 적기 때문인 것으로 보인다. 극성기에 해당되는 면적은 군상이나 소군상으로 나타나고 있다. 극성기가 경과하면 노령목이 고사하여 쓰러지거나 입목고사를 하여 임분 내에 고사목의 양이 증가하는 쇠퇴기에 도달하게 된다. 고사목 재적은 220~347m^3/ha로 우리나라 숲의 평균재적보다 2배 이상 높다. 쇠퇴기 후

1. 보키 원시림 갱신이 된 어린 숲 | 2. 바딘 원시림 극성기의 숲

반에는 노령목이 서 있던 빈 공간에 어린나무들이 다시 자라기 시작하는 갱신기가 시작된다. 바딘 원시림에서는 전나무와 너도밤나무의 종자가 짧은 간격으로 많이 열려서 종자공급에 어려움이 없기 때문에 ha당 1만 그루 이상의 어린나무가 자라고 있어 마치 양묘장처럼 보이는 곳도 있다.

1. 바딘 원시림 갱신지 | 2. 바람에 쓰러진 너도밤나무 노령목

3. 천덕꾸러기가 이제는 보살핌 속에
프라브노의 주목숲

원시림 입구의 너도밤나무숲

Europe | Slovakia

주목 잎과 열매

슬로바키아에서는 20세기 초반부터 목재수요와 도로망이 발달함에 따라 원시림의 보호를 위한 조치가 필요하게 되자 1950년대부터 원시림을 절대보호림으로 지정, 법적으로 보호하고 있다. 유럽의 대표적인 수종들로 이루어진 원시림은 면적도 넓고 여러 지역에 분포되어 있지만 주목(*Taxus baccata*)으로 이루어진 원시림은 면적도 적고 드물다. 주목은 양궁 재료로 중세부터 이용되어온 데다, 열매와 잎은 소나 말이 먹으면 병을 유발시켜 농부들이 의도적으로 제거했기 때문에 유럽에서는 주목이 드물게 분포하는 것으로 알려져 있다. 이렇기 때문에 독일에서는 멸종위기종으로 지정되어 보호를 받고 있다. 슬로바키아 중앙부에 위치한 프라브노(Pravno)의 주목 원시림은 1951년에 보호림으로 지정이 되었다.

너도밤나무숲

프라브노 주목 원시림으로 들어가는 입구의 숲은 너도밤나무(*Fagus sylvatica*)가 곧고 높게 자라고 있는데 너도밤나무 아래에 짙푸른 침엽수와 초록빛 활엽수가 자라고 있어 두 층으로 된 숲인 것처럼 보인다. 아래쪽의 침엽수를 자세히 보면 주목임을 알 수 있는데 주목은 내음성이 강한 음수이므로 큰 나무 아래서 자라고 있고, 너도밤나무 역시 음수이어서 같이 자라고 있는 것으로 보인다. 안개가 낀 이 숲이 사람의 손을 타지 않은 천 년이 넘는 원시림처럼 보이는 것은 주목이 자라고 있기 때문인 것 같다. 또한 어린 단풍나무들이 숲바닥을 메우며 자라고 있어 빈 공간의 하얀 버섯과 묘한 대조를 이루고 있다.

주목 원시림의 현재

너도밤나무숲을 지나면 주목 원시림 안내판이 나타나는데 주목 원시림에 대한 간단한 설명이 적혀 있다. 주목 원시림은 외곽의 너도밤나무숲에 비하여 크기는 비교적 작지만 안을 들여다보면 다양한 모습을 보여준다. 주목 원시림에는 주목 외에도 너도밤나무가 같이 자라고 있는데 상층은 너도밤나무가, 하층에는 주목이 자라고 있어 이러한 부분은 시간이 경과함에 따라 너도밤나무숲이 주목숲으로 바뀔 수 있다는 것을 보여주는 듯하다. 너도밤나무 사이의 빈 공간에는 주목이 무리를 지어 빈자리를 채우면서 상층부로 자라고 있다. 이러한 모습은 숲이 정지해 있지 않고 계속 변화하고 있다는 것을 말해 주는 것 같다. 주목이 단순림을 이루고 있는 곳은 나무의 높이가 10m 내외로 키가 작은 편이지만 다양한 상태로 자라고 있다. 빈 공간에 자란 주목은 독일가문비나무처럼 보이기도 하고, 삼각형 모양의 수관이 거의 바닥까지 닿을 정도여서 하얀 눈으로 덮인 모습은 크리스마스트리를 숲속에 세워 놓은 것처럼 보인다.

    주목의 줄기에는 껍질이 벗겨진 흔적을 많이 볼 수 있는데, 이것은 야생동물에 의한 것으로, 주목이 자연 상태에서도 많은 피해를 보고 있어 숫자가 증가하지 못하는 것으로 보인다. 어린 주목의 줄기가 1~2m 높이까지 벗겨지면 썩어 대경목으로 자랄 수 없기 때문에 이 지역에서는 큰 주목을 찾아보기가 힘들다. 또한 어려서부터 피해를 보아서인지 주목의 줄기가 1개가 아닌 맹아목 형태를 하고 있어 한 그루터기에서 3~4개 줄기가 함께 자라는 것이 많이 나타난다.

원시림 보호활동

주목만 자라고 있는 곳은 전나무나 독일가문비나무처럼 크기가 일정하지 않

1. 숲바닥의 버섯 | 2. 숲바닥의 단풍나무 어린나무 | 3. 프라브노 주목 원시림 안내판
4. 너도밤나무숲 하층의 주목과 너도밤나무 어린나무

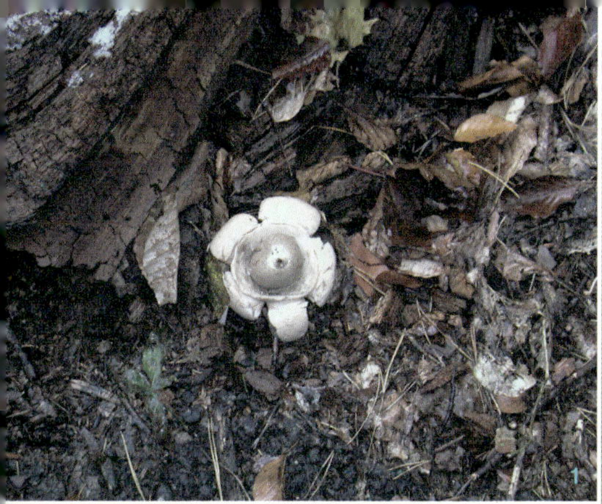

1

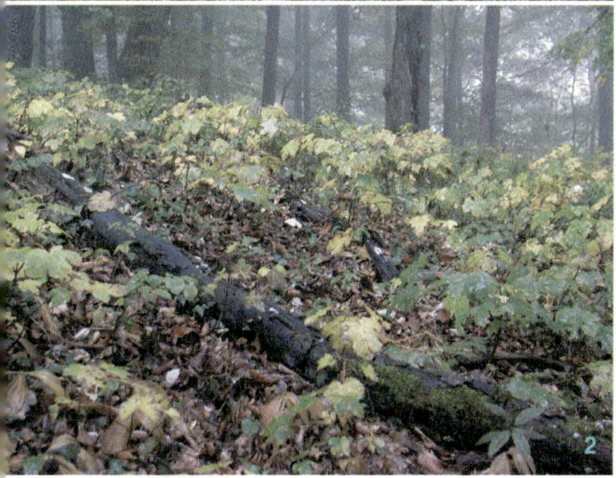

2

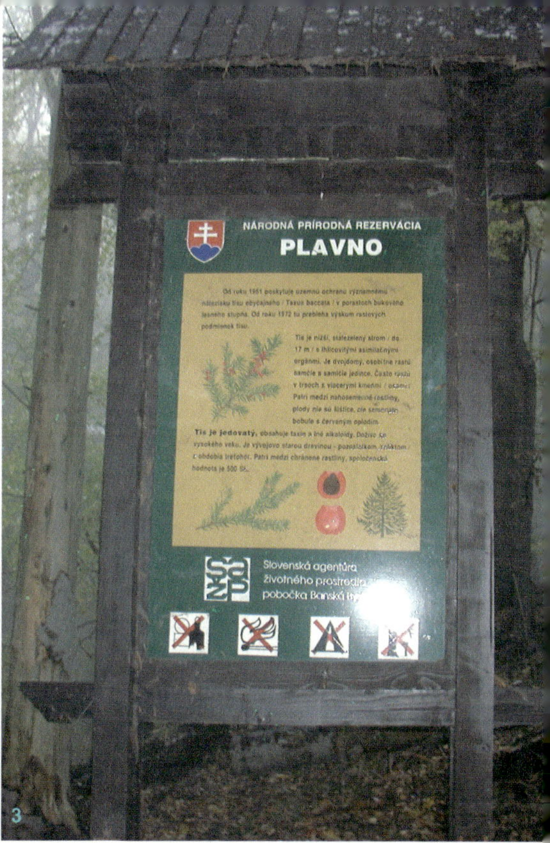

3

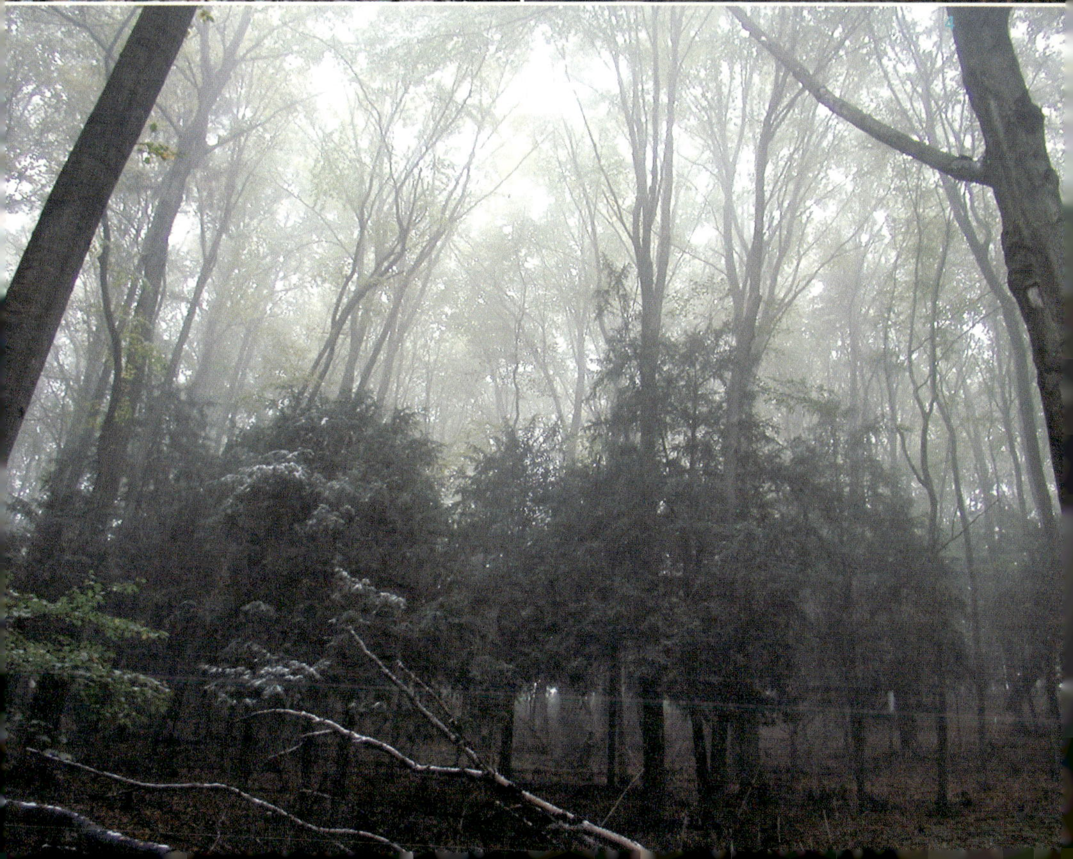

4

고 소군상으로 무리를 지어서 자라고 있고 숲바닥에는 풀들이 거의 자라지 않으며 주목 고사목 줄기가 누워 있어 자연 상태의 숲임을 짐작할 수 있게 한다. 주목 원시림을 거닐다 보면 번호가 매겨진 나무와 측정시설들이 있는 곳이 나타나는데 이것은 주목 원시림이 자연에서 어떻게 유지하고 발달하는 가를 정확히 알기 위해 연구를 하는 곳으로 야생동물의 피해가 없으면 어떻게 숲이 변하는지, 주목의 생장패턴, 임목밀도가 어떻게 변하는지 등을 장기적으로 모니터링하고 있다.

프라브노 주목 원시림은 유럽의 몇 개 안 되는 주목 원시림으로 1950년대부터 보호되어 온 숲이고 다양한 형태의 모습을 보이고 있지만 너도밤나무와의 경쟁, 야생동물 피해 등으로 인하여 면적이 점차 감소할 위험에 처해 있다. 주목숲의 유지와 관리를 위하여 원시림 조사를 실시하고 있는 프라브노 주목 원시림은 단지 한 곳의 주목숲을 위한 것이 아닌 다른 지역의 주목숲을 위해 필요한 것 같다. '살아 천 년 죽어 천 년'이라는 우리나라의 주목(*Taxus cuspidata*)이 숲으로 이루어져 있는가를 생각해 보면 프라브노 주목 원시림은 많은 것을 시사하고 있다.

1. 너도밤나무 사이의 주목 | 2. 눈 덮인 주목 | 3. 주목 줄기 피해

오스트리아

사진_ 시립공원의 산책로

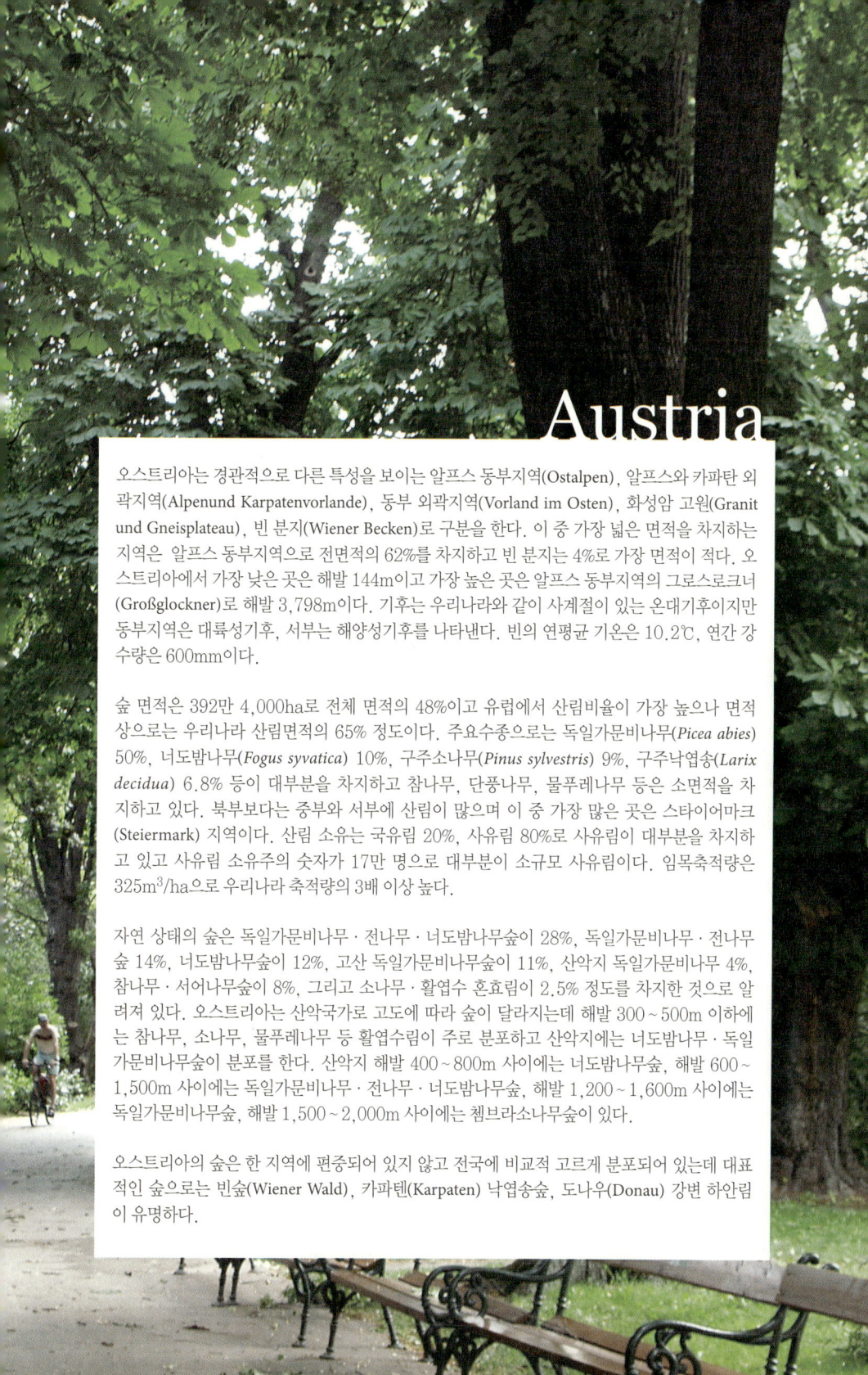

Austria

오스트리아는 경관적으로 다른 특성을 보이는 알프스 동부지역(Ostalpen), 알프스와 카파탄 외곽지역(Alpenund Karpatenvorlande), 동부 외곽지역(Vorland im Osten), 화성암 고원(Granit und Gneisplateau), 빈 분지(Wiener Becken)로 구분을 한다. 이 중 가장 넓은 면적을 차지하는 지역은 알프스 동부지역으로 전면적의 62%를 차지하고 빈 분지는 4%로 가장 면적이 적다. 오스트리아에서 가장 낮은 곳은 해발 144m이고 가장 높은 곳은 알프스 동부지역의 그로스로크너(Großglockner)로 해발 3,798m이다. 기후는 우리나라와 같이 사계절이 있는 온대기후이지만 동부지역은 대륙성기후, 서부는 해양성기후를 나타낸다. 빈의 연평균 기온은 10.2℃, 연간 강수량은 600mm이다.

숲 면적은 392만 4,000ha로 전체 면적의 48%이고 유럽에서 산림비율이 가장 높으나 면적상으로는 우리나라 산림면적의 65% 정도이다. 주요수종으로는 독일가문비나무(*Picea abies*) 50%, 너도밤나무(*Fogus syvatica*) 10%, 구주소나무(*Pinus sylvestris*) 9%, 구주낙엽송(*Larix decidua*) 6.8% 등이 대부분을 차지하고 참나무, 단풍나무, 물푸레나무 등은 소면적을 차지하고 있다. 북부보다는 중부와 서부에 산림이 많으며 이 중 가장 많은 곳은 스타이어마크(Steiermark) 지역이다. 산림 소유는 국유림 20%, 사유림 80%로 사유림이 대부분을 차지하고 있고 사유림 소유주의 숫자가 17만 명으로 대부분이 소규모 사유림이다. 임목축적량은 325m^3/ha으로 우리나라 축적량의 3배 이상 높다.

자연 상태의 숲은 독일가문비나무·전나무·너도밤나무숲이 28%, 독일가문비나무·전나무숲 14%, 너도밤나무숲이 12%, 고산 독일가문비나무숲이 11%, 산악지 독일가문비나무 4%, 참나무·서어나무숲이 8%, 그리고 소나무·활엽수 혼효림이 2.5% 정도를 차지한 것으로 알려져 있다. 오스트리아는 산악국가로 고도에 따라 숲이 달라지는데 해발 300~500m 이하에는 참나무, 소나무, 물푸레나무 등 활엽수림이 주로 분포하고 산악지에는 너도밤나무·독일가문비나무숲이 분포를 한다. 산악지 해발 400~800m 사이에는 너도밤나무숲, 해발 600~1,500m 사이에는 독일가문비나무·전나무·너도밤나무숲, 해발 1,200~1,600m 사이에는 독일가문비나무숲, 해발 1,500~2,000m 사이에는 쳄브라소나무숲이 있다.

오스트리아의 숲은 한 지역에 편중되어 있지 않고 전국에 비교적 고르게 분포되어 있는데 대표적인 숲으로는 빈숲(Wiener Wald), 카파텐(Karpaten) 낙엽송숲, 도나우(Donau) 강변 하안림이 유명하다.

1. 베토벤 전원 교향곡의 탄생지
빈의 도시숲

빈숲에 자리한 주택가

Europe | Austria

오스트리아의 수도인 빈(Wien)은 인구 167만 명으로 주위 소도시 인구를 합쳐야 200만 명 정도이다. 면적은 약 415km²로 이 중 공원이 28% 이상을 차지하고, 숲은 17%를 차지하고 있다. 포도경작 면적은 2%에 조금 못 미치지만 세계적인 도시 중 이렇게 많은 포도밭이 조성되어 있는 곳은 드물다. 빈에서 숲이 많은 지역은 북서쪽으로 이 지역으로부터 시내 쪽으로 숲이 분포한다. 숲이 많은 북서지역은 숲속에 주택들이 자리를 잡고 있고 숲과 주거지 사이에 자리를 잡고 있는 포도밭은 한 폭의 그림처럼 보인다. 산 위에서는 슈테판대성당(Stephansdom)을 중심으로 한 구시가지가 한눈에 들어온다. 빈 중심부의 구시가지는 그 가치가 인정되어 세계문화유산으로 지정되어 있다.

갈리친베르크의 숲

북서지역에 위치한 갈리친베르크(Gallitzinberg) 지역은 울창한 숲을 형성하고 있는데 숲으로 들어가는 길 좌우에는 칠엽수(*Aesculus hippocstanum*)가 줄지어 자라고 있다. 이 칠엽수는 나무높이가 30m에 달하며 굵기도 한 아름이 넘는다. 칠엽수 숲길로 들어서면 길바닥은 사람이 다니기에 불편함이 전혀 없을 정도로 잘 정비가 되어 있고 커다란 칠엽수가 만들어 주는 그늘이 한여름 더위를 식혀 줄 수 있을 것 같다. 칠엽수 수관부를 위로 쳐다보면 몸

칠엽수 숲길

이 뒤로 넘어갈 정도로 높고 크다.

　울창한 칠엽수 숲길을 거닐다 보면 좌우로 초지가 나타나며 앞이 훤해지는데 이곳은 풀만 자라는 것이 아니라 초지 위에 서양앵두나무를 비롯한 유실수들이 자라고 있다. 이곳의 서양앵두나무는 자생을 하는 것이 아니라 앵두를 생산하기 위해 조성한 과수원처럼 보인다. 앵두밭을 지나면 다시 숲으로 이어지는데 숲이 울창하여 대낮에도 어둡게 느껴질 정도이다. 특히 숲을 이루고 있는 나무 종류는 매우 다양한데 우선 눈에 띄는 나무가 서양서어나무(*Carpinus betulus*)이다. 커다란 몸집으로 자리를 잡고 있는 참나무는 나무 굵기가 60cm가 넘고 줄기 달린 가지도 대단히 커 나무의 나이가 수백 년은 된 것처럼 보인다. 참나무 주위에 서양서어나무가 호위를 하듯이 자라고 노령 참나무가 호령을 하듯 자리를 잡고 있는 것이 참나무의 나이를 말해주는 듯하다.

　숲속으로 들어가다 보면 커다란 초지가 나오면서 한쪽 끝에 정자가 세워져 있다. 초지는 일반적인 숲속의 풀밭이 아니라 운동을 할 수 있을 정도로 잘 정돈이 되어 있는 풀밭으로 시민들이 숲속에 들어와 운동을 할 수 있게 관리를 한 것처럼 보인다. 커다란 공간 주위는 숲이 울창하고, 계곡 쪽으로는 나무높이가 30m는 족히 됨직한 물푸레나무(*Fraxinus excelsior*)가 자라고 있다. 서양벚나무가 초지 주위에 일부 자라고 있는데 나무는 크지 않지만 한여름에는 버찌가 빨갛게 달려 있어 산책객들의 눈과 입을 즐겁게 할 것 같다.

　초지를 지나면 참나무숲이 시작되는데 굵기 50cm 이상, 높이 30m 가까이 되는 참나무 노령림이 대부분이다. 울창한 참나무 아래에는 햇빛이 못 들어와서인지 하층에 풀들이 제대로 자라지 못하고 있는 곳이 많이 나타난다. 참나무숲 사이로 보이는 갈리친베르크의 숲은 도시외곽의 숲으로 속이 보이지 않을 정도로 울창하다. 참나무 중에서 나이가 많은 참나무는 고사를 하였는데 이곳에서는 참나무 노령목이 고사하기 전에 벌채를 하여 이용하지 않고 고사목을 존치시키고 있다. 이렇게 고사목을 존치하는 것은 생물다양성을 높이고 산책객들에게 숲생태계를 보여주기 위한 것이라고 여겨진다.

1. 산 위에서 보이는 도심의 모습 | 2. 숲속 초지의 서양앵두나무 | 3. 참나무 노령목
4. 초지 사이로 난 길과 정자 | 5. 서양벚나무 열매

칼렌베르크의 숲

빈의 숲으로 유명한 곳은 칼렌베르크(Kahlenberg)로 칼렌베르크 아래쪽의 하일리겐슈타트(Heiligenstadt) 때문에 빈숲이 더 유명해졌을 수도 있다. 베토벤(Beethoven)은 하일리겐슈타트에 살면서 「전원」 교향곡 등을 작곡하였는데 베토벤이 산책을 하던 숲길을 '베토벤길(Beethovengang)'이라 이름을 붙일 정도로 빈숲과 베토벤은 밀접한 관계를 갖고 있다. 하일리겐슈타트에는 베토벤이 거주했던 집마다 표지를 세워 보존을 하고 있으며, 숲속에 베토벤 동상을 세워 베토벤과 빈숲을 연결시켜 놓았다. 베토벤길을 통해 칼렌베르크로 올라가는 길 주위에도 칠엽수가 자라고 있는데 이곳의 칠엽수는 갈리친베르크의 칠엽수보다는 훨씬 수가 적으나 줄기들이 붙어서 자라는 등 다양한 형상을 보여 색다른 느낌을 준다. 계곡부에는 물푸레나무, 버드나무들이 자라고 있는데 계곡 위쪽으로는 포도밭이 조성되어 있고 그 위로 숲이 자리를 잡고 있다. 이 지역 역시 빈이 포도 산지의 한가운데 있다는 것을 보여주고 있다.

    빈숲은 세계적인 대도시임에도 불구하고 상대적으로 높은 산림률을 가지고 있으며 숲의 규모와 크기가 산림지역의 숲과 비교를 하여도 손색이 없을 정도이다. 특히 도시민들이 쉽게 숲을 찾을 수 있도록 숲길을 잘 관리하고 있는 점이나 숲속에 별도의 인공적인 시설을 설치하지 않고 초지나 운동을 할 수 있는 공간을 주위 경관과 어울리게 설치를 한 것은 도시숲 관리의 좋은 예이다. 특히 베토벤과 같이 유명한 작곡가가 살았던 지역을 칼렌베르크숲과 연결하여서 빈을 숲의 도시로 만들어 가는 것은 우리도 본받을 필요가 있다.

1. 숲 사이로 보이는 갈리친베르크의 숲 | 2. 베토벤이 살던 집
3. 칼렌베르크 숲속의 베토벤 동상 | 4. 포도밭과 칼렌베르크의 숲

2. 정원과 건축물의 완벽한 조화
빈의 쇤부른궁전공원

쇤부른궁전

Europe | Austria

오스트리아 수도 빈은 세계적인 음악도시로 왈츠와 도나우강 (Donau R.)을 먼저 떠올리게 된다. 또한 우리에게도 잘 알려진 쇤부른궁전 (Schloss Schönbrunn)이 있는 곳이기도 하다. 빈의 면적은 약 415km²인데 이 중 공원은 28%, 숲은 17%, 포도밭은 2%로 녹지면적이 전 면적의 거의 반을 차지하고 있으며, 특히 대도시에 포도밭이 있기 때문에 유명한 호이리게 (Heuriger)가 많이 있는 곳이기도 하다. 녹지의 반 이상을 차지하는 공원은 많은 부분이 숲으로 이루어져 있어 도시 속의 숲을 형성하고 있는데 이러한 빈의 대표적인 공원을 꼽자면 쇤부른궁전공원(Schloss park von Schönbrunn)과 시립정원(Stadtgarten)이다.

쇤부른궁전공원은 쇤부른궁전의 정원으로 마리아 테레지아(Maria Theresia)에 의해 1750년부터 현재의 정원형태가 갖춰졌으며, 공원면적은 약 165ha로 1779년부터 시민들에게 공개되어 200년 이상 사랑을 받고 있다. 또한 쇤부른궁전과 공원은 자연과 건축물이 자연적인 조화를 이루는 바로크양식의 건축물과 정원으로 이루어졌다. 14세기 초에는 수도원 소유의 땅인 카터베르크(Katterberg)라는 이름으로 불렸으나 17세기 카이저 마티아스(Kaiser Matthias)에 의해 쇤부른이라 불리게 되었으며, 노란색으로 궁전을 칠했기 때문에 멀리서도 금방 알아볼 수가 있다. 200년 이상 걸쳐 만들어진 쇤부른궁전과 공원은 그 아름다움과 문화적인 가치가 인정되어 1996년에 유네스코의 세계문화유산으로 지정되었다.

1
2

궁전과 숲의 조화

쇤부른궁전을 뒤로 하고 공원에 들어서면 제일 먼저 눈에 들어오는 것은 대칭형으로 이루어진 정원과 멀리 보이는 분수, 건너편 언덕 위에 서 있는 건축물이다. 숲 그리고 좌우로는 울창한 수관이 잘 정비되어 그늘을 만들어주는 피나무가 여러 줄로 도열하여 식재되어 있고 그 아래로 산책로가 있다.

정원의 화려한 꽃들을 지나쳐 옆길로 들어서면 숲길이 나타난다. 넓은 숲길을 따라 가다 좌우로 나 있는 조그마한 오솔길로 들어가면 울창한 숲으로 들어서게 되는데 이곳에는 다양한 나무들이 자라고 있는 것을 볼 수 있다. 자연적으로 생긴 숲은 아니지만 주목(Taxus baccata)이 7~8m 높이로 검푸른 잎을 무성하게 하고 무리를 이뤄 숲속이 잘 안 보일 정도이고, 땅바닥에는 아이비(Hedera helix)가 양탄자처럼 자라고 있다. 너도밤나무(Fagus sylvatica)도 이에 질세라 하늘을 가리며 자라고 있어 마치 원시림에 들어온 것 같은 착각을 일으킨다. 특히 너도밤나무가 자라고 있는 숲의 아래에는 주목이 2~3m로 자라고 있어 숲이 아래에서 위까지 짙은 푸른색으로 가득하고 한낮인데도 어두워서 흑림(Schwarzwald)에 와 있는 것 같은 기분이 들 정도이다.

이런 나무들 사이로 난 오솔길에 머물고 있으면 나뭇가지로만 만들어진 그늘 지붕은 한여름의 땀방울을 식혀주어 산책객의 마음을 붙잡고, 어둡고 좁은 길은 미지의 다른 세계로 통하는 길로 보인다. 숲가장자리에는 우리나라의 서어나무와 비슷한 서양서어나무(Carpinus betulus)가 건장한 사람의 근육처럼 생긴 굵은 줄기를 뒤틀면서 자라고 있어 정겹기만 하다.

이렇게 아기자기한 숲길을 지나면 하늘을 찌를 듯이 자라는 참나무와 너도밤나무가 눈앞을 가린다. 참나무의 굵기는 한 아름이 훨씬 넘고 나무높이도 30m 이상이 되며, 여러 종류의 참나무들이 자라고 있는데, 수피가 두꺼운 체리참나무(Zerreiche, Quercus cerris), 전형적 중부유럽의 참나무(Quercus robur, Q. petraea)들이 같이 자라고 있다.

이러한 울창한 참나무숲을 지나면 언덕 위의 건물에 도달하게 되는데, 이 건물은 1775년 지어진 글로리에테(Gloriette)로 이곳에서 쇤부른궁전과

1. 피나무 산책로 │ 2. 분수와 정원

1

2

빈 시내의 모습을 한눈에 볼 수가 있다. 언덕의 양쪽에는 활엽수림이 자리 잡고 있는데 그 높이가 30m는 족히 되고 나무의 굵기도 한 아름이 넘는 것을 멀리서도 한눈에 알 수가 있을 정도이다. 숲 가운데에는 마치 원시림을 가로질러서 낸 길처럼 보이는 길로 사람들이 산책을 하거나 조깅을 하는 것을 볼 수 있다. 쉰부른궁전 주위로 숲이 띠를 두르고 있어 그 뒤로 보이는 빈 시내로 이어지는 녹색띠는 쉰부른공원숲이 도시녹색축의 중심 역할을 하고 도시민들에게 중요한 자연공간을 제공한다는 것을 말해주는 것 같다.

쉰부른궁전공원의 숲은 인공적으로 이루어진 숲이라고 생각하지 못할 정도로 자연스럽다. 이렇듯 정원과 건축물들이 완벽하게 조화를 이루는 것은 이곳이 수백 년에 걸쳐 만들어진 숲과 정원이기 때문일 것이다.

시민들의 휴식처 시립공원

쉰부른궁전공원보다 83년 늦은 1863년에 공원으로 공개된 시립공원(Stadtpark)은 면적이 6.5ha에 불과하지만 시내 중심에 가깝게 위치하여 시민들이 즐겨 찾는 도심 속의 공원이자 숲이다. 시립공원에 들어서면 입구부터 나무들이 좌우로 도열을 하고 있어 공원이 아닌 숲으로 들어온 것처럼 느껴지는데 나무높이가 20m가 넘고 굵기도 한 아름이 넘는다. 이렇게 큰 나무들의 줄기에는 보호수로 지정한 표지판이 달려 있다. 길을 조금 더 지나가면 푸른 잔디밭이 넓게 나타나며 오른쪽으로 금빛 동상이 서 있다. 이것은 '왈츠의 왕(Walzerkoenig)'이라고 불리는 요한 슈트라우스(Johann Strauss)의 동상으로 방문객들이 가장 많이 찾는 명소이기도 하다.

공원에는 침엽수보다는 활엽수들이 많이 자라고, 활엽수 사이로 난 길에는 벤치가 설치되어 있어 시민들이 편하게 휴식을 취할 수 있도록 되어 있다. 숲의 사잇길을 가다 보면 노란색 꽃이 활짝 핀 나무들을 많이 만나게 되는데 모감주나무(*Koelreuteria paniculata*)처럼 보인다. 짙푸른 나무들 사이에 핀 노랑꽃의 인사는 절로 미소를 짓게 만든다.

100년이 넘게 장기간 공원으로 관리 되어온 쉰부른궁전공원과 시립공원은 큰 나무가 자라는 숲이 있어 시민들이 도심 속에서도 자연 속에 있는

1. 숲속의 오솔길 | 2. 쉰부른궁전과 도시 전경

듯 휴식을 즐기게 할 수 있는 공간을 제공하는 오아시스와 같은 곳이다. 우리나라 서울에도 이와 같은 공원과 숲이 있으면 도시민들의 생활이 더 윤택하게 될 것 같다.

인도네시아

사진_ 바리토강 하구의 맹그로브숲

Indonesia

인도네시아의 기후는 몬순에 의해 건기와 우기로 구분된다. 10~4월의 우기에도 계속 비가 오는 것이 아니라 오후에 갑자기 소나기가 많이 오는 등 날씨 변화가 심하다. 덥고 습기가 많은 것은 연중 동일하다. 해발고에 따른 온도차이가 많으며, 저지대는 연중 기온이 25~35℃이고 공중습도는 95% 이상 되는 경우도 많다. 강수량은 연간 2,000~4,000mm로 우리나라보다 2배 이상 많다. 인도네시아는 지역, 즉 섬에 따라 다양한 지형이 나타나는데 대부분 화산지대로 산이 많고 경사가 심하다. 현재 70개 활화산이 있으며 전 세계 화산의 1/3이 인도네시아에 있다. 화산 중 가장 높은 산은 수마트라섬의 케린치(Kerinci)로 해발 3,805m이다.

인도네시아는 생물종이 세계에서 가장 풍부하고 식생도 매우 다양한데 등록된 식물종만 4만 종 이상이고 난 종류도 2,500종 이상 된다. 수백 종의 과일이 있으며 일부는 인도네시아에서만 난다. 오래전부터 벼, 파인애플, 바나나 등이 경작되었고 후추 등 다양한 향신료와 담배, 차, 커피, 천연고무, 팜유, 설탕 등이 생산되고 있다. 인도네시아에서 아시아와 오세아니아의 식물상과 동물상을 구분하는 월리스선(Wallace Line)이 발리(Bali)와 롬복(Lombok) 사이, 보르네오와 수라웨시(Sulawesi) 사이를 지나간다. 인도네시아 숲은 열대우림이 대표적인 숲으로 다양한 수종들로 구성되어 있다. 대표적인 활엽수로는 메란티(meranti, *Shorea* spp), 메당(medang, *Beilshiemedia* spp), 케루잉(Keruing, *Dipterocarpus* spp), 케랏(kelat, *Eugenia* spp), 빈탄구르(bintangur, *Terminalia* spp) 등이 있으며 침엽수로는 다마(dammar, *Agathis* spp), 수마트라소나무(*Pinus merkusii*) 등이 있다.

인도네시아 숲의 면적은 8,850만 ha로 우리나라 숲보다 15배 정도 크고 국토의 45% 정도를 차지하고 있다. 이 중 1차림에 가까운 숲이 4,870만 ha, 2차림이 3,640만 ha, 기타 340만 ha이며, 사유림은 없고 전부 국공유림으로 되어 있다. 연간 원목생산량은 1억 m^3이 넘고 전체 이용량은 2억 5,000만 m^3 이상 되며 임업계에 종사하는 인원도 1,500만 명 이상에 달하는 임업국가이기도 하다. 이와 같이 벌채량이 상당하기 때문에 열대우림이 급격히 줄어들고 있는 것이 현실이다. 인도네시아의 열대우림은 20세기 초 전체 면적의 60%를 차지하였으나 연간 60만 ha 이상 파괴되는 것으로 추정하고 있다. 1960년대부터 벌채된 지역에 조림을 활발히 시작하였는데 특히 팜유 생산을 위하여 야자수가 대면적으로 조림되고 있다.

1. 칼리만탄원숭이와 함께 살아남은 반자르마신의 맹그로브숲

맹그로브숲과 지평선처럼 보이는 팜유 농장

Asia | Indonesia

보르네오섬(Borneo I.)은 말레이시아, 브루나이, 인도네시아 3개국의 영토로 나누어진다. 이 중 인도네시아가 차지하고 있는 지역을 칼리만탄(Kalimantan)이라고 하며 면적이 가장 넓은데 55만 km²로 우리나라의 5배가 넘는다. 내륙은 열대우림과 습지림, 그리고 해안으로는 맹그로브숲이 분포하고 있으며 동부, 서부, 중부, 남부 칼리만탄으로 구분한다. 반자르마신(Banjarmasin)은 남부 칼리만탄의 최대도시로 바리토강(Barito R.)과 마르타푸라강(Martapura R.)이 흐르고 있어 '강의 도시'라고도 불린다.

반자르마신 외곽으로는 습지가 많이 있는데 대부분 수서식물들이 자라고 있지만 둔덕진 지역에는 나무들이 띠를 이루어 자라고 있는 모습이 많이 나타난다. 이 나무들을 '까요가라'라고 부르는데 나무높이는 10m 정도이고 지름도 15cm 내외지만 이곳에서는 수상가옥의 기초가 되는 기둥이나 말뚝, 신탄재 그리고 건축 시공용 받침대 등 다양한 용도로 사용되고 있다. 도시 외곽으로 나가면 길가에 목재를 쌓아 놓은 것이나 소형 선박으로 운반을 하는 것을 많이 볼 수 있다. 경작지처럼 펼쳐진 습지 뒤에 줄지어 자라는 나무들을 보면 여름철 우리나라의 논과 나무를 보는 것 같다.

바리토강 하구

반자르마신 외곽 바리토강 하구에 있는 맹그로브숲은 해안이나 하안에 많이 있어야 하지만 하안지역은 개발이 되어 삼각주에 형성된 조그마한 섬에만 남아 있다. 이 섬은 칼리만탄원숭이가 서식하여 절대보호구역으로 지정되었는데 이로 인해 사람들의 출입이 금지되어 섬 외곽에 있는 전형적인 맹그로브숲이 보호를 받을 수 있었던 것 같다. 이 숲은 보호구역이라 직접 숲속으로 들어갈 수는 없지만 섬 위로 놓여 있는 다리에서 섬을 내려다 볼 수 있어 지역 주민들도 많이 찾는 명소이다.

다리 위에서 보이는 강물은 황토빛으로 무척 탁하여 물속이 전혀 보이지 않는다. 이 물속에 있는 진흙들이 퇴적되어 강변을 덮기 때문에 모래사장이 없는 것이 특징이기도 하다. 이러한 특성이 맹그로브숲을 형성하는 데 크게 영향을 끼쳐서 모래가 많은 지역과는 다른 맹그로브숲을 이루고 있다. 일반적으로 맹그로브숲을 이루는 수종으로는 아비세니아(*Avicennia*), 리조포라(*Rhizophora*), 소네라티아(*Sonneratia*), 브루기라(*Bruguiera*) 속이 주를 이루는데 이 중 이곳과 같은 조건에 잘 자랄 수 있는 나무는 소네라티아속으로 이곳에 자라는 대표적인 수종은 롬바이(rombai; *Sonneraita caseolaris*)이다.

맹그로브숲 뒤로는 원래 열대우림이 있었는데 지금은 그 자리를 팜유의 원료가 되는 기름야자나무(oil palm tree)가 대신하고 있다. 인도네시아의 팜유 생산이 세계 1위라고 하니 모두 이렇게 숲이 있던 자리에 새롭게 조성된 농장에서 생산된 것이라 여겨진다. 또한 이 나무는 수상가옥 재료나 신탄재로도 이용하기 때문에 숲의 훼손이 심하다.

맹그로브숲의 구성원

멀리서 보이는 맹그로브숲은 나무높이 20m 내외로 비교적 크지 않지만 잎이 왕버들 잎처럼 생겨서 물가에 버드나무가 서 있는 것처럼 보인다. 또 숲 바닥을 보면 마치 나뭇가지를 촘촘히 세워 놓은 것 같이 돋아난 것이 있는데 이것은 롬바이의 뿌리에서 자라난 것이다. 습지에서는 땅속에서 공기를 공급받기가 어려우므로 이와 같은 공기뿌리를 생성하여 뿌리에 공기를 공급하는 중요한 기능을 하고 있다. 멀리서 보면 롬바이 줄기 주위를 둘러싸 보호

1. 습지의 까요가라 | 2. 배로 운반 중인 까요가라 목재 | 3. 맹그로브숲 위로 난 다리
4. 황토빛 강물과 롬바이 맹그로브숲

를 하는 것처럼 보이는데 길이는 30cm 정도이다. 롬바이는 줄기 아래쪽이 굵고 위로 올라오면서 가늘어지는 모양이 마치 항아리처럼 생겼다. 대부분 물가에서 20~30m 폭으로 모여 자라고 그 뒤로는 다시 습지나 계류지가 좁게 형성되며 안쪽으로 습지에서 자라는 열대수종들이 자라고 있다.

안쪽에는 다양한 수종의 나무들로 가득 차 있는 가운데 수관부에서 우뚝 솟아 가지가 십자형으로 뻗은 나무가 있어 멀리서도 알아볼 수 있는데 케라팡(kerapang; *Terminalia capata*)으로 높이가 30m는 넘어 보인다. 주변으로는 와루(waru; *Hibiscus tiliaceus*), 소네라티아속, 케람판(kelampan) 등 다양한 수종들이 숲을 가득 채우고 있다. 와루는 우리나라 국화인 무궁화와 같은 속에 속하는 나무로 키가 10m 이상 자라기 때문에 무궁화라고 생각하지 못 할 정도이지만 노랗게 핀 꽃을 자세히 보면 무궁화와 닮았다. 맹그로브숲은 임관층이 가득 차서 멀리서 보면 초록빛 양탄자를 깔아 놓은 것처럼 보여 그 속이 보이지 않을 정도이다.

강가에는 롬바이 외에도 야자수가 자라고 있는데 잎으로 버드나무 가지처럼 바구니를 만들기도 하는 니파야자(nipa; *Nypa fruticans*)가 군데군데 자라고 있고, 소네라티아 종들도 같이 자라고 있어 그 모양이 다양하게 나타난다. 강가의 빈 공간에는 고사목이 많이 보이는데 이곳이 사람의 손이 닿지 않은 자연 상태라고 말해주는 것 같다. 빈 공간에는 칼리만탄원숭이가 떼로 모여 있는데 흰색의 꼬리가 이 원숭이의 특징이다. 배를 타고 근처를 지나가면 우두머리 원숭이가 강변으로 나와 접근을 막으려는 행동을 한다.

반자르마신의 조그마한 섬에 있는 맹그로브숲은 칼리만탄원숭이 보호지역으로 지정이 되어 아직까지 그 명맥을 유지하고 있으나 주변은 모두 개발되어 열대우림 대신 팜유 농장으로 변하고 있다. 주위 환경을 고려하지 않고 숲을 이용만 하면 짧은 기간에 숲이 영원히 사라질 수 있다는 사실을 조그마한 섬의 맹그로브숲을 통해 새삼 깨닫는다.

1. 롬바이 줄기와 공기뿌리 | 2. 케라팡과 맹그로브숲 | 3. 와루의 꽃
4. 강가의 니파야자와 소네라티아 | 5. 칼리만탄원숭이

2. 초록으로 가득 찬 다양성의 세계
게데팡란고산국립공원

안개로 덮인 팡란고산의 열대림

Asia | Indonesia

인도네시아의 대표적인 열대우림인 게데산(Mt. Gede)과 팡란고산(Mt. Pangrango) 지역은 1980년에 인도네시아 최초로 국립공원으로 지정된 5개소 중 하나로 면적은 15,196ha이다. 국립공원으로 지정되기 이전부터 중요한 열대우림으로 주목을 받아 왔으며 1889년에 자연보호구역으로 지정된 시보다스자연보호구역(Cibodas Nature Reserve)이 국립공원 내에 있다. 게데팡란고산국립공원(Mount Gede Pangrango National Park)은 자카르타에서 남쪽으로 약 100km 정도 떨어진 곳에 있으며 게데산은 해발 2,958m, 팡란고산은 해발 3,019m로 서로 마주보고 있다. 두 산 모두 화산으로 게데산은 1747년에 화산폭발이 있었고 1957년에 미약한 화산활동이 있었던 휴화산이며 국립공원의 명칭도 이 산들의 이름에서 유래되었다.

가장 높은 봉우리가 해발 3,000m를 넘기 때문에 국립공원은 해발고에 따라 다양한 숲이 나타나는데 해발 1,000~1,500m 준산악대, 1,500~2,400m 산악대, 2,400m 이상에서는 준고산대와 고산대로 구분한다. 열대우림에 해당되는 지역은 연강수량이 3,000mm가 넘고 해발 1,500m 이하인 지역으로 전형적인 열대원시림의 모습을 볼 수 있다.

시보다스식물원을 지나

게데팡란고산국립공원으로 가는 길은 여럿 있지만 그 중 국립공원 관리사무

255

소가 위치한 시보다스에는 시보다스식물원이 있어 많은 사람들이 찾는다. 시보다스로 가다 보면 산기슭에 조성된 차밭을 지나게 된다. 차밭에는 차나무뿐만 아니라 중간 중간에 다른 나무들이 있어 멀리서 보면 차밭이 아니라 나무 아래에 농작물을 경작하고 있는 것처럼 보인다.

  차밭을 지나 국립공원으로 들어서니 국립공원 직원들이 일과 시작 전 체조를 하고 있다. 국립공원 관리소 구내에는 소나무처럼 보이는 침엽수가 자라고 있는데 열대지방에서 자라는 수마트라소나무(sumatran pine; *Pinus merkusii*)이다. 높이는 15m, 지름은 20cm 정도로 비교적 크기가 작은 편이지만 다 자라면 나무높이가 50m 이상 되며 북반구와 남반구 모두에서 자라는 유일한 소나무이다.

  시보다스식물원 옆으로 난 국립공원 입구로 들어서니 팡란고산에는 산기슭의 열대림만 조금 보일 정도로 안개가 덮여 비가 많이 오는 지역임을 짐작케 한다. 길 한쪽에는 소나무처럼 생긴 나무들이 줄지어 자라고 있는데 잎을 보면 쇠뜨기처럼 마디가 있어 소나무가 아닌 것을 알 수 있다. 쉬오크(sheoak; *Casuarina* spp)라는 활엽수로, 이처럼 열대지방의 나무들은 외형만 봐서는 침엽수와 활엽수를 구분하기 어렵다.

다양성의 보고 열대우림

국립공원으로 들어가면 열대우림이 곧바로 나타나기 시작하는데 숲이 울창하여 대낮에도 어둡게 느껴질 정도이다. 숲길 좌우로는 나무가 하늘을 가리고 있고 높이 30m가 넘는 큰 나무들 아래로는 넝쿨들이 밧줄을 늘어뜨려 놓은 것처럼 줄지어 자라고 있어 숲의 위에서 아래까지 초록색으로 가득 차 있다. 가시가 많은 라탄(rattan; *Plectocomia elongata*)은 아래쪽에 자라고 있고, 나무줄기에는 이끼가 붙어 있어 초록빛을 더하고 있는데 줄기 중간에 새집고사리(bird's-nest fern; *Asplenium nidus*)가 마치 초록 날개를 펼치듯 자라고 있다.

  국립공원 내 열대우림을 구성하고 있는 나무들 중 대표적인 것은 사닌텐(saninten; *Castanopsis argantea*)과 왈렌(walen; *Ficus ribes*)이다. 왈렌은 무화과

1. 산기슭에 자리한 차밭 | 2. 국립공원 관리소 | 3. 수마트라소나무 | 4. 길가에 줄지어 선 쉬오크

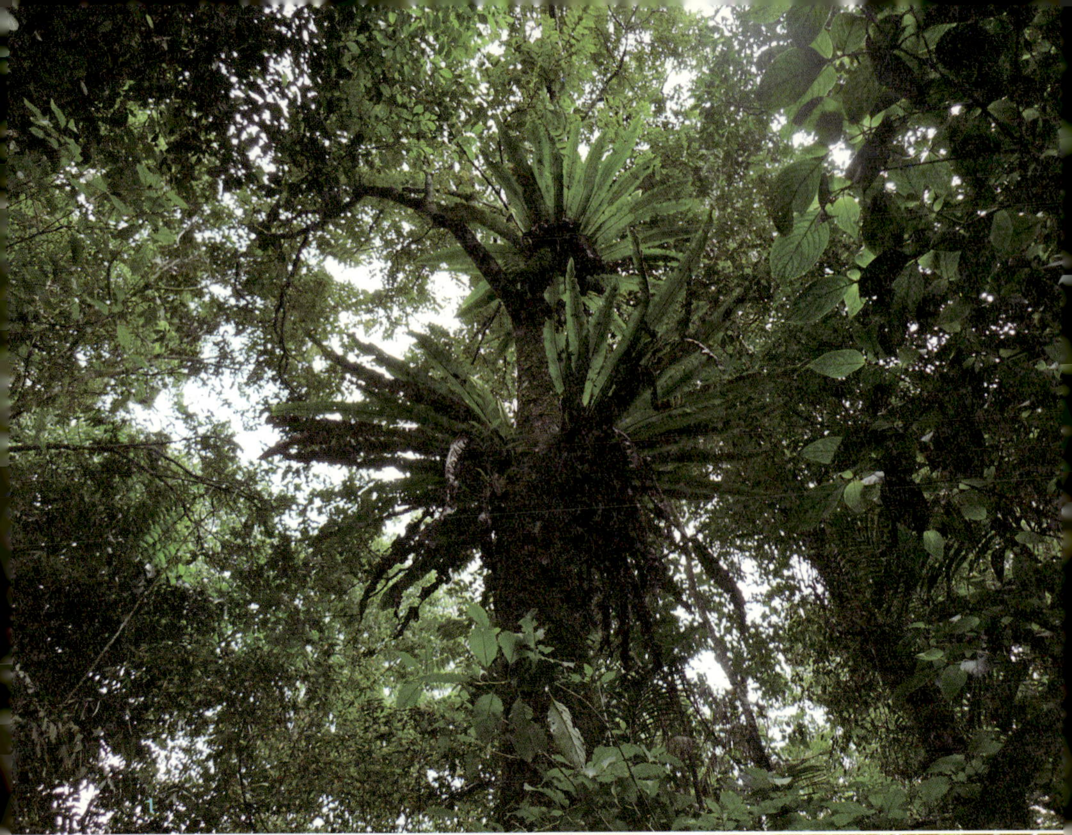
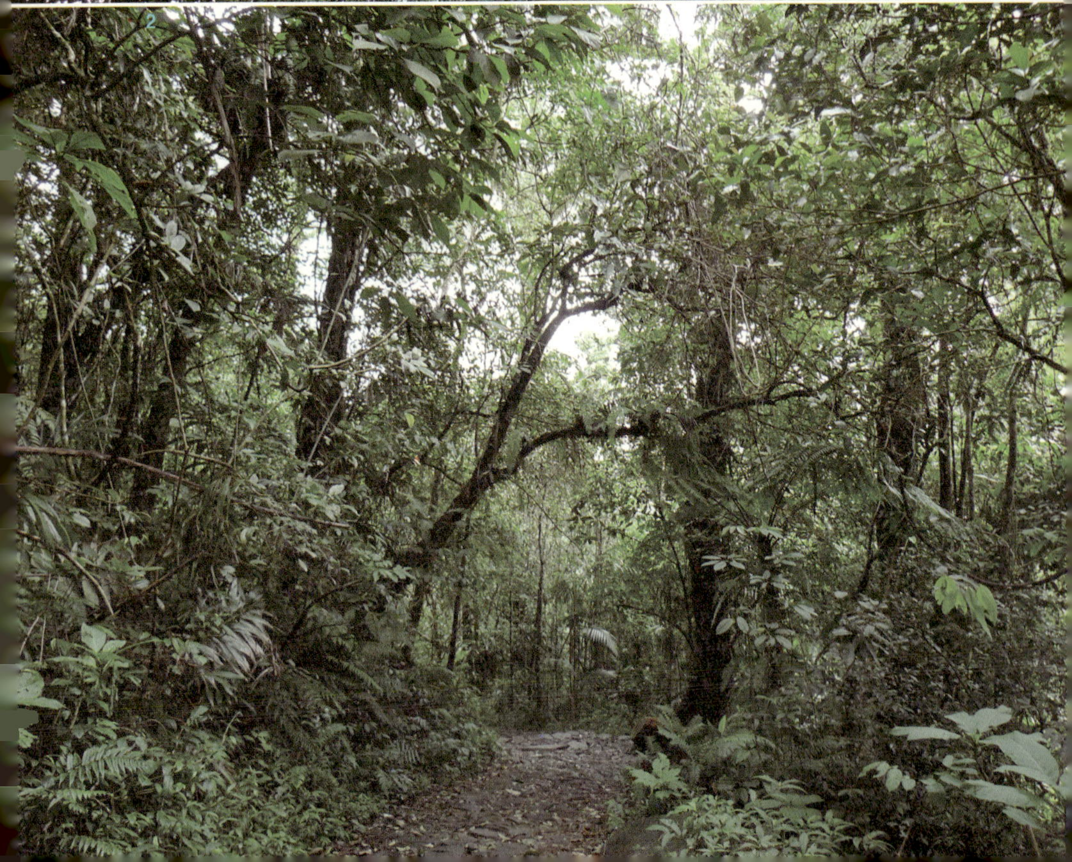

가 열려 열매를 식용하는데 줄기 아랫부분이 부채처럼 펴져 있어 쉽게 찾을 수 있다. 이렇게 나무들이 가득 찬 길을 지나다 보면 다시 환하게 햇빛이 드는 곳이 나오는데 이곳에는 바나나무(bananito; *Musa acuminata*)가 자라고 있다. 주위 환경에 맞추어 바나나무가 자라는 것인데 열대림 속에서 바나나무를 보니 신기하기만 하다.

커다란 나무들이 많은 숲에서는 줄기 아랫부분이 부챗살 모양의 판근(buttress)으로 되어 있는 큰 나무를 볼 수 있는데 이 나무를 라사마라(rasamala; *Altingia excelsa*)라고 한다. 나무높이가 40~50m로 하늘을 찌를 듯이 자라고 있어 나무 꼭대기가 안 보일 정도이다. 자바 지역을 대표하는 라사마라는 종자가 발아되어 어린나무가 될 때부터 내음성이 강하여 큰 나무 밑의 음지에서 자라다가 큰 나무가 고사하거나 폭풍으로 쓰러지면 그 자리를 차지하기 때문에 어두운 숲속에서도 큰 나무로 자랄 수 있다.

이렇게 햇빛에 따라 모자이크 형태로 나무들이 달라지는 것을 느끼며 지나다 보면 줄기가 붉은 큰 나무가 나타나는데 지름이 1m를 넘고 높이도 40~50m 이상이 되어 마치 붉은 기둥을 숲 한가운데 세워 놓은 것처럼 보인다. 나뭇잎이 넓어서 활엽수처럼 보이는 이 나무는 자무즈(jamuju; *Dacrycarpus imbricatus*)라고 불리는 침엽수이다. 자무즈는 이곳 언어로 '나무의 여왕'이라는 의미를 지니고 있다. 열대지방의 침엽수들은 소나무류를 제외하고는 외형적으로 구분이 어려운데 기후에 적응하여 나무들이 진화했기 때문이라고 생각된다.

숲속 작은 호수

숲길을 따라 오르다 보면 길이 넓어지면서 왼쪽으로 조그마한 호수가 나타나는데 화산지대에 호수가 있는 것도 흥미롭지만 호수 이름이 블루레이크(Blue Lake)라는 것이 더욱 흥미롭다. 호수가 크지는 않지만 호숫가에는 자무즈, 라사마라, 사닌텐 외에 약간 붉은색을 띠는 푸스파(puspa; *Schima wallichi*)도 나타난다. 푸스파는 열대산악림의 대표적인 수종이다.

호수에 숲이 아름답게 비칠 것으로 기대하고 호수로 다가갔지만 물이 맑

1. 착생하는 새집고사리 | 2. 숲속으로 난 오솔길

지 않고 푸른색으로 물들어 있는 데다 호수에 비친 숲의 모습을 거의 볼 수 없어 약간은 실망스러웠다. 호수물이 이렇게 푸른빛을 띠는 것은 화산지대에 양분이 풍부하여 조류가 많이 번식하기 때문이다. 경우에 따라 적조류가 많이 자라서 호수가 적갈색으로 변하기도 하지만 호수로 이어지는 조그마한 계류수는 맑고 깨끗하다.

  호수를 지나면 습지가 나타나는데 습한 곳은 목재데크를 설치하여 습지가 훼손되지 않게 보호하고 있다. 산의 사면으로 보이는 열대림은 나무의 크기도 다양하지만 여러 수종들이 각각의 특성을 보이며 다양한 모습으로 자리를 잡고 있어 숲이 가지는 다양성을 절로 느끼게 된다.

  게데팡란고산국립공원의 숲은 면적이 아주 넓지는 않지만 인도네시아의 대표적인 열대우림으로 보호를 받고 있다. 국립공원으로 지정되기 훨씬 전부터 보호지역으로 지정되어 왔다는 것과 국립공원 내에서 보호뿐만이 아니라 자연체험, 등산, 휴양 등 다양한 프로그램이 운영되고, 공원 입구에 식물원이 같이 있다는 것이 새롭게 다가온다.

1. 판근이 형성된 라사마라의 기저부 | 2. 나무의 여왕 자무즈 | 3. 블루레이크

3. 도시에 옮겨놓은 원시의 꿈 열대우림
보고르식물원

보고르식물원의 야자수원

Asia | Indonesia

스티프티아의 꽃

보고르(Bogor)는 수도 자카르타에서 남쪽으로 60km 떨어진 곳에 있는 인구 90만의 도시로 해발 270m이고 면적은 1만 1,850ha이다. 연간 강수량이 4,000mm인데, 건기인 5월에서 8월 사이에도 월간 강수량이 200mm 이상 되기 때문에 '비의 도시'라는 별명을 갖고 있다. 대학도시이기도 해서 보고르농업대학(Bogor Agricultural University), 파쿠안대학(Pakuan University), 이븐칼둔대학(Ibn Kahldun University)이 보고르에 있다. 이 도시의 중심부에 보고르식물원이 위치하고 있는데 면적이 87ha이고 1817년에 국립식물원으로 시작되었으며, 시보다스식물원도 1862년에 보고르식물원의 지원으로 건립되었을 정도로 보고르식물원은 인도네시아에서 역사가 가장 오래된 대표적인 식물원이다.

식물원의 나무

보고르식물원을 인도네시아어로 케분라야(Kebun Raya)라고 하는데 대통령궁과 연접하여 있으며 1만 5,000종의 식물이 자라고 있다. 식물원은 덩굴식물, 식·약용식물, 야자수, 목재생산 수종 등 다양한 분야로 구분되어 있으며 나무들도 대부분 식재한 것으로 오래된 나무는 150년이 넘기 때문에 크기가 40m 이상인 것도 많다. 그래서인지 보고르식물원을 들어서면 입구에서부터 보이는 것은 커다란 열대 나무들이어서 식물원보다는 수목원처럼 느껴진다. 입구에서부터 나무높이가 30~40m나 되고 굵기도 한 아름이 넘는 나무들이 그룹을 지어 서 있어 마치 열대우림에 들어서는 것 같다. 나무에 둘러싸여 지나다 보면 머리 위로 기다란 양초 모양의 열매가 3~4개씩 모여 달려 있는 것이 보인다. 이런 열매는 보통 덩굴에 달려서 열리는데 나뭇가지에 달려 있어 신기하게 보이는 이 나무의 이름은 양초나무(candle tree; *Parmentiera cerifera*)라고 한다.

덩굴식물과 야자수

나무줄기를 타고 자라는 다양한 덩굴이 있는 덩굴식물원에서 나무는 보이지 않고 덩굴들이 숲을 차지하고 있는 것처럼 보인다. 이 중 열대우림의 대표적인 덩굴식물인 에피프레눔(*Epipremnum pinnatum*)은 나이가 많아질수록 잎이 커지는 특성을 가지고 있는데 실내 관상용으로 많이 이용되고 있다. 박과(Cucurbitaceae)에 속하는 알소미트라(*Alsomitra macrocarpa*)는 높이 40m까지 자랄 수 있는 덩굴식물로 날개가 달린 종자는 바람을 타고 퍼지는데 멀게는 10km까지 날아가고, 박 하나에 종자가 1,000개 이상 들어 있어 종자가 한꺼번에 날아가는 모습으로 유명하다. 열대우림의 대표적인 고사리류인 새집고사리(bird's-nest fern)도 곳곳에서 자라고 있다.

덩굴식물원을 지나면 시야가 훤히 트이는 야자수원이 나오는데 이곳에도 다양한 야자수가 심겨져 있지만 길가와 잔디밭에도 자연스럽게 심겨져 쉽게 접근할 수 있는 것이 마치 공원에 들어와 있는 것 같은 착각을 일으킨다. 높이 40m까지 자란 리비스토나(*Livistona rotundifolia*)가 있는가 하면 팜유 생산으로 인도네시아의 대표 야자수종이 된 기름야자나무(oil palm tree; *Elaeis guineensis*)도 이곳에 식재되어 있다

판근이 발달한 큰 나무들

공원 같은 야자수원을 지나 나무들이 식재되어 있는 구역으로 들어오면 그야말로 천연열대우림에 들어온 것 같이 다양한 수종들이 자라고 있는데 나

1. 보고르식물원 입구의 입간판 | 2. 양초나무 열매 | 3. 덩굴식물인 에피프레눔
4. 알소미트라 덩굴 | 5. 테트라멜레스의 판근

무들이 하늘을 찌를 듯 서 있고 지름이 1m나 되는 것도 있다. 열대우림에서 볼 수 있는 나무의 특징인 부챗살 모양의 판근은 다양한 크기로 나타나는데 테트라멜레스(*Tetrameles nudiflora*)는 사람이 들어가 서 있어도 보이지 않을 정도로 크다. 지름이 2m에 달하고 나무높이도 30m가 넘지만 잎이 적어 멀리서 보면 고목이 서 있는 것 같다. 벽오동과의 스테르쿨리아(*Sterculia*; *Sterculia macrophylla*)의 판근은 옆으로 2~3m까지 길게 자라 마치 울타리를 친 것처럼 보이기도 한다. 멀리서 보니 숲 한가운데 붉은 기둥을 세워 놓은 것처럼 보여 가까이 가보니 제륜도과의 딜레니아(*Dillenia pteropoda*)이다. 붉은 줄기와 푸른 수관이 대조적으로 보이는 나무로 줄기만 보면 우리나라 금강소나무를 보는 듯하다.

이렇게 활엽수로 가득 찬 지역을 지나다 보면 열대지역의 대표적인 침엽수인 수마트라소나무(*Pinus merkusii*)가 소군상으로 나타나는데 지름이 20cm 정도이고 높이도 15m로 다른 나무들에 비해 작아 보인다. 침엽수인 다마(dammar; *Agathis robusta*)는 나무높이가 30m 이상 되고 줄기가 얼룩이 진 것처럼 보이는 것이 특징적인데 목재로 가치가 높아 많이 이용되는 상업용 나무로 유명하며 50~60년 정도를 키워서 수확한다. 이런 나무들 사이에 높이 4~5m 정도 되는 아교목성 나무에 빨간 꽃이 핀 브라질 원산의 스티프티아(*Stifftia chrysantha*)가 눈길을 끈다.

구릉 위쪽으로는 열대림을 대표하는 수종의 하나인 이우시과의 메란티(meranti; *Shorea leprosula, S. seminis*), 호페아(*Hopea dryobalanoides*), 아피통(apitong; *Dipterocarpus alatus*)과 무화과나무(*Ficus superba, F. albipila*)들이 자라고 있는데 무화과나무들은 모두 판근이 발달하여 멀리서도 알아볼 정도이다. 이곳에 같이 자라는 글루타(*Gluta wallichi*)는 줄기에 수액을 먹으면 위험하다는 경고표지가 붙어 있어 열대수종 중 독성이 있는 나무가 많다는 것을 알 수 있다. 특히 메란티와 호페아가 멀리 떨어져 자라고 있는데도 가지가 길게 자라 그늘을 만들기 때문에 어둡게 느껴지기도 한다. 줄기가 통직하고 길게 자라서 보는 사람의 가슴을 시원하게 해주고, 줄기가 밋밋하여 유럽의 너도밤나무숲에 온 것 같은 착각을 일으킬 정도이지만 무화과나무의 판근을 보면 이곳이 열대지방임을 깨닫게 한다.

1. 길게 자라난 스테르쿨리아의 판근 | 2. 딜레니아 붉은 줄기와 푸른 수관
3. 줄기에 얼룩이 있는 다마 | 4. 메란티와 무화과나무숲

구릉 아래로 내려가면 무화과나무(Ficus albipila)와 메란티(Shorea leprosula) 노거수가 나란히 자라고 있는데 나무높이가 30m가 넘고 지름도 2m에 달해 열대수종의 장대함을 느낄 수 있다. 이 지역은 1860년대부터 나무들이 식재되어 조성된 수목전시원이지만 외형적으로만 보면 자연적으로 이루어진 숲처럼 보인다.

보고르식물원은 거의 200년에 가까운 역사를 자랑하는 식물원으로 다양한 종류의 식물들이 전시되어 있다. 이 중 150년 전부터 식재된 열대수종들은 천연열대림에서 볼 수 있는 나무높이에 이를 정도로 크게 자랐다. 또한 출입금지지역이 적어서 사람들이 거의 모든 나무를 가까이서 자유롭게 관찰을 할 수 있는 것도 새롭게 느껴진다. 보고르식물원은 보고르숲이라고 해도 과언이 아닐 정도로 나무들이 숲을 이루고 있는 것은 단지 식물원이 오래되어서만은 아닌 것 같아 보인다.

1. 수액의 독이 있는 글루타 | 2. 곧게 자란 호페아 | 3. 메란티와 무화과나무 노거수

말레이시아

사진_ 키나발루국립공원의 열대산악우림

Malaysia

말레이시아는 남중국해를 사이에 두고 크게 두 지역으로 나뉜다. 말레이반도의 서말레이시아는 북쪽으로 태국과 국경을 접하고 있고 남쪽으로는 싱가포르와 조호르의 다리로 연결되어 있다. 보르네오섬 북부에 위치한 동말레이시아는 남쪽으로 인도네시아와 국경을 이룬다. 서말레이시아에는 조호르(Johor), 멜라카(Melaka), 파항(Pahang) 등 11개주, 동말레이시아에는 사라와크(Sarawak), 사바(Sabah) 2개 주가 있어 총 13개주로 구성되어 있다. 말레이시아의 국화는 하와이무궁화(*Hibiscus rosa-sinensis*)이다.

말레이시아는 적도 상에 위치하고 있어 우기와 건기가 있는 고온다습한 열대성기후를 보이는데 4~10월은 남서몬순, 10~2월은 북동몬순의 영향을 받는다. 해안은 평지로 이루어져 있고 내륙은 열대림으로 덮여 있으며 일부는 산악지로 이루어져 있는 지형이 서부와 동부 말레이시아 모두 비슷하다. 가장 높은 산은 보르네오섬 사바주에 있는 해발 4,095m의 키나발루산(Mt. Kinabalu)산이고 가장 큰 섬 역시 사바주의 방기섬(Banggi I.)이다.

말레이시아 열대우림에는 1만 4,500종의 식물이 자라고 있으며, 조류 600종, 포유류 210종이 서식하고 있다. 열대우림의 면적은 380만 ha로 이 중 61%가 국유림이며 149만 ha가 연방법에 따라 보호받는다. 농업에 있어서는 쌀, 고무 등이 주산물이며, 세계 최대의 고무와 주석 생산국이다. 말레이시아의 산림면적은 2,089만 ha로 국토의 64%를 차지하고 있으며 임목축적은 251m^3/ha로 우리나라보다 2배 이상 높다.

말레이시아에는 국립공원으로 지정된 보호지역이 많은데 서말레이시아에는 4개 정도가 있는 반면 동말레이시아에는 20개 이상 있다. 이 중 유명한 국립공원으로는 타만네가라국립공원(Taman Negara National Park), 엔다우롬핀국립공원(Endau Rompin National Park), 구눙물루국립공원(Gunung Mulu National Park), 키나발루국립공원(Kinabalu National Park) 등이 있다.

1. 안개에 싸인 생태계의 보고
키나발루산의 열대산악우림

이끼와 덩굴이 무성한 계곡

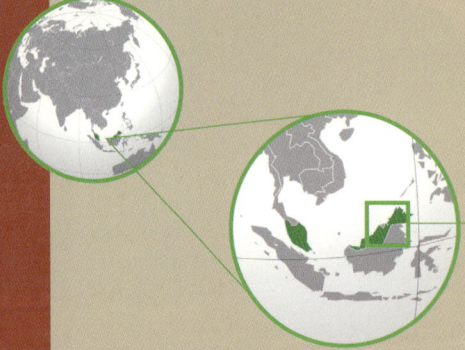

Asia | Malaysia

동남아시아에서 가장 높은 해발 4,095m의 키나발루산(Mt. Kinabalu)은 보르네오섬 북단에 있는 사바주(Sabah)에 위치하고 있다. 키나발루산을 중심으로 한 7만 5,730ha는 1964년 키나발루국립공원으로 지정되었으며, 다양한 희귀동식물이 살고 있어 2000년 유네스코 세계문화유산으로 지정되었다. 키나발루산은 저지대 열대림대, 산악우림대, 고산산악림대, 준고산산림대 등으로 해발대에 따라 다양한 식생대가 나타나는 것이 다른 지역에서는 볼 수 없는 특징이다.

키나발루국립공원의 식물들

키나발루국립공원에는 다양한 식생대로 인하여 여러 종류의 식물들을 접할 수 있는데, 열대지역의 특성에 의하여 상록성 식물들이 대부분을 차지하고 있으며, 이 중 열대지역에서 자라지 않는 침엽수종도 다수 있다. 침엽수에 해당되는 종은 아라우카리아(*Araucaria*), 아가티스(*Agathis*), 다크리디움(*Dacrydium*), 다크리카푸스(*Dacrycarpus*), 필로클라두아(*Phyllocladua*) 등으로 이 중 일부는 우리나라에서 관상용으로도 더러 키우고 있다. '아라우카리아'라는 이름은 이 식물을 처음 발견한 지역인 칠레의 아라우카노스(Araucanos)에서 유래하였다. 후프소나무(hoop pine), 노포크아일랜드소나무(norfolk island pine) 등 여러 종이 있는데 소나무라는 이름이 붙었지만 실제로는 소나무 종류가 아니다. 이외에 다른 지역에서는 볼 수 없는 특산종이 많이 서식하고 있고 그 중 식충식물과 난초 종류가 다른 지역에 비해 많다.

키나발루국립공원은 이와 같이 다양한 생물종들의 서식지로 철저히 관리하고 있는데, 그 중 한 방법이 산악가이드와 함께 하는 등산 예약제이다. 등산객이 단 1명이라도 산악가이드가 반드시 인도하게 하여 불법채취 등 자연이 훼손되는 것을 막을 뿐만 아니라 사전에 예약이 되지 않으면 등산을 할 수 없어 자연적으로 등산객의 숫자도 제한된다.

메실라우의 열대림

열대산악우림(cloud forest)은 공중습도가 높고 비가 많은 열대지역의 숲으로 침·활엽상록수가 대부분이다. 키나발루산에서는 해발 1,200~2,300m 사이에 분포하고 있으며 보통 산으로 올라오는 입구에서부터 볼 수 있다. 특히 국립공원 내 메실라우(Mesilau) 지역에서 산으로 올라가는 길의 산악우림은 입구에서부터 열대림의 특성을 볼 수 있다. 열대림의 나무높이는 보통 40~50m에 이르고 지름도 1m가 넘는 것이 보통이다. 이러한 크기를 견디기 위하여 기저부는 마치 부챗살을 펼쳐놓은 것 같은 판근을 형성하고 있다.

산 입구를 출발하면 급경사의 길이 나타나는데 아래쪽 계곡으로 보이는 나무들은 하늘을 찌를 듯이 자라고 있고, 숲속은 들여다 볼 수 없을 정도로 다양한 식물들이 빽빽하게 자라고 있다. 이렇게 숲 전체가 푸른색으로 덮여 있는 것은 비가 많이 오고 습도가 높기 때문인 것으로 보여진다.

계곡부는 딥테로캅(dipterocarp), 라우라세아(Lauracea), 너도밤나무류(Fagacea) 등의 상록활엽수와 아가티스, 아라우카리아 등 침엽수들이 주로 자라고 있다. 딥테로캅에 속하는 쇼레아(Shorea)는 우리나라에 열대지역 수입목으로, 아가티스는 다마(dammar), 카우리(kauri)로 많이 알려져 있다.

이런 열대림을 지나다 보면 높이 40m나 되는 나무들의 줄기가 전부 이끼로 덮여 있는 것을 보게 된다. 또 나무줄기 위에 마치 난초처럼 생긴 식물이 자라는 것을 볼 수 있는데, 이것은 새집고사리(bird's-nest fern)라는 양치식물로 나무의 줄기나 가지에 붙어 자라는 모양이 새 둥지처럼 보여 이런 이

1. 메실라우 지역의 숲 | 2. 메실라우 공원관리소 등산 안내판
3. 부챗살 모양의 판근 | 4. 계곡부의 열대림

름이 붙여졌다. 여러 종류가 있는데 많이 알려진 것으로는 아스플레니움 (*Asplenium*)이 있다. 높은 공중습도로 인하여 이와 같은 허공에서의 생육이 가능한 듯하다. 이뿐만 아니라 활엽수 대경목의 줄기에도 이끼가 자라고 있는데 줄기의 일부에만 자라고 있는 것이 아니라 줄기 전체를 뒤덮고 있어 마치 이끼나무처럼 보이기까지 한다.

길가에는 우리나라 낙엽송 어린나무처럼 보이는 다우소니아(*Dawsonia*) 이끼가 다소곳이 자라고 있다. 이렇게 산록부와 계곡부에는 푸른 이끼, 고사리류와 아가티스, 딥테로캅(쇼레아 등)이, 그 아래에는 나무고사리, 목련 (*Magnolia*) 그리고 어린나무들이 자라고 있다. 계곡에 흐르는 물의 양은 많지 않지만 수변부의 바위에는 이끼가 무성하게 끼어 있고 나무줄기 아래로 덩굴식물들이 줄을 지어 자라고 있다. 그리고 길 주변에는 햇빛이 아래까지 들어와서인지 붉은빛 꽃들의 향연이 이어지고 철쭉류(*Rhododendron*) 꽃도 하늘을 향해 피어 있어 초록과 붉은색으로 숲을 수놓은 것 같다.

안개 낀 산등성이

울창하고 초록으로 가득 찬 계곡부를 거쳐 산등성이에 도달하면 숲 모양이 급격히 바뀐다. 산등성이로 가까워지면서 나무의 크기가 갑자기 작아져 거인국에서 소인국으로 들어선 것처럼 느껴진다. 산등성이에서 자라는 나무들은 높이가 2~3m 정도이고 지름은 10cm 내외로 관목처럼 보이는데 원래 작은 나무는 아니었으나 고도가 높고 조건이 좋지 않아 관목 형태로 자라고 있는 것이다. 이 나무들의 가지에는 하얀색의 지의류들이 솜뭉치처럼 자라고 있어 마치 눈이 흘러내리는 것처럼 보인다. 이렇게 지의류가 자라고 있는 나무는 침엽수인 아가티스류로 잎이 밝은 초록색으로 빛나는 반면 아가티스 사이로 자라는 렙토스페르뭄(*Leptospermum*)은 갈색 잎에 하얀 꽃을 피우고 있어 좋은 대조를 이루면서 산등성이를 뒤덮고 있다. 특히 안개 속으로 보이는 산등성이의 모습은 왜 이 숲들이 산악우림이라고 불리는지를 그대로 보여준다.

산등성이를 지나 안으로 가다 보면 길이 다시 평평해지면서 주위에 갈색

1. 고목에 착생한 새집고사리 | 2. 이끼로 덮인 대경목 줄기 | 3. 다우소니아 이끼
4. 가지에 늘어진 하얀 지의류 | 5. 식충식물 네펜데스류

이끼들이 많이 나타나는데 길 옆이 모두 이끼로 덮여 있어 마치 갈색 장막을 친 길을 걷는 듯하다. 이끼가 무성한 길을 가다가 햇빛이 드는 길 옆을 들여다 보면 복주머니처럼 생긴 식물들을 발견할 수 있는데 이 식물들은 식충식물인 벌레잡이통풀(Nepenthes)이다. 복주머니 위에는 넙적한 뚜껑이 달려 있고 이 주머니 안으로 곤충이 들어가면 다시 나오지 못해 식충식물의 먹이가 된다.

이렇듯 다양한 숲을 지나면 숲이 다시 무성해지면서 마그놀리아(Magnolia)숲이 나타나는데 이 숲 역시 이끼가 무성하게 자라서 이끼 숲으로 보일 정도이다. 마그놀리아숲을 지나면 라양라양(Layang Layang)이라 불리는 해발 2,600m 지점에 도달하는데 여기서 산악우림을 지나 열대 고지대 산악림으로 들어서게 된다.

키나발루의 산악우림은 아직도 학술연구가 진행되고 있고 앞으로 다양한 생물종들이 새로이 발견될 수 있는 생태계의 보고로 열대수종과 온대수종의 특징을 가진 다양한 특산수종들이 자라고 있다. 이렇게 귀중한 자연자산의 보호를 위하여, 출입을 금지시키지 않고 산악가이드제도를 활용, 자연보호와 이용을 병행하고 시설을 최소화하여 자연을 유지하는 것은 우리도 한번쯤 고려해 보면 좋을 것 같다.

1. 산등성이의 관목 형태로 자란 숲 | 2. 산등성이에 홀로 선 아가티스

2. 바위산으로 이어지는 기이한 풍경
키나발루산의 고산림

키나발루산의 암봉과 고산림

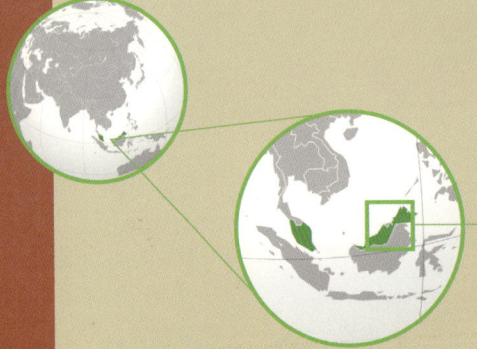

Asia | Malaysia

키나발루산(Mt. Kinabalu)의 라양라양(Layang Layang; Place of Swallows)에서 정상으로 올라가는 길은 경사가 급하지는 않지만 내리막길이 없는 오르막길의 연속이다. 주위에 나타나는 나무들은 키가 10m도 되지 않는 아교목으로 줄기도 꼿꼿하지 않고 구부러져 자라는 것이 대부분이다. 땅은 우리네 시골길처럼 황토빛을 띠고 있어 친근하게 느껴진다.

라양라양에서

이곳에 자라는 침엽수를 보면 고도가 낮은 아래쪽에서는 큰 다크리디움(*Dacrydium*)이 자라고 고도가 높아짐에 따라 나무가 크게 자라지 못하고 있다. 숲가장자리에 흰빛이 나는 풀이 무성하여 자세히 보니 잎 위로 핀 베고니아 꽃이다. 꽃이 핀 자리에는 대부분 수분이 있는데 베고니아의 생장 적응력이 놀라울 따름이다.

키 작은 숲 사이를 한참 가다 보면 갑자기 앞이 훤히 트인 장소가 나타나는데 이렇게 나무가 없는 빈 공간의 바닥은 전부 바위이다. 이러한 암반지대에는 다른 나무들이 자라는데 나무의 높이가 2m도 채 안 되는 관목 형태를 이루고 있으나 수관에는 하얀 꽃이 피어 있어 마치 눈이 내린 것 같다. 자연이 여름에 만들어낸 크리스마스트리가 아닐까 하는 생각이 든다. 하얀 꽃을 머리에 받치고 있는 나무 사이로는 만병초들이 붉은 꽃을 피우고 있는데 고산지대이기 때문인지 꽃과 잎이 작아서 눈에 잘 보이지 않는다. 이런 바위

산에 앉아 산 아래를 내려다 보면 한쪽에는 안개가 가득 차 있고 한쪽으로는 햇빛이 쨍쨍 비치고 있어 자연의 신비함과 경이로움을 한눈에 느낄 수 있다.

 암석지대를 지나면 다시 비교적 키가 큰 나무들이 있는 숲으로 들어가게 되는데 이 숲은 침엽수가 아닌 활엽수들이 하늘을 가리고 있어 또 다른 산으로 들어선 듯한 착각을 하게 한다. 암석지대와는 달리 땅이 평평한 데다 수분이 많기 때문에 해발고가 높음에도 불구하고 나무가 크게 자라는 것 같다. 이곳에 들어서면 가파른 길을 올라오면 쉼터와 식수가 있어 잠시 쉬어 갈 수 있다.

수목한계선까지

쉼터를 뒤로 하고 다시 오르막을 오르다 보면 붉은빛 봉우리에 하얀 꽃이 피어 있는데 마치 우리나라 남쪽지방에서 자라는 동백꽃처럼 보여 다시 돌아보니 잎을 보아도 동백나무 잎과 비슷하게 생겼다. 온대지역인 우리나라와 멀리 떨어져 있는 열대지역에서도 기후조건이 비슷한 곳에서는 비슷한 나무들이 자란다는 것이 놀랍게 느껴진다.

 이렇게 비슷한 나무가 있는가 하면 종 모양의 붉은 꽃이 핀 나무도 나타나는데 놀라운 것은 이 나무가 침엽수라는 사실이다. 이 침엽수는 잎이 난 모양이 주목과 유사한데 우리가 일반적으로 소나무나 잣나무에서 보던 것과는 다른 형태의 꽃이 피어 특이하다. 지역에 따라 전혀 다른 형태로 나무가 진화하였음을 보여주는 것 같은 이 나무는 다크리카푸스(*Dacrycarpus*)이다.

 이렇게 우리나라에서는 볼 수 없는 나무와 꽃을 보며 오르다 보면 눈앞에 침엽수림이 시원하게 펼쳐진다. 언뜻 보면 절벽 위에 무리 지어 자라는 우리나라의 키 작은 소나무가 온 산을 뒤덮은 듯하다. 나무는 높이 자라지 못해 키가 4~5m 정도이지만 나뭇가지는 길게 자라 마치 우산을 펼쳐놓은 것처럼 보인다. 멀리서 보면 한 종류의 나무처럼 보이지만 자세히 들여다보면 침엽수와 활엽수가 섞여서 자라고 있다. 회색 빛을 띤 나무는 활엽수인 렙토스페르뭄(*Leptospermum recurvum*)이고 진한 초록색과 연한 초록색을 띠고 있는 것은 침엽수인 다크리디움 (*Dacrydium gibbsiae*)으로 우리나라에서는

1. 고산림의 황토빛 등산로와 침엽수 | 2. 숲가장자리에 핀 베고니아 꽃
3. 암반지대의 키 작은 활엽수와 렙토스페르뭄 | 4. 동백을 닮은 꽃 | 5. 다크리카푸스의 붉은 꽃

자라지 않는 나무들이다.

고산대의 숲에 들어서면 이미 해발 3,000m가 넘는 지역이라 공기가 희박해져 숨을 쉬는 것이 약간 거북하고 발걸음을 옮기기도 약간 힘이 든다. 이러한 환경을 말해주듯이 나무들의 줄기는 마치 죽은 나무의 줄기처럼 회색 빛의 수피가 벗겨져 없는 것처럼 보이는데 우리나라의 향나무 수피와 흡사하다.

이러한 환경 속에서는 꽃을 볼 수 없을 것 같은데도 숲 사이로 땅 위에 레이스를 단 듯한 하얀 꽃이 피어 있다. 이 꽃은 난초류로 열악한 환경 속에서도 예쁜 꽃을 조랑조랑 피우고 있다. 이렇게 하얀 꽃이 피어 있는가 하면 관목의 가지 끝에 빨간 꽃이 앙증맞게 달려 있는 것도 있다. 숲에서 산 위쪽을 쳐다보면 암봉들이 보이는데 고산대의 숲과 암봉이 어우러져 있는 모습은 말로 표현을 할 수 없고 본 사람만이 느낄 수 있는 광경이다.

높이 4~5m의 다크리디움과 렙토스페르뭄이 섞여서 자라는 숲을 지나면 숲은 더 이상 나타나지 않고 관목지대가 나타나면서 암벽으로 이루어진 봉우리들이 주위에 자리를 잡고 있어 수목한계선에 도달한 것을 알 수 있다.

키나발루산은 열대지방에 위치하고 있지만 고도가 높아짐에 따라 다양한 수종들이 자라고 있어 자연의 힘이 얼마나 크고 다양한지를 몸으로 느끼게 한다. 특히 해발 2,500m 이상에서 나타나는 수종들은 낮은 지역에서도 자라지만 해발고에 따라 전혀 다른 모습으로 자라고 있는 적응력에 감탄이 나온다.

1. 다크리디움과 렙토스페르뭄 숲 | 2. 다크리디움 수피 | 3. 하얀 꽃이 핀 난초
4. 고산대 암벽에 자라는 다크리디움

태국

사진_ 팡가만 해안의 맹그로브숲

Thailand

태국의 기후는 동남아시아의 다른 나라들과 마찬가지로 열대몬순기후를 나타내며, 연평균 기온은 북부지역 19℃, 남부지역 28℃이고, 방콕의 4월 평균 기온은 25.9℃, 12월 평균 기온은 25.3℃이다. 5~10월까지는 남서몬순이 부는 우기로, 연간 강우량의 대부분이 이 시기에 집중된다. 11~4월까지는 동북몬순의 영향으로 건기가 된다. 태국은 남북으로 산맥이 자리를 잡고 있는데, 미얀마, 라오스와 국경을 접하고 있는 북부지역은 산악지대로 비교적 시원한 기후이며, 남북방향의 높은 산맥이 줄지어 있고, 태국 내 최고봉인 해발 2,576m의 도이인타논(Doi Inthanon)이 있다. 중부지역은 광대한 차오프라야(Chao Phraya) 삼각주로 불리는 풍성한 평야가 펴져 있는, 세계에서 손꼽히는 유수한 벼농사 지역이고, 남부는 말레이반도의 일부를 차지하는 산지로 이루어져 있다.

태국의 자연식생은 대부분 숲이어서 1960년대만 해도 전면적의 80%가 숲이었으나 지금은 30% 이하로 감소하였다. 남부와 서부지역에는 열대우림이 남아 있으며, 산악지대에도 다양한 낙엽활엽수들이 자라고 있고, 일부 지역에는 소나무(Pinus merkusii, P. kesiya)숲도 있다. 계절적으로 건기가 있는 지역에서는 낙엽활엽수가 주로 자라는데 티크가 수출 목적으로 많이 식재되었고 외래수종인 유칼립투스도 조림되었다. 숲을 벌채한 후에는 대나무나 띠(Imperata cylindrica)가 많이 자란다.

벼농사가 농업의 기반인 세계 제1위의 쌀 수출국으로서 매년 650만 톤을 수출하고, 고무, 티크 등을 많이 생산한다. 국토이용은 34%는 농경지, 6%는 벌판, 2%는 초지, 28%는 숲, 30%는 기타로 구분된다. 숲은 1,452만 ha를 차지하고 있다.

태국에는 138개 국립공원이 지정되어 있는데 전체 면적이 6만 km²로 국토의 11.7%를 자치한다. 최초의 국립공원인 카오야이국립공원(Khao Yai National Park)이 1962년에 지정되었고, 이외에 핫차오마이국립공원(Hat Chao Mai National Park), 팡가만국립공원(Phang-Nga Bay) 등이 있다.

1. 해안을 지키는 믿음직한 파수꾼
팡가만의 맹그로브숲

선착장 부근의 키 큰 맹그로브숲

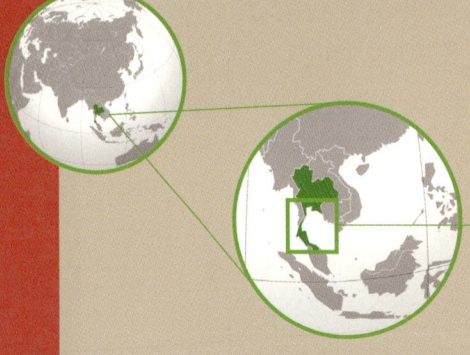

Asia | Thailand

맹그로브숲은 열대와 아열대지역의 조수간만의 차이가 큰 해안지대에 주로 분포하고 있다. 2005년 기준으로 전 세계에 1,523만 ha의 맹그로브숲이 있으며, 대륙별로는 아시아 586만 ha, 아프리카 316만 ha, 중·북아메리카 226만 ha, 남아메리카 198만 ha, 오세아니아 197만 ha로 아시아에 가장 많이 분포하고 있다. 보통 맹그로브숲은 동부 맹그로브숲과 서부 맹그로브숲으로 구분하기도 한다. 동부 맹그로브숲은 아메리카-아프리카 해안지역의 맹그로브숲으로 구성 수종이 6종으로 적은 반면 인도양에서 서태평양 연안으로 이어지는 서부 맹그로브숲은 60여 종이 있어 수종이 다양하다.

태국의 맹그로브숲

태국의 맹그로브숲은 24만 ha로 전국 산림면적의 1.5% 정도를 차지하고 있다. 맹그로브는 이전부터 신탄재로 많이 이용되어 왔고 건축, 식용, 향신료 등 다양하게 이용되고 있으며 일부는 주변 국가로 수출을 할 정도이다. 특히 맹그로브가 없어진 해안에서 쓰나미의 피해가 심했던 사실이 알려지자 맹그로브숲이 더욱 더 부각되고 있다. 그래서인지 해변에는 쓰나미 대피로 표지판이 세워져 있다.

태국의 맹그로브숲은 한 가지 수종으로 이루어진 것이 아니라 여러 가지

수종으로 구성되어 있는데, 우점종은 장다리맹그로브(tall-stilted mangrove; *Rhizophora apiculata*), 타이맹그로브(thai mangrove; *Rhizophora mucronata*), 거울맹그로브(looking-glass mangrove; *Heritiera littoralis*)와 시다맹그로브(*Xylocarpus* spp) 등의 전형적인 맹그로브 수종과 부수종인 브루기라(*Bruguiera* spp), 세리옵스(*Ceriops decandra, C. tagal*) 등이 있다. 특히 숲가장자리에는 니파야자(chak palm; *Nypa fruticans*)가 많이 나타난다.

태국의 맹그로브숲은 타이만(Gulf of Thailand)과 안다만해(Andaman Sea)에 주로 분포하고 있는데, 팡가만(Phang Nga Bay)은 안다만해에 위치하고 있으며 많은 부분이 국립공원으로 지정되어 있다. 1974년 산림공원으로 지정되어 보호를 받다가 1981년에 국립공원으로 지정된 팡가만국립공원은 면적이 400km^{2}로 태국에서 가장 넓은 맹그로브 원시림을 보호하고 있다.

팡가만의 맹그로브숲

팡가만의 맹그로브숲은 육지에서는 그 모습을 제대로 볼 수 없기 때문에 배를 타고 바다로 나가야 한다. 선착장으로 가는 길에 보이던 열대림과는 전혀 다른 숲의 모습이 선착장 앞에 펼쳐지는데 일반적으로 해변에서 보는 야자수숲과는 너무도 달라 독특하다.

멀리서 보아도 나무가 높이 10~20m까지 자라고 있는데 일부는 줄기 아랫부분이 바닷물에 잠겨 있거나 바닷물 위에 그물을 친 것같이 뿌리가 얼기설기 얽혀 있다. 바닷가의 맹그로브숲은 육지의 숲에서는 볼 수 없는 특이한 형태를 보여준다.

배를 타고 넓은 바다로 나가는 중간에 보이는 것도 맹그로브숲뿐이다. 숲 사이로 빈 공간이 나타나는 곳은 다른 물길이 있는 곳으로 물길이 맹그로브 숲속으로 나 있어 미로를 보는 것 같다. '이런 숲을 조사하려면 이곳 수로에 정통하지 않으면 큰일 나겠구나!' 하는 생각이 절로 난다.

육지와 가까운 곳의 맹그로브숲은 높이가 10m 이상이지만 바다로 나갈수록 나무의 크기가 작아졌다. 거리가 멀어서인가 했는데 가까이 접근하여 보니 나무의 높이가 5m 내외로 작다. 이렇게 나무가 작아지는 것은 내륙에

1. 맹그로브숲 사이로 난 수로 | 2. 쓰나미 대피로 표지판 | 3. 숲가장자리의 니파야자
4. 마이봉처럼 생긴 봉우리 | 5. 절벽 위의 선인장

서 멀어질수록 양분의 공급이 적고 바닷물의 염분농도가 높아서 생육에 지장을 주기 때문으로 여겨진다. 또한 육지 가까운 곳에서 나타나던 니파야자도 바다로 나가면 볼 수가 없다.

맹그로브숲 뒤로 멀리 우리나라의 마이산처럼 우뚝 선 봉우리가 보이기 시작하는데 가까이 가보니 봉우리가 아닌 섬이다. 이 지역의 모암이 석회암이기 때문에 절벽을 이루고 있는 섬들이 대부분이다. 바다 위에 떠 있는 섬들 사이에 있으면 선경에 들어와 있는 듯하다. 깎아지른 것 같은 절벽으로 이루어진 섬들도 주위에는 맹그로브숲이 형성되어 있는데 절벽에는 바닷가에서 보기 힘든 선인장 종류가 자라고 있고 그 위로는 열대수종인 딥테로캅(dipterocarp) 종류들이 자라고 있다.

섬의 움푹 파인 곳으로 들어가면 맹그로브숲이 절벽에서와는 다르게 형성되어 있는데 타이맹그로브, 장다리맹그로브, 캐논볼맹그로브(cannonball mangrove; *Xylocarpus granatum*) 나무들이 뿌리를 자랑이라도 하듯이 질서 정연하게 서 있다. 밀물 때면 바닷물에 잠겨 보이지 않겠지만 썰물 때는 뿌리의 모양이 확연히 드러나 보인다. 뿌리들은 마치 성을 쌓은 것처럼 한 치의 틈도 주지 않으려는 듯이 자리를 잡고 있다. 이렇게 형성된 뿌리가 바다에 떠다니는 물질을 흡착시키고, 해일이 밀려와도 뽑혀 나가지 않게 막아주게 된다. 아무리 나무가 크더라도 이런 뿌리가 없으면 쓰나미를 막을 수 없을 것이다. 나무가 없어 갯벌이 노출된 자리에는 우리나라의 망둥어처럼 생긴 물고기가 갯벌 위를 기어 다니고 있다.

맹그로브숲은 높은 산이나 공중에서 보지 않으면 전체 모습을 알 수 없을 정도로 해안에서 멀리까지 이어져 있고 수직적으로는 큰 차이를 보이지 않고 있는 것이 특징이다. 수로를 따라 다니면 그 면적이 넓다는 것을 실감할 수 있다. 맹그로브숲이 단지 숲이 아니라 자연재해의 위험을 막는 파수꾼과 같이 우리들의 생명을 지키는 숲이라는 것을 인식한다면 왜 맹그로브숲을 보호해야 하는지에 대해 부연 설명할 필요가 없을 것 같다.

1. 석회암으로 된 섬 주위의 열대림 | 2. 키 작은 맹그로브숲

필리핀

사진_ 마킬링산의 마호가니숲

Philippines

필리핀은 연평균 기온이 26℃이고, 열대몬순기후를 보여 우기와 건기로 구분되는데 5~11월인 우기는 남서몬순의 영향을 받는다. 대부분의 산맥이 남북방향으로 뻗어 있어 서부가 동부보다 강수량이 적다. 8~10월 사이에 필리핀 중부와 북부로 태풍이 많이 지나가기 때문에 피해를 많이 입는다. 1945년부터 2000년까지 55년간 총 349개의 태풍이 지나갔다. 필리핀은 지질운동과 화산운동에 의해 형성되었는데 루손섬의 카라발로산맥(Caraballo Mts.), 필리핀 단층선(斷層線)을 이루었다. 민다나오섬 중앙에는 최고봉인 활화산 아포산(Mt. Apo)(2,954m), 루손섬 남부 화산지대에는 2중 칼데라로 유명한 탈호수(Taal Lake)호수, 마욘산(Mt. Mayon)(2,417m)이 있다. 루손섬 중부의 루손평야, 민다나오섬의 코타바토(Cotabato)평야, 파나이섬(Panay I.)의 일로일로(Iloilo)평야, 네그로스섬의 서해안평야 등이 곡창지대를 이루고 있다.

필리핀에는 1만 4,000종의 식물과 5,000종 이상의 동물이 서식하고 있다. 해안에는 리조포라(Rhizophora)와 브루기라(Bruguiera)로 구성된 맹그로브숲이 자리 잡고 있고 해안림에는 낙엽활엽수들이 많이 자란다. 인디언아몬드(Indian almond; Terminalia catappa), 인디언코럴나무(Indian coral tree; Erythrina variegata var. orientalis), 보통(botong; Barringtonia asiatica) 등이 주요수종이고, 쉬오크(sheoak; Casuarina equisetifolia)가 특징적으로 나타난다. 해안림은 많은 부분 벌채된 뒤 코코스야자(Cocos nucifera)가 식재되었다. 해발 150m까지는 건조한 구릉지가 형성되어 대나무나 관목들이 많이 자라는데 대표적인 수종으로는 비텍스(Vitex parviflora), 타리티아(Tarrietia sylvatica), 레우캐나(Leucaena glauca) 등이 있다. 해발 300~400m에는 딥테로카푸스(Dipterocarpus grandiflorus)를 비롯한 몬순림이 분포한다. 해발 400~900m에는 상록활엽수림이 분포하는데 주요수종은 쇼레아(Shorea polysperma)이다. 해발 900m 이상에는 운무림이 형성되어 있고 주요수종인 다크리디움(Dacrydium), 포도카푸스(Podocarpus), 유제니아(Eugenia) 외에 나무고사리가 자라고 있다.

필리핀의 산림면적은 716만 ha로 국토의 24%를 차지하며 1990년부터 15년 동안 약 42만 ha가 감소하였다. 연간 원목생산량은 73만 m^3로 대단히 낮다.

필리핀에서는 국립공원, 자연공원, 보존지역 등을 지정하여 자연을 보호하고 있다. 루손섬에 풀락산국립공원(Mount Pulag National Park), 헌드레드아일랜드국립공원(Hundred Islands National Park), 불루산화산국립공원(Bulusan Volcano National Park) 등의 국립공원이 있고, 산림보존지역으로는 마킬링산 등 2개소가 있다.

1. 열대활엽수의 자연전시장
마킬링산의 열대림

필리핀대학 캠퍼스 내 열대림

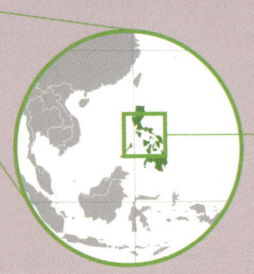

Asia | Philippines

필리핀대학에 있는
마리아 마킬링의 동상

성층화산(stratovolcano)인 마킬링산(Mt. Makiling)은 높이 1,090m의 휴화산으로 루손섬(Luzon I.)의 라구나(Laguna)에 위치하고 있다. 많은 등산객이 방문하는 산이며 1959년에는 제10회 세계잼버리대회가 개최된 곳이기도 하다. 마킬링산은 1910년 4,244ha가 산림보전지역으로 지정되어 필리핀대학 로스바뇨스(Los Baños)가 관리를 맡고 있는데 마닐라 남쪽 65km에 위치하며 주위에는 로스바뇨스(Los Baños), 베이(Bay)와 칼람바(Calamba)가 있다. 마킬링산의 윤곽이 잠자는 여인의 모습이어서인지 산을 지키는 마리아 마킬(Maria Makiling)의 설화가 유명하다. 산림보존지역에는 2,000종 이상의 식물과 포유류 44종, 조류 241종이 서식하고 있다.

열대활엽수로 가득한 캠퍼스

마킬링산은 대학 캠퍼스에 출입로가 있어 열대림이 대학에서부터 시작이 된다고 해도 과언이 아닐 정도이다. 대학 정문을 지나 산으로 가는 길엔 주변의 가로수가 모두 열대활엽수로 이루어져 있다. 이 중 해안지방에서 자라는 침엽수처럼 보이는 활엽수 쉬오크(sheoak; *Casuarina equisetifolia*)가 있어 이 지역이 해안에서 멀지 않다는 것을 알 수 있게 한다. 또한 대학 캠퍼스 안에 있는 숲으로 들어가면 나무높이가 30m가 넘고 지름이 500~200cm 되는 딥테로카푸스(*Dipterocarpus*), 무화과나무(*Ficus*), 드라곤도멜론

(Dracontomelon) 등의 열대활엽수들이 하늘을 가리고 있어 대낮에도 어둡게 느껴질 정도이다.

특히 드라콘도멜론(Dracontomelon da)을 보면 직경이 2m가 넘고 판근이 발달했는데 노령목이어서인지 줄기 가운데가 썩어 생긴 동공으로 2~3명이 들어가도 될 정도이다. 대학에서는 캠퍼스 안팎에 있는 이렇게 크고 나이가 많은 나무 12그루를 대학나무유산으로 지정하여 보호하고 있다. 이 나무도 유산으로 지정된 나무 중 하나이다. 무화과나무의 가지들이 위에서 아래로 줄기를 싸고 자라는 모양은 경이롭게 보일 정도이다. 숲 사이로 햇빛이 많이 들어오는 곳은 대나무가 무더기로 자라고 있는 것이 새롭게 느껴진다. 또한 길가로는 파파야나무, 두리안을 닮은 잭푸르트(jackfruit; *Artocarpus heterophyllus*)가 자라고 있어 열대과일과 나무를 같이 볼 수 있다.

산림보호지역의 나무들

캠퍼스를 벗어나 산림보호지역으로 들어서면 호페아(*Hopea*), 쇼레아(*Shorea*), 파라쇼레아(*Parashorea*), 무화과나무 등이 어울려 자라고 있다. 숲속으로 들어가니 중남미가 원산지로 알려진 캐논볼트리(cannonball tree; *Couroupita guianensis*)가 서 있다. 분홍빛을 띤 꽃이 인상적인데 꽃이 가지 끝에 달리지 않고 줄기 중간에 달려 있어 나무 전체가 분홍빛 꽃으로 치장을 한 것처럼 보인다. 또 산길을 따라 오르다 보면 회색빛 줄기의 필리핀장미목(Philippine rosewood; *Petersianthus quadrialatus*)이 줄지어 있는데 나무높이가 50m에 달하고 30m 정도 높이까지는 가지 하나 없이 쭉 뻗어 있다

산 위로 더 올라가면 마호가니(*Swietenia macrophylla*)숲이 나타난다. 마호가니는 중남미가 원산지이지만 필리핀을 비롯한 동남아시아에 조림이 많이 되었다. 이 숲은 1940년도에 연구용으로 조림된 곳으로 나무높이가 30m에 가깝고 지름도 50~80cm나 되어 원시림을 방불케 한다. 숲속은 햇빛이 거의 못 들어와서인지 지피식생이 적지만 판근으로 열대림의 특징을 보여주고 있다. 숲바닥에는 '악마의 혀(devil's tongue)'라는 별명이 붙은 촛대 모양의 곤약(konjac; *Amorphophallus konjac*)과 얼룩무늬의 알로카시아(*Alocasia zebrina*)

1. 필리핀대학 로스바뇨스 | 2. 대학나무유산으로 지정된 드라콘도멜론 노령목
3. 꽃이 핀 캐논볼트리 줄기 | 4. 필리핀장미목

가 자라고 있어 비교적 단조로운 마호가니 인공림을 다채롭게 만들고 있다.

머드스프링 너머 원시림까지

큰길에 벗어나 머드스프링(Mudspring)으로 가는 작은 길로 들어서면 나무들이 더 가깝게 다가온다. 머드스프링은 화산지대에 진흙이 끓고 있는 곳으로 앞을 보기가 힘들 만큼 수증기가 자욱한 샘 아닌 샘이다. 무화과나무(Ficus minabassae) 대경목은 가는 줄기가 아래로 처져 있는 모양이 특이하다. 자세히 보니 줄기가 아니라 열매가 조롱조롱 달린 것이었는데 낯설지만 다양한 무화과의 모습을 볼 수 있어 좋았다.

머드스프링까지는 숲들이 사람들의 간섭을 많이 받았기 때문에 원시림이라고는 보기 힘들지만 이곳에서부터 산 아래로 난 조그마한 길을 따라가면 원시림이 나타난다. 시작부터 보이는 나무들의 크기가 이전의 숲과는 크게 다르다. 딥테로카푸스, 파라쇼레아, 무화과나무 등의 큰 나무 한 그루가 서 있으면 주변에는 작은 나무들이 자라고 있어 마치 큰 나무들의 수관이 우산처럼 숲을 덮고 있는 것 같다. 그래서인지 숲속에는 관목이나 풀 등 지피식생이 별로 없고 이끼만 자라고 있는 것이 조금 이상하게 보일 정도이다. 이곳에 자라는 나무는 높이가 50m에 가깝고 지름도 1m 이상이 되는 것이 대부분이며, 판근은 길이가 2~3m나 되고 높이도 1m 이상 된다. 또한 노령목의 줄기를 감싸고 자라는 덩굴식물들은 마치 나무에 입혀 놓은 갑옷처럼 보인다. 이렇게 덩굴이 감싸고 있는 나무들이 고사하면 덩굴의 줄기만 남아 기묘한 형태의 나무 기둥을 만들어내곤 한다.

이렇게 원시림이 있는 곳에서 멀지 않은 곳에 필리핀대학 로스바뇨스의 양묘장과 대나무 전시림이 있어 좋은 대조를 이루고 있다. 대나무 전시림에는 다양한 대나무 종류들이 식재되어 있다. 전시림을 거닐다 보면 폭죽이 터지는 것 같은 소리가 들리는데 이것은 대나무 줄기가 갈라지면서 나는 소리라고 한다. 대나무들 사이로 난 작은 길 주위로 두리안이 심겨져 있어 색다른 정취를 자아내고 있다.

마킬링산의 열대림은 100년 전 산림보전지역으로 지정되고 보호받아

1. 마호가니 줄기 | 2. 악마의 혀로 불리는 곤약 | 3. 얼룩무늬의 알로카시아

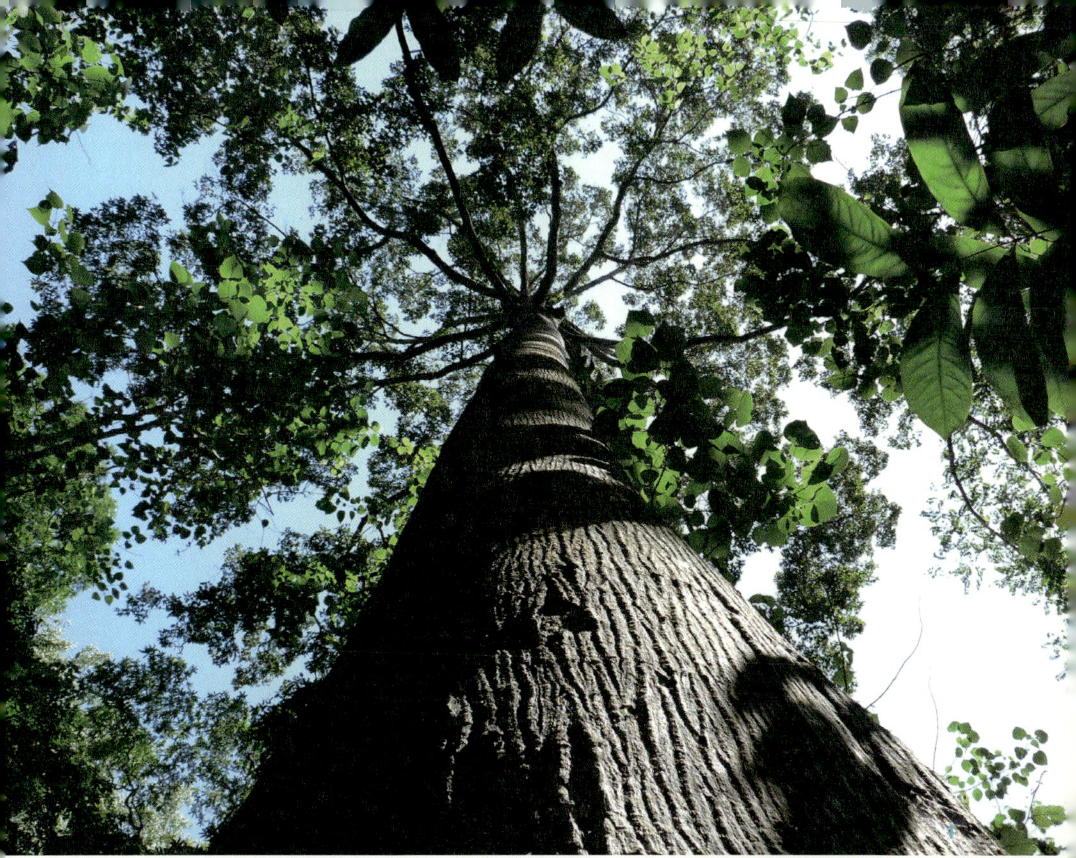

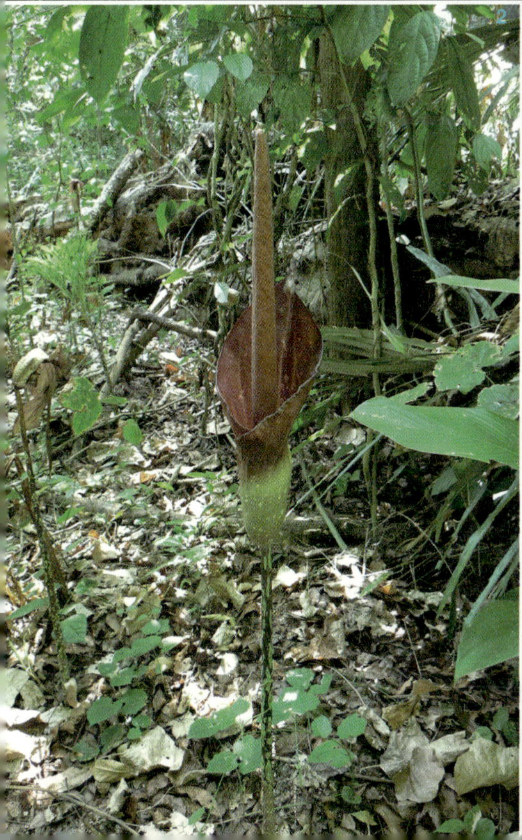

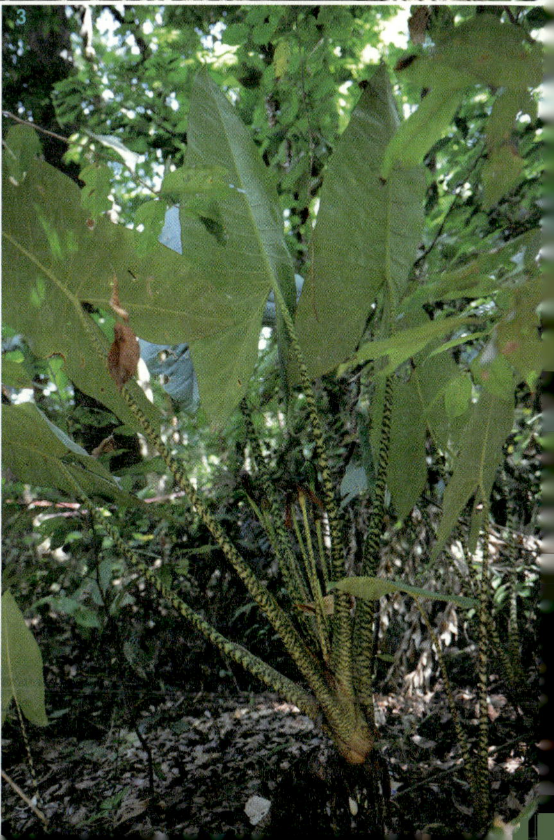

다양한 식물종이 보존되고 자연 상태를 유지하는 숲으로 대학의 관리 하에 보호와 연구가 이루어지는 곳이지만 일반인에게도 공개되어 휴양기능을 함께하는 공간이기도 하다. 특히 대학 캠퍼스에도 열대림이 유지되고 교육용으로 전시림이 조성되어 있는 것은 우리에게 좋은 본보기를 보여주는 것 같다.

1. 수증기가 자욱한 머드스프링 | 2. 판근이 발달한 무화과나무 줄기
3. 노령목 줄기를 감싸고 있는 덩굴식물

2. 강과 바다를 모두 에워싸다
파그빌라오의 맹그로브숲

파그빌라오 강변의 맹그로브숲

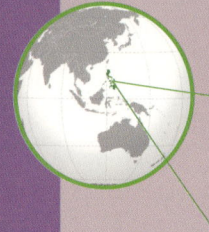
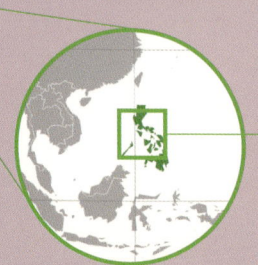

Asia | Philippines

필리핀의 맹그로브숲은 해안에 분포하고 있고 예전부터 신탄재 생산을 위해 많이 이용되었다. 루손섬(Lozon I.) 케손(Quezon) 지역의 파그빌라오(Pagbilao) 맹그로브숲도 인간의 간섭을 많이 받았지만 1975년에 맹그로브 연구림으로 지정을 받아 보호되어 왔다. 맹그로브숲은 주민들의 연료공급 및 어업활동과 밀접한 연관이 있어 중요성이 대두되자 보호를 하기에 이르렀던 것이다. 파그빌라오 맹그로브숲 중 연구림의 면적은 145ha로 20% 정도를 차지하고 있다. 맹그로브 연구림으로 들어가는 입구에 조그마한 하천이 흐르고 있어 이 숲이 바다와 강에 걸쳐 있다는 것을 알 수 있는데 다리를 건너면서 보이는 강변은 모래사장 없이 나무로 뒤덮여 있어서 우리나라의 강과는 다른 모습이다.

맹그로브숲의 바다

맹그로브숲으로 들어가면 우선 아치형 뿌리를 내리고 촘촘히 자라고 있는 리조포라(*Rhizophora*)가 있다. 나무높이는 4~5m 정도이고 지름도 4~5cm에 불과하지만 곧게 자란 줄기와 아치형 뿌리의 리조포라가 무리를 이루며 자라는 모습은 볼수록 기이하다. 탐방객들로부터 맹그로브숲을 보호하기 위해 만든 데크를 따라 숲속으로 들어가면 좌우로 아비세니아(*Avicennia officinalis, A. marina* var. *rumphiana*), 세리옵스(*Ceriops tagal*), 소네라티아(*Sonneratia alba*)가 나타나는데 나무높이가 2~4m 정도라서 울창한 숲이라

기보다는 어린나무 숲에 들어온 것처럼 느껴진다. 아비세니아는 기근(氣根)을 형성하는데 송곳을 땅 위에 꽂아 놓은 것처럼 기근들이 솟아 있어 아치형 뿌리의 리조포라와는 대조를 이루고 있다. 작은 나무들 사이에 고목처럼 보이는 소네라티아가 가끔 나타나는데 나무높이는 7~8m 정도이지만 모습은 수십 년은 됨직하다.

숲속으로 한참 들어가면 전망대가 나오는데 이곳에서 맹그로브숲을 위에서 조망할 수 있다. 멀리 바다가 보이고 그 중간에는 맹그로브숲이 마치 바다처럼 펼쳐져 있는데 나무의 높이는 대부분 10m 이하로 그리 크지는 않다. 바다 쪽으로는 숲이 펼쳐져 있는 반면 안쪽으로는 멀리 산이 시작되는데 평지와 산 모두 숲은 거의 없고 코코스야자가 자라고 있는 것이 보인다. 평지에는 맹그로브숲이 있었지만 사람들이 개간을 하여 밭이나 코코넛 농장으로 바꾸었을 것으로 추측된다. 산자락에 위치한 코코스야자 조림지에서 산불이 난 흔적이 보이는 것을 보면 여러 형태로 숲이 훼손되어 가는 것을 알 수 있다.

강에서 바다로 이어지는 맹그로브숲

맹그로브숲은 습지여서 육상으로 이동하는 것이 어렵기 때문에 대부분 배를 이용한다. 강에서 배를 타고 바다로 나가는 도중 강가에서 가장 쉽게 볼 수 있는 것은 니파야자(nipa; *Nypa fruticans*)이다. 강가에 줄을 지어 높이 2~3m로 자라고 있고 다른 야자 종류가 없기 때문에 쉽게 알아 볼 수 있다. 니파야자의 잎은 지붕을 만드는 데 이용하고, 덜 성숙한 종자는 젤리 형태의 사탕과자를 만들며, 수액으로는 술을 만들기 때문에 이용도가 대단히 높은 나무이다. 나무높이가 10m 이상 되고 가지에 사과 크기의 열매를 달고 있는 자일로카푸스(*Xylocarpus granatum*)도 종종 보인다. 이 나무의 목재로는 보트, 가구를 만들거나 연료로 이용하고, 껍질은 무두질, 설사약으로, 뿌리는 콜레라 약으로, 그리고 종자는 여러 가지 가벼운 병의 치료제로 이용하기 때문에 피해를 많이 보는 나무 중 하나이다. 가장 많이 나타나는 나무인 아비세니아는 높이 5m 정도로 강가에 무리를 지어 자라고 있다.

1. 파그빌라오 맹그로브숲 안내판 | 2. 리조포라 아치형 뿌리 | 3. 아비세니아 기근
4. 소네라티아 줄기와 기근 | 5. 전망대에서 본 바다 쪽 맹그로브숲

바다로 가까이 가면 리조포라가 많이 나타나는데 나무높이는 7~8m 정도지만 속이 보이지 않을 정도로 빽빽이 자라고 있어 마치 숲을 보호하는 파수꾼처럼 보인다. 리조포라 가지에는 기다란 콩꼬투리 같은 것이 주렁주렁 달려 있는데 어미나무에 매달린 채 발아한 종자로, 바닷물로 떨어지면 조수를 타고 멀리 이동한 후 뿌리를 내리게 된다. 리조포라는 연료 공급원이고, 무두질용 타닌, 어업용 낚시줄과 로프를 만드는 원료로도 이용된다. 강을 지나 바다로 나가면 작은 암초나 섬처럼 보이는 것이 종종 나타나는데 가까이 가보면 나무 한 그루 내지 몇 그루가 무리를 이루고 있어 나무섬이라고 해도 좋을 것 같다. 바닷물 속에 나무가 살고 있는 것을 보면 생명의 신비를 느낄 수 있다.

강에서 바다로 이동하면서 나무의 종류가 달라지는 것을 볼 수 있다. 모래땅에 잘 자라는 아비세니아와 소네라티아는 강가에 분포한다. 진흙보다는 모래땅에서 기근을 잘 뻗을 수 있기 때문에 이 종류의 나무들이 기근을 형성하고 있는 것 같다. 반면 진흙이 많은 곳에서 잘 자라는 리조포라는 해안에 많이 분포하는데 단단하지 않은 진땅이어서 아치형 뿌리로 상층부를 지탱한다. 특히 해안에서는 썰물 때 뿌리가 노출되어 지지력이 약해지기 때문에 이러한 아치형 구조가 필요한 것으로 여겨진다.

파그빌라오의 맹그로브숲은 강에서 바다로 이어지는 맹그로브숲의 다양한 구조를 보여줄 뿐만 아니라 위치에 따라 달라지는 수종의 분포도 보여준다. 주위의 맹그로브숲이 다른 용도로 이용되며 많이 사라졌지만 연구와 교육용으로 활용함으로써 맹그로브숲의 보존과 확대를 위한 첫걸음이 되고 있다.

1. 전망대에서 본 산 쪽 맹그로브숲 | 2. 자일로카푸스 열매 | 3. 강변의 맹그로브숲
4. 리조포라 열매 | 5. 바다의 나무섬

일본

사진_ 도쿄대학 지지부연습림 내 삼나무숲

일본에서 가장 높은 산은 혼슈의 후지산(富士山)으로 해발 3,776m이다. 일본열도는 환태평양지진대에 속해 있어 전 세계 화산의 10%를 차지하고 있는 지진 다발 지대이며 여러 줄기의 화산 산맥이 있기 때문에 지형이 복잡하고 해발고의 차이가 심하게 나타난다. 강은 대부분 짧고 급류이며, 해안선은 복잡한 리아스식 해안으로 이루어졌다. 일본은 남북으로 길게 걸쳐 있기 때문에 한대기후부터 열대기후까지 다양한 기후가 나타난다. 남쪽 오키나와(沖繩)는 연평균 기온 22.7℃, 북쪽의 홋카이도는 6.1℃를 기록하여 지역 간의 차이가 15℃ 이상 난다. 이와 같이 다양한 기후가 나타나기 때문에 6개 기후 지역으로 구분한다. 홋카이도 지역은 강수량은 많지 않지만 긴 겨울과 적설을 보이고, 일본해 지역은 겨울에 강설량이 많고 여름에 태평양 해안보다 기온이 낮으며, 중앙 고원 지역은 여름과 겨울의 온도 차이가 심하고 강수량이 적다. 또 세도 내륙 지역은 기후가 온화하고, 태평양 연안 지역은 겨울에 눈이 적으나 추우며 여름에 건조하고, 난세이제도(南西諸島)는 아열대성 기후를 보인다.

지리적으로는 홋카이도, 도호쿠(東北), 간토(關東), 주부(中部), 긴키(近畿), 주고쿠(中國), 시코쿠, 규슈와 오키나와 지방으로 구분하는데, 긴키지방에는 교토(京都)와 나라(奈良)가 있고, 간토지방에는 간토평야를 중심으로 한 일본의 정치·경제·문화의 중심이자 수도인 도쿄가 있다.

일본의 산림은 국토의 68%에 해당되는 2,486만 ha를 차지하고 있어 우리나라의 산림점유율 65%보다 조금 높은 비율을 보이며, 이 중 1,730만 ha가 사유림으로 산림면적의 70%를 차지하고 있다. 일본의 주요수종은 삼나무(*Cryptomeria japonica*), 편백(*Chamaecyparis obtusa*), 낙엽송(*Larix leptolepis*), 소나무(*Pinus densiflora*), 곰솔(*Pinus thunbergii*) 등의 침엽수와 참나무류, 너도밤나무, 난대수종들로, 지역적으로 분포 범위에 큰 차이를 보이고 있다. 임목축적량은 171m³/ha로 우리나라보다 50% 많고 총축적량은 42억 4,000만m³를 보이고 있다.

일본에는 국립공원이 28개 있고 도나 현에서 지정한 공원이 300여 개 있는데, 국립공원 면적은 2만 600km²로 전 국토의 5.4%에 해당한다. 1934년 세토나이카이국립공원(瀨戶內海國立公園), 운젠아마쿠사국립공원(雲仙天草國立公園), 기리시마야쿠국립공원(霧島屋久國立公園) 3개소가 최초로 지정되었다. 홋카이도에 분포하는 국립공원은 6개로 다이세츠잔국립공원(大雪山國立公園)의 면적은 22만 ha가 넘는다. 간토지방에는 닛코국립공원(日光國立公園), 후지하코네이즈국립공원(富士箱根伊豆國立公園)이 유명하다. 이들 국립공원은 대부분 화산지대에 분포한다.

1. 다도문화와 함께 발전해온
기타야마의 삼나무숲

삼나무 인공림

Asia | Japan

목재생산과 이용 측면에서 일본의 대표적인 침엽수종으로는 삼나무 (*Cryptomeria japonica*), 편백(*Chamaecyparis obtusa*), 낙엽송(*Larix leptolepis*), 소나무(*Pinus densiflora*), 곰솔(*Pinus thunbergii*) 등이 있으나 이 중에서도 삼나무가 가장 으뜸이다. 삼(杉)나무는 우리에게 스기(sugi)라고 많이 알려진 상록교목으로 나무높이가 40m 이상, 굵기도 5m까지 자란다. 삼나무는 예전부터 줄기가 곧게 빨리 자라고 관리가 용이하면서도 목재의 색과 재질이 좋아 건축재 및 내장재로 많이 이용되어 왔다.

일본 조림지 1,000만 ha 중 45%에 해당되는 450만 ha를 삼나무 인공림이 차지하고 있다. 삼나무는 북으로는 아오모리(靑森, 북위 40° 42')에서 남으로는 야쿠시마(屋久島, 북위 30° 15')까지 폭넓게 분포하고 있다. 삼나무 건축용재는 70년 이상 오래 키워서 생산하지만 내장재 등으로 이용되는 소경 특수용재는 생산기간이 짧다. 삼나무 인공림은 대부분 중·대경재를 생산하기 위하여 중·장벌기를 기반으로 숲을 가꾸지만 교토(京都)의 기타야마(北山) 지역에서는 내장 특용재 및 정원수 생산을 위해 삼나무를 키운다. 교토의 시목(市木)도 삼나무이다.

기타야마의 삼나무

기타야마 삼나무를 역사적으로 보면 기타야마의 나가가와(中川)는 기타야마 삼나무 생산지로, 13세기부터 귀족들에게 다실용 삼나무를 제공하기 시작하며 알려지게 되었다. 특히 16세기에 귀족들 사이에서 스키야(Sukiya) 양식이 유행하고 다도(茶道)가 퍼짐에 따라 기타야마 삼나무가 더욱 유명해졌다. 기타야마의 다실용 특용재로는 변재 부분이 매끄럽지 않고 굴곡이 있는 목재를 사용한다. 과거에는 자연적으로 발생한 특이한 무늬의 삼나무 줄기를 이용했으나 2차 세계대전 이후 그 수요가 급증함에 따라 인위적으로 줄기 문양을 만들고 있다. 현재 자연산 무늬목은 귀하기 때문에 고가로 거래되고 있다.

기타야마 삼나무는 목재만 유명한 것이 아니라 정원수로도 유명하다. 맹아력을 이용한 특이한 형태의 정원수는 일본 정원수에서 중요한 역할을 하고 있으며 200년 이상 된 것도 있다.

삼나무 인공림

기타야마는 교토 중심에서 북동쪽으로 20~30km 떨어진 곳에 위치하고 있다. 이 지역은 삼나무 다실용 특용재 생산으로 유명한 곳으로 지역 한가운데로 물이 흐르고 가파른 사면에 삼나무를 키우고 있다. 여기에서는 대경재보다는 소경재 생산이 유리하기 때문에 소경 특용재 생산이 주로 이루어지고 있다. 계곡 주변부터 산중턱까지 삼나무가 심겨 있고, 산등성이에는 소나무 등 자생수종이 자라고 있는 것을 볼 수 있다. 이러한 수종별 위치 구분은 수종의 생태적 특성과 생장 특성을 고려했기 때문인 것으로 여겨진다. 사면의 삼나무숲은 대부분 인공림으로 삼나무로만 이루어져 있지만 높이가 비슷한 삼나무숲은 소면적으로 나타나서 마치 사면을 다양한 크기의 삼나무로 모자이크 처리한 것처럼 보여 단순림보다는 다양한 수종으로 구성된 숲처럼 보일 정도이다. 이러한 소면적 단위의 인공림 조성은 다양한 영급림을 바탕으로 지속적인 특수재를 생산하기 위한 수단이다.

외곽에서 보이는 삼나무숲은 모자이크 형상으로 아기자기하게 보이지만 숲속으로 들어가면 전혀 다른 모습을 보여준다. 숲에 들어가면 우선 눈에 보이는 것은, 바닥에 풀도 자라지 못할 정도로 빽빽하게 자라는 삼나무의 곧은 줄기이다. 삼나무 줄기가 젓가락처럼 곧게 서 있는 모습은 마치 나

1. 내장재로 사용된 삼나무 | 2. 다실용 특용재 줄기 문양
3. 삼나무 정원수 | 4. 계곡 주변의 삼나무숲
5. 경사면의 삼나무 인공림과 산등성이의 소나무숲

무줄기를 일부러 세워 놓은 것처럼 보인다. 이것은 삼나무의 줄기를 가지치기해서 10m 높이까지 아주 미끈하게 만들어 놓았기 때문이다. 또한 높이 4~5m 되는 삼나무뿐만 아니라 10m 이상 되는 나무도 모두 가지치기를 했기 때문에 멀리서도 일자로 곧게 자란 줄기를 알아볼 수 있을 정도이다. 기타야마 삼나무는 가지치기를 3~4회 정도 한 것으로 보인다. 1~2회 실시하는 우리나라보다 가지치기를 많이 하는 것은 특용재를 생산하기 위해서이다.

　　기타야마의 삼나무는 특용재에 필요한 문양작업을 하기 위해서 이렇게 가지치기를 해주고 있는데, 문양작업은 가지치기가 끝난 다음 실시한다. 문양작업은 사람이 나무에 올라가 직접 해주는데, 과거에는 나무 문양을 설치했지만 지금은 플라스틱으로 만든 문양을 이용하고 있다. 이렇게 문양작업을 해준 삼나무숲은 바깥에서도 쉽게 구별이 되는데, 어두운 숲속에 하얀색이 나는 것은 문양작업을 해준 나무이고 붉은빛이 많이 나는 나무는 문양작업이 끝나 문양을 제거한 삼나무이다. 이렇게 자란 삼나무들은 문양이 형성되면 곧바로 수확을 하기 때문에 이곳에는 수령이 많은 대경목이 없는 것이 특징이다. 삼나무 줄기의 모양은 울퉁불퉁하여 모양새가 이상하지만 껍질을 벗겨내면 특유의 문양이 나타난다.

삼나무의 수확과 갱신

수확은 소면적으로 실시하는데 수확한 나무는 숲속에서 껍질을 벗겨 숲속 빈 공간이나 임도변에서 건조를 한다. 벌채와 가공이 거의 다 숲에서 이루어지고 있어 숲길을 오르다 보면 삼나무를 건조하고 있는 곳을 흔히 볼 수 있다. 삼나무를 수확할 때는 땅바닥 가까이에서 자르지 않고 50cm 이상을 남기고 베어서 그루터기가 멀리서도 잘 보인다. 기타야마 지역의 경사가 심하여 침식에 의한 토양유실의 위험이 크므로 그루터기를 방지책으로 이용하고 있는 것이다.

　　기타야마에서는 조림용 묘목을 다른 지역에서 가지고 오는 것이 아니라 지역품종이 가지고 있는 형질을 유지하기 위하여 이 지역 우량목의 가지나

1. 가지치기를 한 삼나무숲 | 2. 문양작업을 한 삼나무
3. 문양작업이 끝난 삼나무 | 4. 삼나무 건조장

종자를 채취하여 묘목을 생산하고 있다. 삼나무를 조림하는 곳도 있지만 일부에서는 수확 후 맹아림을 조성하여 한 그루터기에서 2~3개의 줄기를 자라게 함으로써 소경재를 생산하기도 한다. 이렇게 맹아림으로 조성된 삼나무숲은 어릴 때는 마치 정원의 조경수처럼 보여 멀리서 보면 숲 한가운데에서 조경수를 키우는 것처럼 보인다.

기타야마 삼나무숲은 13세기부터 시작된 특용재 생산지로 산림경영의 특수한 경우를 보여주고 있다. 급경사지의 산림을 소면적으로 구획하여 가치가 높은 특용재를 생산하는 지혜와 수 세대에 걸쳐 그 기법을 발전시켜 왔고, 특히 독특한 문양의 삼나무를 생산하여 가치를 높이고 공예품으로 발전시킨 것은 숲과 나무, 즉 자연이 주는 것을 사람이 어떻게 활용하는가에 따라 그 가치가 달라진다는 것을 보여준다.

1. 삼나무 그루터기와 조림목 | 2. 삼나무 유령림

2. 위협을 받고 있는 백년지계
이치노세키의 동산송

이와테현의 동산송

Asia | Japan

일본의 주요 침엽수종으로 삼나무, 편백 외에 우리나라의 주요 침엽수종인 소나무(Pinus densiflora)도 자라고 있으나 소나무재선충의 피해로 인하여 많이 사라져 현재는 면적이 크게 감소하였다. 특히 소나무숲은 일본의 일부 지역에만 남아 있고 이 중 이와테현(岩手縣)에 소나무 노령림이 있다. 이와테현은 홋카이도 다음으로 넓은 면적을 차지하고 있는 현으로 150만 ha에 이르며, 이 중 산림이 차지하는 면적은 약 60%로 우리나라 산림분포율과 비슷하다. 이와테현은 임업이 발달하여 산림에서 연간 106만 m^3의 목재를 생산하고, 이 중 활엽수가 36%, 침엽수가 64%를 차지하고 있다.

이와테현 이치노세키(一關)에 위치한 소나무 노령림을 동산송(東山松)이라고 하는데, 임령이 140년이 넘어 보호림으로 지정되어 있다. 국유림인 동산송은 천연갱신으로 이루어진 숲으로, 지금으로부터 70여 년 전인 1935년(천연갱신 10년 후)부터 무육을 실시하지 않고 있으며 소나무가 자연적으로 어떻게 변해 가는지를 알기 위한 연구목적으로 2035년까지 100년 이상 자연 상태로 유지할 천연림이다.

소나무 노령림

동산송은 이치노세키에서 약 30분 정도 차량으로 이동한 뒤 2대의 차가 간신히 지날 수 있는 산악도로를 거쳐야 도달할 수 있는데 입구가 좁은 도로변에 있어 이 숲을 찾아가는 것 자체가 어렵다. 우리나라의 임도보다 폭이 좁

은 길을 올라가다 보면 나무높이가 10m도 안 되는 작은 소나무들이 나타나지만 경사진 길을 조금만 더 지나가면 한 아름이 넘는 소나무들이 나타나기 시작하는데 이곳이 바로 임령 140년이 넘는 동산송이다.

소나무숲의 면적은 4ha가 채 안되지만 전 면적에 소나무 노령목이 자라고 있으며, 나이를 말해 주듯 한 아름이 훨씬 넘는 줄기의 소나무들이 높이 30m에 가깝게 자라고 있다. 자연 상태로 유지되고 있는 소나무들 사이에 활엽수들이 자라고 있고, 소나무 아래쪽으로도 활엽수들이 자라고 있어 붉은 소나무 줄기가 잘 보이지 않을 정도이다. 이렇게 소나무와 활엽수가 섞여서 자라는 곳을 지나면 소나무가 주로 자라는 곳이 나타나는데 이곳도 폭이 30~40m에 불과하다. 이렇게 숲의 모양이 다양하게 나타나는 것은 숲을 주기적으로 관리를 하지 않고 자연의 힘에 맡기기 때문에 입지조건에 따라 소나무가 많이 자라는 곳과 활엽수가 많이 자라는 곳으로 나누어졌기 때문이다.

이렇게 겉으로 큰 차이를 보이는 숲속을 들여다보면 쓰러져 있는 커다란 소나무가 눈에 띈다. 쓰러진 소나무 줄기는 이미 껍질도 벗겨지고 부후가 진행이 되고 있어 하얀 빛의 버섯들이 줄지어 자라고 있다. 소나무가 서 있던 자리에는 활엽수들이 자라고 있는데 참나무류가 그 자리를 대신 차지하고 있는 곳이 많다. 소나무 사이에 자라는 활엽수 중 참나무류는 소나무의 아래에 자라는 것도 있지만 소나무와 거의 같은 크기로 자라는 것도 있어 참나무의 나이가 소나무보다 어린 것을 고려하면 이곳에서의 참나무 생장력이 소나무 생장력보다 높다고 추측해 볼 수 있다. 또한 이곳의 참나무는 소나무 줄기처럼 곧게 자라고 있어 여러 수종이 함께 자라면 임목의 형질 향상을 기대할 수 있다. 소나무와 활엽수가 경쟁을 하며 자라는 곳의 숲은 울창하여 전체 공간이 초록색으로 차 있다.

소나무재선충의 피해

숲에 가끔 빈 공간이 나타나는데 이 공간은 자연적으로 생겨난 것이 아니다. 소나무재선충 피해목을 제거해서 생긴 것으로 이곳에 자라던 커다란 소나무

1. 동산송 표지판 | 2. 쓰러진 소나무 줄기에 자라는 버섯
3. 활엽수 대경목의 줄기와 수관 | 4. 소나무 노령목

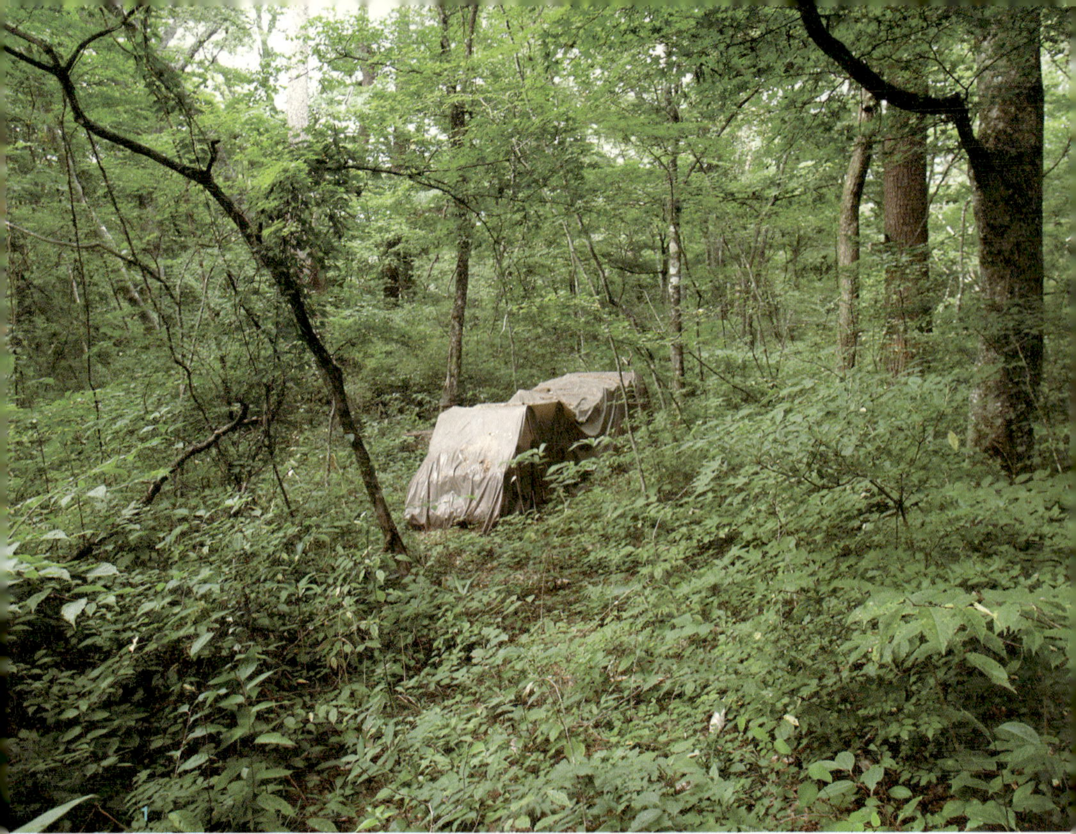

2

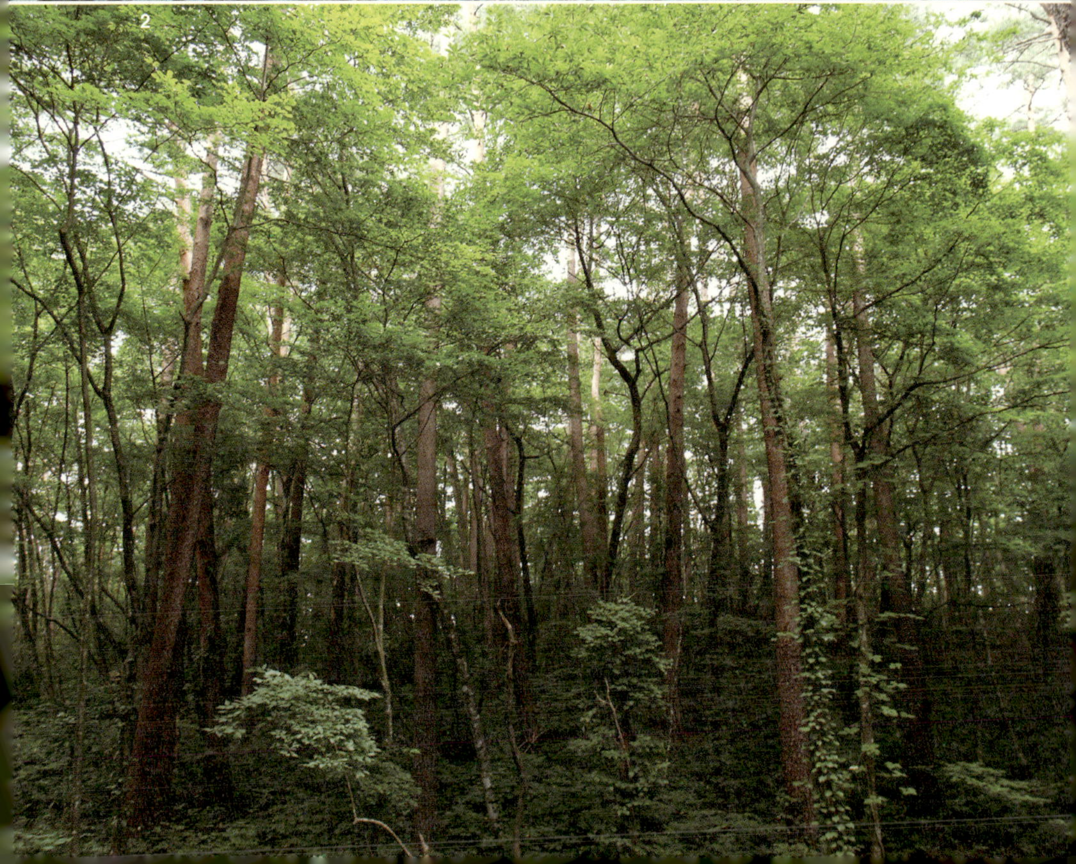

들을 베어낸 뒤 한데 쌓아서 비닐로 덮어 두었다. 140년생의 소나무숲이 소나무재선충에 의해 점점 사라져 가는 것을 보니 그 심각성이 피부에 와 닿는다.

동산송이 있는 곳으로부터 20분 거리에 있는 90년생 소나무숲은 우리나라 대관령 소나무숲을 연상하게 하는데, 주위에 젓가락을 세워놓은 것처럼 자라고 있는 삼나무숲과는 묘한 대조를 이루고 있다.

이 소나무숲 역시 국유림으로 솎아베기 연구를 위해 90년 전에 식재하여 조성한 인공림이지만 40년 전부터 다양한 솎아베기 방법을 연구하기 위한 시험지로 이용하고 있으며 면적은 5ha가 조금 넘는다. 임도변에 위치한 소나무숲은 지름 50cm 이상, 높이 30m에 이르며 줄기도 소나무 특유의 붉은색을 보이고 있다. 입구 부근의 소나무숲의 하층에는 활엽수들이 자라고 있어 숲속이 잘 보이지 않지만 산등성이로 올라가면 곧게 자란 소나무들이 한눈에 들어온다. 이곳의 소나무숲 역시 소나무재선충의 피해를 받아 여러 군데 벌채한 흔적이 있어 보는 사람의 마음을 착잡하게 만든다.

140년이 넘은 소나무 천연림 동산송은 70여 년 전인 1935년부터 소나무숲의 변화를 알기 위하여 100년 간의 연구계획을 세워 지금까지 진행하고 있다. 생태와 환경에 관한 연구의 시작단계에 있는 우리와 비교하면 대단한 일인 것 같다. 그리고 소나무숲 솎아베기에 관한 다양한 연구도 40년이 넘게 진행되었다는 것은 숲을 관리하고 유지하는 데 얼마나 긴 기간이 필요한지 보여주고 있다. 그러나 이와테현의 소나무숲은 소나무재선충 피해로 인하여 면적이 많이 줄어들었다. 아직까지는 위와 같은 소나무 노령림이 일부 남아 있어 다행이지만 피해가 계속 확산되고 있어 소나무의 앞날과 그 동안 진행되어 온 조사가 완성될 수 있을지 우려부터 앞선다.

1. 소나무재선충 피해지 | 2. 90년생 소나무숲

3. 지속가능한 산림경영의 역사
타자와호의 지바가가전림

지바가가전림 입구의 삼나무 중령림

Asia | Japan

아키타현(秋田縣)은 우리나라 동해와 마주 보고 있는 일본 동북부에 위치하고 있다. 이 지역에서 자라는 삼나무(Cryptomeria japonica)는 400년 전 도요토미 히데요시가 후시미성(伏見城)의 개보수용으로 이용하면서 유명해졌는데, 당시에 아키타 지역의 삼나무는 품질도 좋고 양도 많았다고 한다. 에도시대에는 통나무를 2조각과 4조각으로 쪼갠 반제품 상태로 해상을 통해 오사카, 교토 등지로 보내기도 할 정도였다. 이후 산림자원의 관리를 시작하였는데 아키타 좌죽번가(佐竹藩家)의 시부에 마사미츠(澁江政光)는 '나라의 보물은 산이며, 벌채할 때는 용도에 맞게 계획을 세워서 하며, 산을 잃는 것은 나라를 잃는 것과 같다.'며 산림의 중요성을 역설하였다. 이렇게 삼나무숲을 관리하여 지금에 이르게 되었는데 여러 유명한 곳 중의 하나가 타자와호(田澤湖) 지역의 삼나무숲이다. 타자와호는 수심 423m로 일본에서 가장 깊은 호수이다.

200년 된 삼나무숲

타자와호 주변에는 울창한 삼나무숲들이 들어차 있는데 이 중 지바가가전림(千葉家家傳林)은 임령이 200년에 가까운 나무들이 있는 울창한 숲이다. 이 숲으로 들어가는 입구에는 임령 60~70년생 삼나무들이 하늘을 찌를 듯 높게 자라고 있어 언뜻 보면 노령림으로 착각할 정도인데 나무높이는 30m에 가깝지만 굵기는 비교적 가늘고 나무들이 빽빽하게 자라고 있어 마치 나무

젓가락을 세워놓은 것처럼 보인다. 이 삼나무숲을 지나가면 나무의 크기가 완연히 다른 삼나무숲이 나타나는데 이 숲이 바로 지바가가전림이다. 지바가가전림은, 지바주조(千葉重藏)가 타자와촌의 산림관으로서 산을 관리하면서 채 20년이 안 되는 기간에(1809~1827년) 삼나무 묘목 20만 9,000여 본을 육성하고 분양하여 조림을 장려함으로써 임업진흥에 큰 공헌을 한 숲이다. 지바주조는 자신의 산에도 15ha 정도 조림을 하였으나 약 2.2ha의 숲만 남아 명맥을 잇고 있다.

숲 입구에서 보이는 삼나무는 수령이 200년이나 되지만 줄기가 곧게 자라고 있다. 나무들이 줄지어 서 있기 때문에 커 보이지는 않지만 실제로는 나무높이가 40m가 넘고 지름도 60cm 이상 되며 이 중 큰 나무는 높이가 50m 이상 되고 지름이 거의 1m나 된다. 이렇게 큰 삼나무의 줄기는 붉은빛을 띠고 있어 미국의 세쿼이아숲에 들어선 듯한데 호수 주변에 있어 습기가 많아서인지 숲바닥에는 초록빛 관목과 풀들이 깔아 놓은 것처럼 자리잡고 있다.

삼나무 줄기 아래쪽에는 이끼가 파랗게 자라고 있으며 붉은 줄기 위로는 진초록의 수관이 하늘을 가리고 있다. 중간 높이로 자라는 나무들이 없는 것은 200년 동안 숲을 관리하는 과정에서 인공적으로 제거했기 때문일거라 여겨지지만 한편으로 자연적으로 생길 수 있는 현상이라는 생각이 드는 것은 이 삼나무숲의 나이가 많아서일 것이다. 붉은 삼나무 줄기의 중간에 초록색이 있어 자세히 보니 조그마한 가지가 잎을 달고 자라고 있다. 이것은 줄기 속에 있던 잠아가 자극을 받아서 가지로 자란 것으로 우리나라 전나무와 낙엽송에서도 나타난다. 이렇게 줄기 중간에 가지가 많이 생기는 것을 막기 위해 나무들이 빽빽하게 자라게 한 것으로 여겨진다.

숲속으로 들어가면 커다란 삼나무 줄기 2개가 높이 자라고 있는데 어릴 적부터 2개가 같이 자란 것이 아니라 가까운 거리에서 자라다가 나무가 커짐에 따라 줄기 아랫부분이 만나 하나가 된 것처럼 보이는 것이다. 이런 모양의 나무는 오랜 기간에 걸쳐 자연만이 만들어 낼 수 있는 작품으로 우리나라에서는 '연리목'이라 하여 영원한 사랑의 표시로 간주한다. 하늘 높이 자란 나무를 바로 아래에서 보면 나무의 우듬지가 보이지 않는다. 시야를 가리

1. 밀생되어 자라는 200년생 삼나무숲 | 2. 삼나무 줄기에 난 잠아 가지

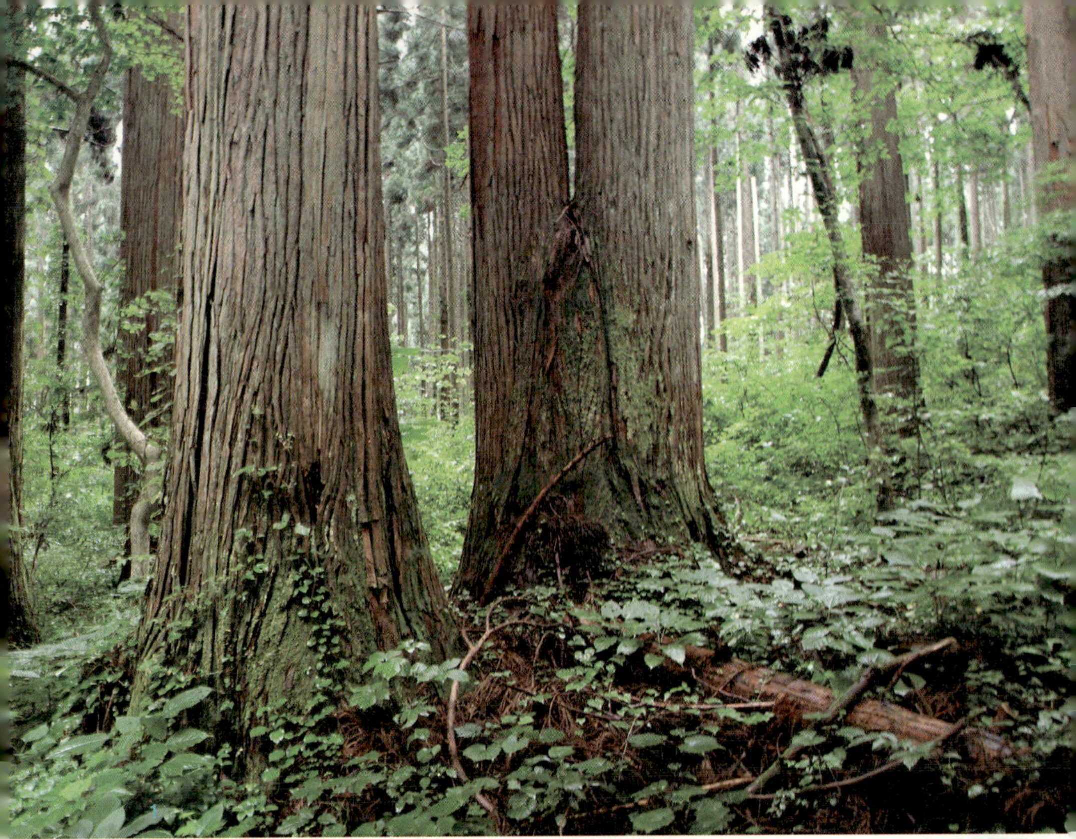

1

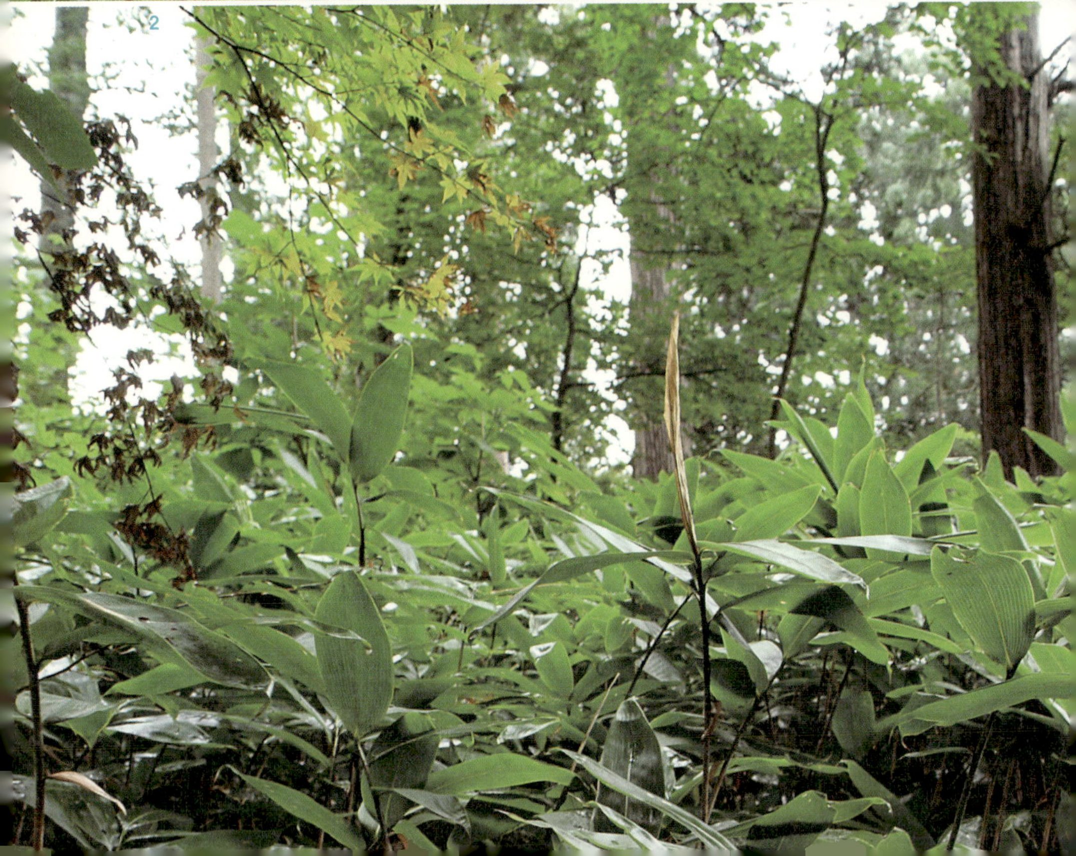

2

는 굵은 줄기와 두꺼운 나무껍질이 오랜 세월의 흔적을 몸소 보여주는 듯하다. 이런 삼나무들이 자라는 숲바닥을 자세히 들여다보면 여러 가지 식물들이 자라고 있는데 오가피, 애기나리처럼 생긴 식물도 보이고, 우리나라에도 많이 자라는 조릿대도 있어 이곳이 우리나라와 멀지 않음을 느낄 수 있다.

삼나무의 벌채와 관리

이렇게 울창한 삼나무숲을 지나다 보면 숲속의 일부 지역에 햇빛이 많이 드는 곳이 있다. 삼나무 그루터기와 잘려진 줄기들이 흩어져 있어 얼핏 바람의 피해를 입거나 자연적으로 고사한 나무를 정리한 것 같은 생각이 든다. 그러나 주위를 자세히 보면 그루터기가 여러 개 있고 기계톱으로 자른 흔적이 역력하다. 이것은 200년이 넘는 삼나무숲을 최근에 벌채한 흔적으로, 수확을 대면적으로 하지 않고 소면적으로 하여 숲의 형태가 심하게 변하지 않도록 하는 경영 방법인 것으로 보인다. 200년 전에 지바주조가 조림한 나무를 지금 그 후손이 이용하고 있는 것이다. 수확한 나무들의 주변은 어수선해 보이지만 지름이 1m가 넘는 검붉은색을 띤 삼나무 그루터기는 200년이라는 세월을 말해준다.

　수확한 후 시간이 흐른 숲의 모습은 황량해 보이는 것이 아니라 빈 공간을 남은 삼나무들이 서서히 채워 가고 있어 다시 나무를 심지 않아도 울창한 숲으로 되돌아 올 것이라는 확신을 줄 만큼 희망차 보였다. 이렇게 소면적이나 단목으로 수확한 후의 숲을 최근 주변에서 쉽게 찾아볼 수 있는 것은 수확을 무질서하게 하는 것이 아니라 삼나무의 크기와 구역을 고려하여 소면적을 계획적으로 구분해 실시하고 있기 때문이다. 이러한 계획적인 삼나무 노령림의 경영을 자랑하는 듯이 나무로 만든 입간판이 수확지에 세워져 있다.

　아키타 삼나무숲은 400년 전부터 철저히 관리가 이루어져 왔으나, 200년 전에 식재하여 이루어진 숲도 일부가 남아 있는 것으로 보아 현재까지도 지속적으로 숲 관리가 이루어지고 있는 듯하다. 특히 단순히 숲을 보전하고 있는 것이 아니라 수확벌채를 하는 장벌기 경영림은 숲에 대한 인식의 장기적 관점을 단적으로 보여주는 것이라 하겠다. 인공조림을 많이 실시한 우리

1. 두 줄기가 붙어 자라고 있는 삼나무 | 2. 하층의 조릿대

나라는 조림 역사가 길지 않기 때문에 100년이 넘는 인공림이 드물고 아직은 40년생 내외의 숲이 많지만 미래에 지바가가전림처럼 200년 동안 꾸준히 관리되는 숲이 나오기를 기대해 본다.

1. 수확을 한 삼나무숲 | 2. 200년생 삼나무 그루터기

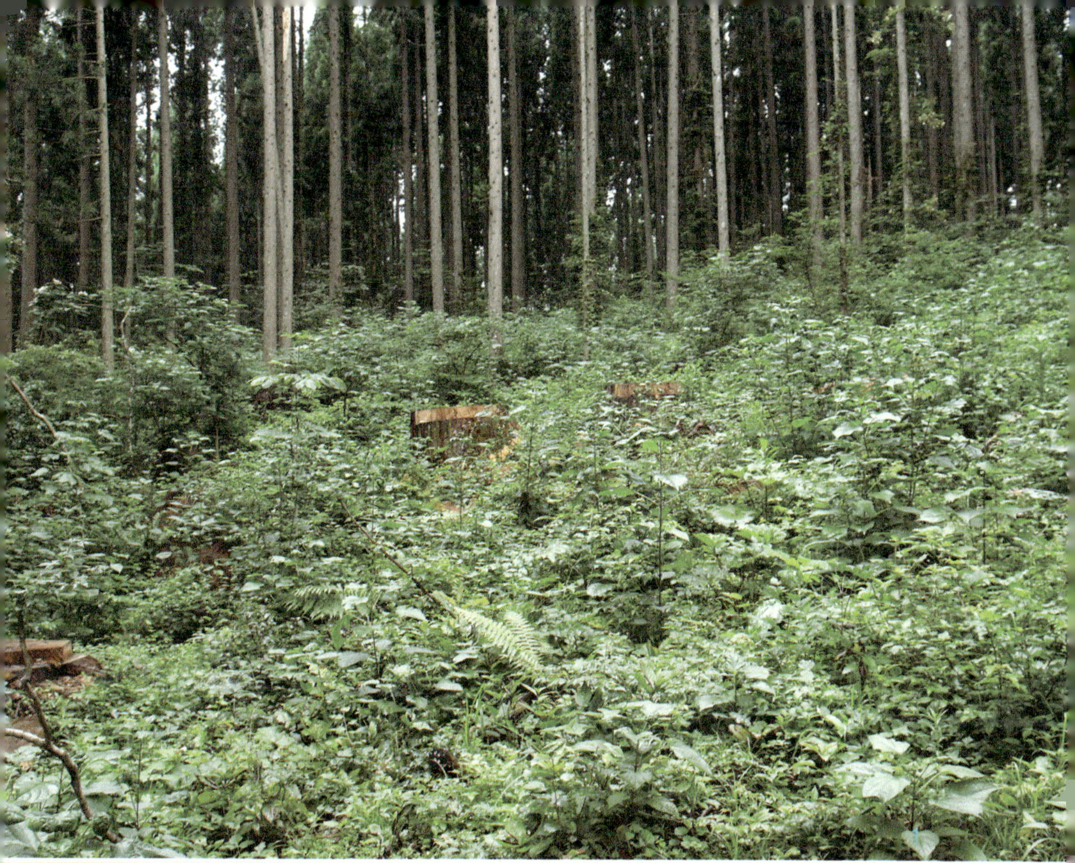

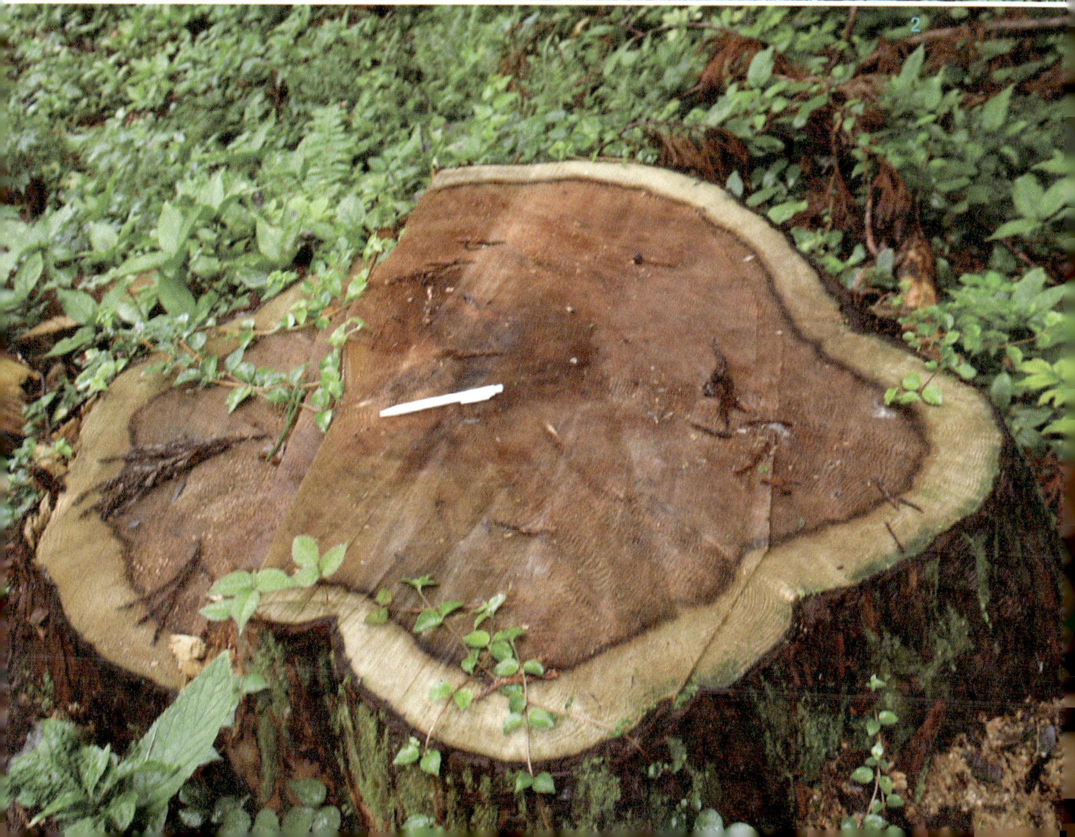

4. 후손에게 물려줄 선조들의 발자취
노시로의 해안림

노시로 해안림

Asia | Japan

일본 동북부의 노시로(熊代)는 아키타현(秋田縣)의 해안 도시로 주위에 곰솔로 이루어진 숲이 많다. 특히 바닷가에는 방풍·방조를 위한 해안림이 많이 조성되어 있는데 이 중 해안을 따라 길이 14km에 이르고 700만 그루 이상 되는 '바람의 솔숲(風の 松原)'이 유명하다. 규모로는 일본의 5대 솔숲 중 하나이고 일본 백사청송(白砂靑松) 100선에 꼽힐 정도로 그 규모와 아름다움이 뛰어나다. 바람의솔숲은 면적이 760ha로 에도시대에 바람과 모래를 막기 위해 조성한 곰솔숲이다.

해안림의 중요성

해안방풍림인 바람의솔숲은 멀리서 보면 바닷가에 진초록 물감을 칠해 놓은 것같이 보일 정도로 곰솔이 해안을 빽빽하게 둘러싸고, 안쪽으로는 곰솔이 층을 이루며 자라고 있어 곰솔로 장막을 겹겹이 친 듯하다. 숲속으로 들어가는 입구에는 주민들이 쉴 수 있도록 간이시설이 갖추어져 있는 반면 숲속에는 편의시설이 없고 산책로만 설치되어 있다. 입구의 안내판에 '선인의 발자취(先人の 足跡)'라고 적혀 있는 것을 보면 이 숲이 자연적으로 이루어진 것이 아니라 선대에서 만들었고 후손들에게 물려주어야 할 숲이라는 것을 암시하는 듯하다.

주위의 곰솔을 둘러보면 굵기가 한 아름 이상 되고 나이도 200년 정도는

되어 보인다. 숲바닥은 깨끗하게 정리가 되어 있어 나무 모양을 한눈에 알아볼 수가 있다. 정리가 안 된 숲바닥에는 활엽수들이 자라고 있어 커다란 곰솔의 모양과 나무껍질을 제대로 알아볼 수가 없을 정도이다. 이렇게 정리를 한 것은 숲의 모양을 보여주기 위해서인 듯하다.

수피가 어두운 색이 나는 곰솔로 이루어진 숲이라서 그런지 입구에서부터 숲이 무겁게 느껴진다. 대부분의 곰솔은 나무높이가 20m가 넘고 굵기도 거의 한 아름에 가까워 숲의 나이를 짐작하게 한다. 곰솔의 나이는 150년 정도로 에도시대에 심었던 나무가 그대로 남아 있는 것이 아니라 후세대들이 자라고 있는 것이다. 곰솔 사이로 난 산책로는 2~3명 정도가 지나다닐 정도로 폭이 좁아 숲의 정취를 더욱 가까이 느낄 수 있다. 보통 나무들은 위로 곧게 자라는데 이곳의 곰솔은 기울어져 자라는 것이 많다. 무리를 지어 자라는 나무들이 한쪽으로 기울어져 있는 것을 보면 바닷바람에 의해 한 방향으로 기울어져 자랄 수밖에 없었으리라는 것을 짐작할 수 있다. 나무들이 이렇게 자랄 정도로 바람이 많이 부는 곳에 바닷바람을 막아줄 곰솔숲이 없었다면 어땠을까 하는 상상을 하면 방풍해안림 즉 숲의 중요성이 다시금 대단해 보인다.

바깥에서 보았을 때는 곰솔이 빽빽하게 서 있는 것처럼 보였지만 어떤 곳은 곰솔의 수가 적어서 활엽수가 무성한 곳도 나타나고, 일부는 소면적으로 삼나무를 심은 곳도 있다. 곰솔로만 이루어진 숲처럼 보이지만 실제로는 크고 작은 다양한 나무들이 같이 자라고 있다. 산책로를 더 따라가면 시험지를 알리는 안내판이 나타난다. 일반적으로 시험지는 사람의 왕래가 많은 곳에는 설치하지 않는데 이곳의 숲가꾸기 시험지는 바람의솔숲을 관리하기 위하여 특별히 설치된 곳으로, 400~500년 전에 인위적으로 조성된 곰솔숲을 지속적으로 유지하는 것이 간단하지 않다는 것을 말해 주는 것 같다.

곰솔에도 소나무재선충

일본에서 손꼽히는 곰솔숲에서 멀지 않은 곳에 있는 곰솔 해안림은 소나무재선충의 피해로 이와는 다른 모습이다. 이곳의 곰솔은 높이가 10m 내외이

1. 층층으로 보이는 곰솔 해안림 | 2. '선인의 발자취'라고 적힌 안내판
3. 숲바닥이 정리된 곰솔 노령림 | 4. 기울어 자라는 곰솔

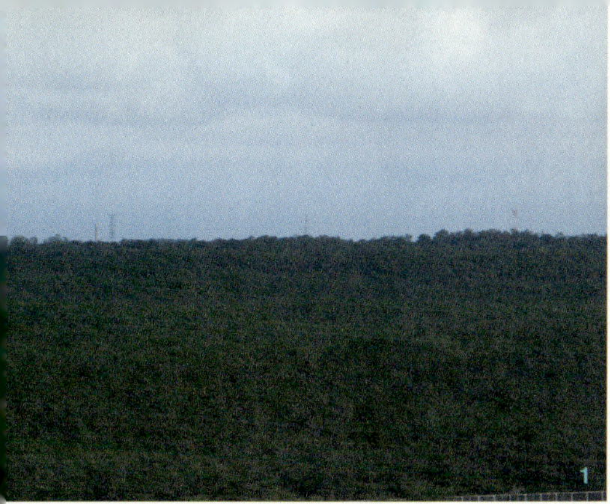
1

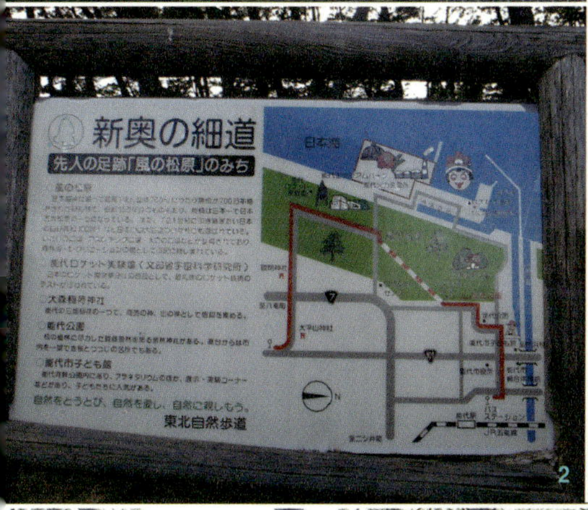

2

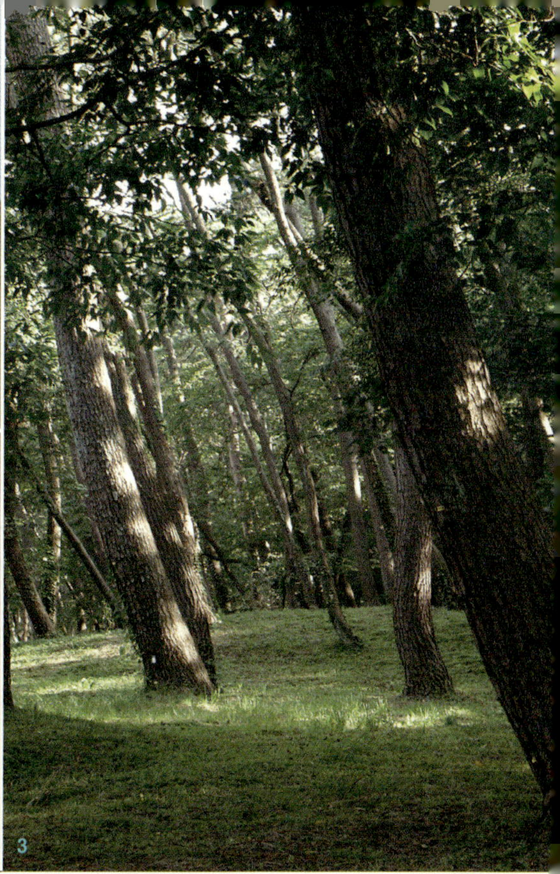
3

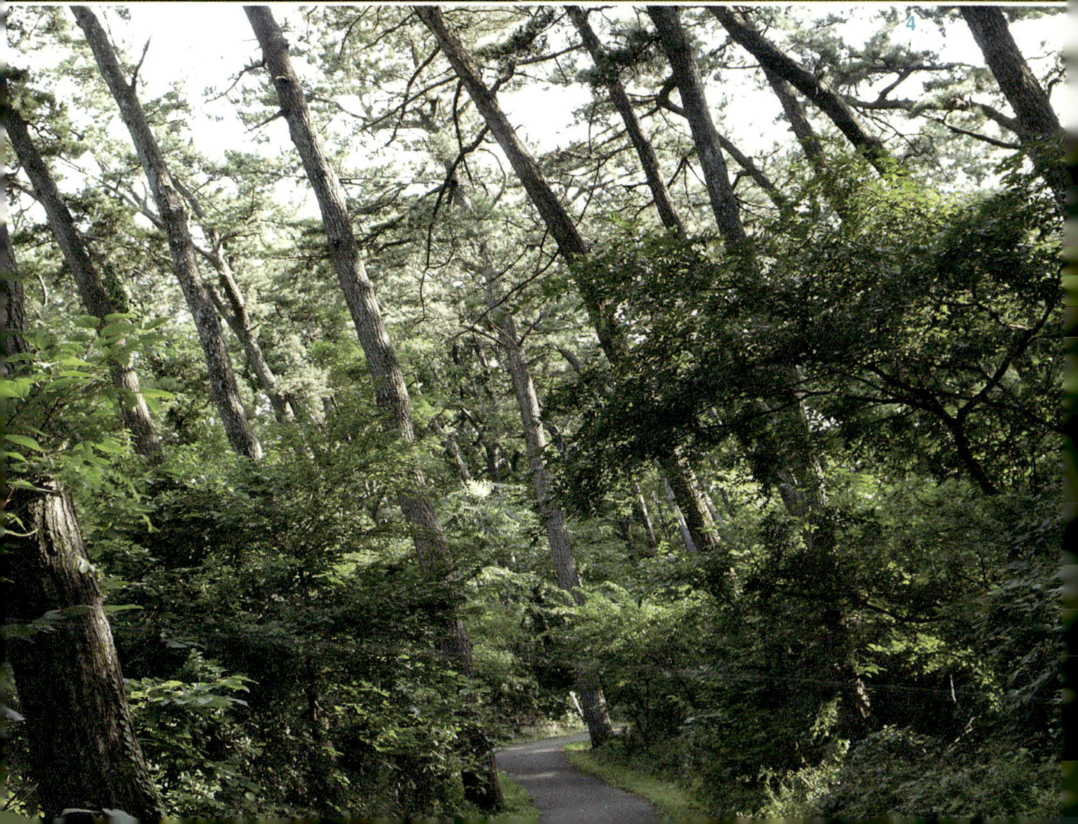
4

지만 재선충의 피해를 입어 면적 단위로 고사하는 바람에 숲의 형태를 잃어버리고 말았다. 잎을 모두 떨어뜨리고 앙상한 가지만을 드러내고 있는 곰솔을 보면 재선충의 피해가 얼마나 심각한지를 알 수 있다. 재선충 피해지로 들어가면 길 좌우의 곰솔들은 대부분 죽은 채 서 있고 수피도 벗겨져 있어 마치 산불이 난 후 몇 년 동안 방치한 숲처럼 보인다. 나무에서는 초록빛을 찾아보기가 힘들고 숲바닥에서만 겨우 관목과 풀이 자라고 있다.

이 숲에 곰솔이 없는 것처럼 보이지만 관목과 풀들 사이에 짙은 초록색을 띤 높이 30~40cm 정도 되는 곰솔 어린나무가 자라고 있다. 재선충을 옮기는 솔수염하늘소가 2cm 이하의 가는 나무에는 피해를 주지 않아서 곰솔 어린나무들이 생명을 유지하고 있는 것이다. 곰솔의 질긴 생명력과 자연 섭리의 오묘함이 새삼 경이롭기까지 하다. 이 곰솔숲은 피해가 심하여 거의 포기한 상태이지만 이곳을 다시 숲으로 만들기 위한 연구가 현재 진행 중이다.

바람의솔숲을 비롯한 노시로의 해안림은 방풍·방조림으로 400~500년 전에 조성하여 지금까지 유지하면서 휴양 및 산림요법을 위한 숲으로 이용하고 있다. 선조들이 만든 숲을 유지·관리하기 위해 시험지를 만들 정도로 현장에 맞는 장기적인 관리방안을 모색하는 것은, 숲이 단기간에 이루어지지도 않지만 관리방안도 단기간에 이루어지기 힘들다는 것을 보여준다. 또 보안림의 성격이 강한 해안림을 방치하지 않고 지속적으로 관리, 즉 숲가꾸기를 실시하여 150년생 곰솔숲을 유지하고 있다는 것은 우리나라 보안림 관리에 시사하는 바가 크다. 바람의솔숲과는 달리 재선충 피해를 받은 숲은 보는 사람의 가슴을 아프게 한다. 하지만 이곳처럼 피해가 심각하고 멀지 않은 곳에 바람의 솔숲이 있음에도 불구하고 죽은 나무들을 모두 제거하지 않고 그 자리에 두고 이에 대한 방안을 강구하는 것은 왜일까 하는 의문이 든다.

1. 곰솔 시험지 | 2. 고사된 곰솔

5. 일본 산림경영 발전의 산실
도쿄대학 연습림

지바연습림 내 삼나무 품종 전시림

Asia | Japan

도쿄대학(東京大學)에는 지바연습림, 후라노연습림, 지치부연습림 등 5개의 연습림이 있다. 오랜 역사를 자랑하는 도쿄대학의 연습림은 산림에 관한 연구와 시험이 이루어지고 있는 곳으로 연습림에서 이루어지는 다양한 시도가 일본 산림경영의 발전을 이끌고 있다.

지바연습림의 삼나무숲

지바(千葉)연습림은 1894년에 지정된 가장 오래된 연습림이다. 도쿄에서 남동쪽으로 약 100km 떨어진 곳에 있으며 면적 2,170ha, 해발 50~370m에 자리 잡고 있다. 지바연습림은 전나무(*Abies firma*), 솔송나무(*Tsuga sieboldii*), 소나무(*Pinus densiflora*) 등으로 이루어진 천연침엽수림, 참나무(*Quercus spp*), 느티나무-단풍나무(*Zelkova-Acer*) 등이 주를 이루는 천연활엽수림, 삼나무(*Cryptomeria japonica*), 편백(*Chamaecyparis obtusa*) 등으로 구성된 인공림으로 이루어져 있다.

    삼나무숲은 다양한 형태로 나타나는데 이 중 먼저 눈에 띄는 것이 1859년에 조림된 임령 150년이 넘는 삼나무 노령림이다. 지름이 50cm 이상인 것이 대부분이고 일부는 70cm가 넘으며, 나무높이도 30m 이상 되는 것이 많지만 나무가 듬성듬성 서 있어서 크게 보이지 않는다. 삼나무 아래에는 수하식재된 편백이 자라고 있으나 아직 크기가 작다.

    삼나무 노령림에 이어 2층으로 보이는 삼나무숲이 나타나는데 상층은 나무높이가 20m가 넘는 반면에 하층은 7~8m 정도로 층간 차이가 있다. 이 숲은 삼나무 이단림(二段林)으로 상층목의 지름도 30cm 이상 되어 임목축적이 500m³/ha 이상 되는, 축적이 대단히 높은 숲을 이루고 있다. 삼나무는 내음성이 강한 수종으로 큰 나무 아래에 조림을 해도 잘 견디는 특성이 있다. 이러한 특성을 이용하여 삼나무숲을 이단림으로 조성을 하는데 상층에 솎아베기를 실시한 후 삼나무를 식재하여 상층과 하층으로 된 이층림을 만든 것이다. 삼나무는 잠아가 잘 발생하는 나무이지만 이렇게 심으면 잠아가 발생하지 않는 장점이 있다.

지바연습림이 자랑하는 삼나무숲은 나무높이가 40m에 달하는 우량 숲으로 안에 들어서면 마치 원시림에 들어온 것 같은 착각을 일으킬 정도이다. 지름이 50cm가 넘지만 나무높이가 40m 이상 되는 것이 많기 때문에 멀리서 보면 마치 나무젓가락을 촘촘히 세워 놓은 것처럼 보인다. 이 삼나무숲은 1905년에 7.2ha를 조림하여 조성한 인공림이며 주기적으로 솎아베기를 실시한다.

후라노연습림의 택벌림

홋카이도 중앙부에 후라노(富良野)연습림이 있다. 1899년 연습림으로 지정된 후라노연습림은 지바연습림에 이어 두번째로 오래되었지만 면적은 가장 넓다. 해발 190~1,460m에 자리 잡고 있는 후라노연습림의 주요수종은 전나무(Abies sachalinensis)이고, 부수종으로는 가문비나무(Picea jezoensis), 참나무(Quercus crispula), 음나무(Kalopanax pictus), 넓은잎자작나무(Betula maximowicziana), 들메나무(Fraxinus mandshurica), 자작나무(Betula platyphylla var. japonica) 등이 있으며, 인공림에는 주로 전나무, 가문비나무가 조림되어 있다.

시내에서 5분 정도 차로 가야 할 거리에 연습림 수목원이 있는데 양묘장과 지역별 수목을 식재하여 보존하는 장소로 묘포에는 전나무, 가문비나무 묘목들이 있다. 숲 사이로 난 길을 따라가다 보면 붉은색 줄기를 가진 굵기가 한 아름에 달하는 소나무들이 서 있다. 우리나라 금강송과 흡사한 이 소

1. 지바연습림 관리소 | 2. 삼나무 이단림
3. 이단림 줄기 | 4. 150년생 삼나무와 수하 식재목

나무는 독일에서 자라는 구주소나무(Pinus sylvetris)이다. 길 아래쪽에 자라는 소나무는 줄기도 곧지 않고 수관도 한쪽으로 자라서 다른 종류처럼 보이는데 남부 유럽산 구주소나무이어서 형질이 다르게 나타난다.

수목원을 지나 연습림에 들어서면 과거 산불 피해지를 자연 그대로 방치하여 이루어진 활엽수림이 나타나는데 숲바닥에 조릿대가 키 높이까지 빽빽하게 자라고 있어 그 위에 자라는 활엽수들의 모습이 초록색 띠를 위아래에 매달아 놓은 것처럼 보인다. 이 숲을 구성하는 활엽수는 산불 후에 자라는 선구수종인 넓은잎자작나무로 나무높이가 거의 30m에 달하고 굵기도 한 아름이 넘는데 우리나라에서는 자라지 않는 수종이다.

넓은잎자작나무숲에서 멀지 않은 거리에 자작나무, 물참나무들로 구성된 활엽수림이 나타나는데 대경목보다는 중간 크기의 활엽수가 많고 빈 공간도 있다. 이 빈 공간 역시 조릿대로 덮여 숲 전체가 초록색으로 도배를 한 것처럼 보인다. 외형적으로는 자연적인 숲처럼 보이지만 숲속으로 들어가 빈 공간의 바닥을 자세히 보면 그루터기 주위로 어린나무와 중경목이 자라고 있어 택벌림이라는 것을 알 수 있다. 벌채가 된 나무의 그루터기에 인식표를 달아서 그루터기도 관리를 하고 있다.

전나무 · 활엽수 택벌림도 있는데 이 숲 역시 숲 밖에서 보면 나무높이가 30m가 넘고 굵기도 한 아름 이상 되는 전나무와 넓은잎자작나무, 물참나무가 자연스럽게 상층에 자라고 그 주위로는 중간 크기의 나무가 자라고 있어 천연림처럼 보인다. 하지만 자세히 들여다보면 커다란 전나무 그루터기가 있고 그 주위에 어린 전나무가 자라고 있는 것이 보인다.

지치부연습림의 삼나무숲

지치부(秩父)연습림은 1916년에 오타키촌의 사유림을 구입하여 조성한 연습림으로 역사가 90년이 넘는다. 도쿄에서 북서쪽에 위치하고 있으며 면적은 5,817ha로, 해발 530~1,650m의 산악지대에 자리 잡고 있다. 지치부연습림 내 인공림은 전체 면적의 13%로 삼나무, 편백 등이 주를 이루며 활엽수로 이루어진 2차림이 53%, 택벌작업이 일부 이루어진 천연림이 나머

1. 후라노연습림 표지판 | 2. 인식표가 달려 있는 활엽수 그루터기
3. 넓은잎자작나무숲 | 4. 구주소나무숲

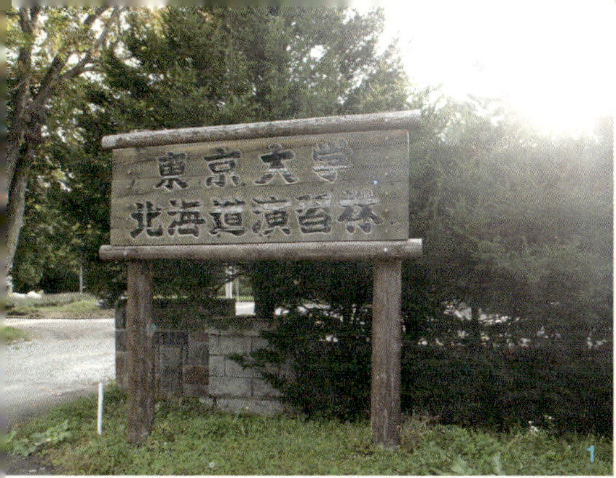

1

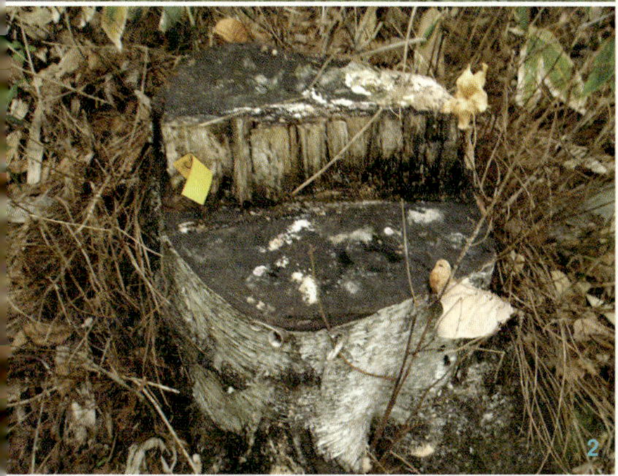
2

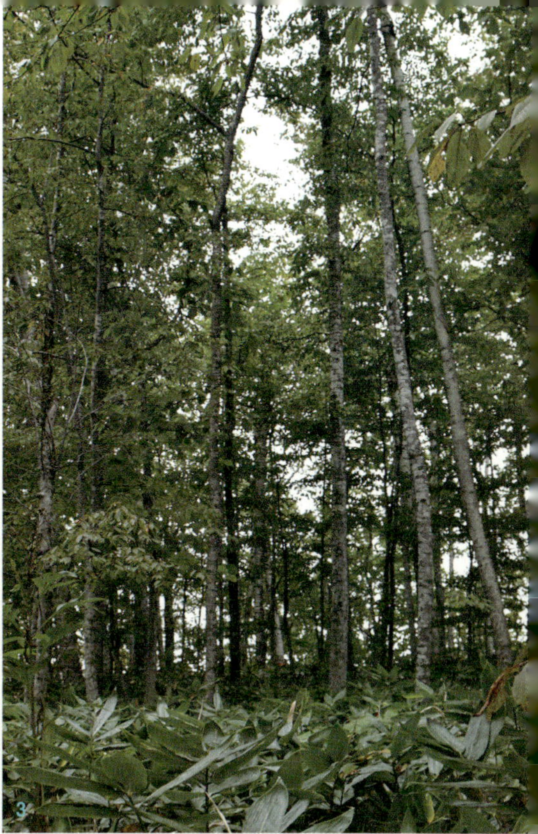
3

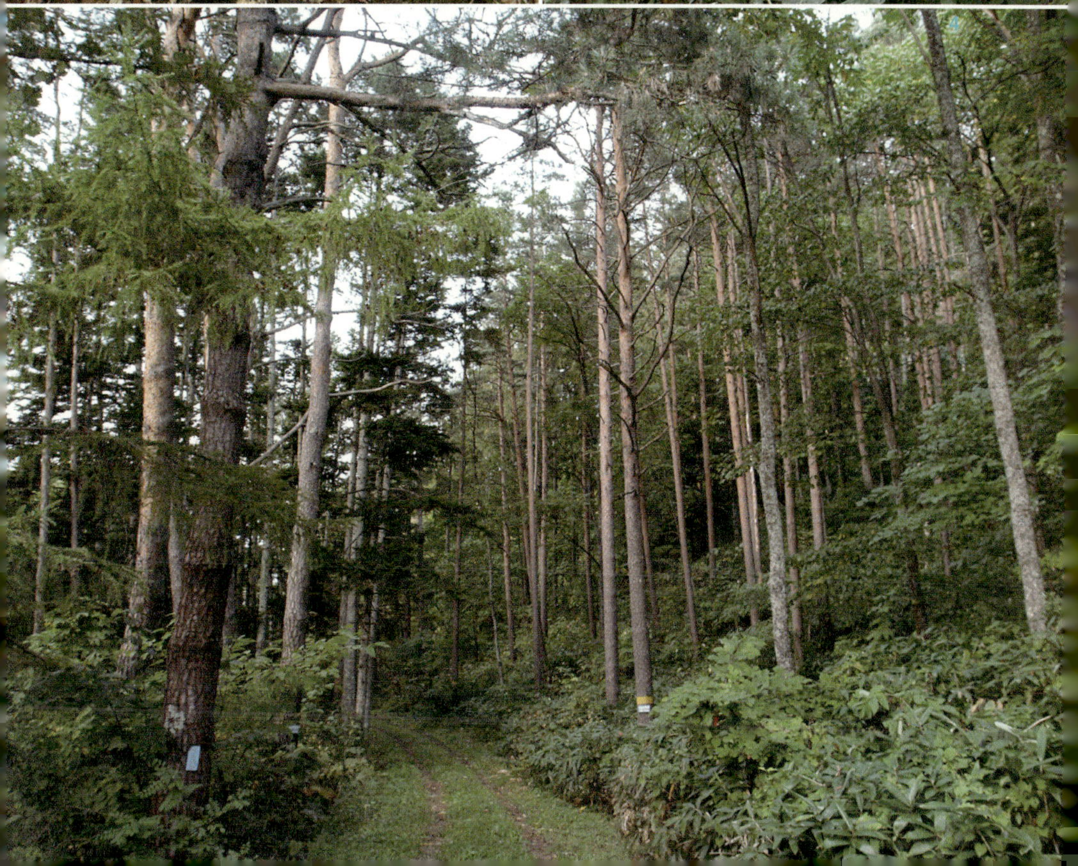
4

지를 차지하고 있다.

지치부시에서 연습림으로 가는 길에 삼나무숲이 많이 나타난다. 특히 산마루에 있는 대룡(大龍) 전망대에서 건너편 산을 보면 산 사면의 반 이상은 짙푸른 삼나무가 차지하고 있고 이외의 부분은 활엽수림으로 이루어져 있다. 계곡에서도 입지조건이 좋은 곳은 삼나무가 심겨져 있고 경사가 심한 곳은 활엽수림이 남아 있다.

연습림으로 들어서도 삼나무숲이 많이 보이는데 삼나무숲 사이로 난 임도를 가다 보면 느티나무숲이 나타난다. 이 느티나무숲은 인공림으로 산기슭에 자리를 잡고 있다. 나무높이는 20m가 조금 넘고 지름도 30~40cm 정도이지만 회색빛 줄기의 느티나무숲을 산속에서 보는 것은 대단히 드물기 때문에 눈에 띄는 것이 당연하다. 임령이 100년 정도 된 이 느티나무숲에서는 다양한 연구가 진행되고 있다. 노령림으로 생장조사가 이루어지는 곳이 있는가 하면 일부는 복층림을 조성하기 위해 하층에 편백과 같은 침엽수를 다양한 밀도로 조림한 곳도 있다.

연습림에서 가장 눈에 띄는 것은 삼나무숲으로, 단순한 삼나무 단층림이 아닌 복층림 조성지여서 삼나무의 특성을 잘 보여 주고 있다. 상층부의 삼나무는 가지가 없고 곧게 자라서 마치 대리석 기둥이 서 있는 듯하다. 나무높이가 30m에 가깝고 지름도 50cm 정도의 대경목으로 마치 하층의 어린 삼나무를 보호하고 있는 것처럼 보인다. 이러한 복층림 조성지를 멀리서 보면 상층과 하층에 푸른 띠를 보이고 있어 2개의 푸른 띠를 두른 숲으로 보인다.

단층림으로 이루어진 삼나무 노령림으로 들어서면 전형적인 삼나무숲의 특성을 보여준다. 임령 100년이 넘고 나무높이는 30m, 지름은 50cm가 넘으며 축적 역시 500m^3/ha가 넘지만 임관층이 울폐되어 지표부에는 푸른색을 찾아보기 힘들 정도이다.

도쿄대학의 연습림은 연구를 위하여 100년 가까이 시험림으로 관리되어 온 숲이다. 이렇게 산림관리를 위해서는 100년이 넘는 긴 시간과 노력이 필요하다는 것과 대면적이 기본이라는 것이 도쿄대학의 연습림이 보여주는 교훈이다.

1. 대룡 전망대 전경 | 2. 지치부연습림 관리소
3. 느티나무 복층림 시험지 | 4. 삼나무 복층림

6. 숲의 다양한 혜택을 고스란히
조잔케이의 경관숲

조잔케이의 숲

Asia | Japan

홋카이도 (北海道)의 산림은 554만 ha로 이 중 국유림이 55%인 307만 ha를 차지하고 있다. 국유림은 국토보존 등 수원함양을 목표로 한 수토보존림이 70%인 214만 ha, 자연유지 및 산림공간이용을 목표로 하는 공생림이 25%로 76만 4,000ha, 공익기능을 고려한 지속가능한 목재생산을 하는 자원순환 이용림은 5%로 16만 5,000ha이다.

홋카이도 국유림의 92%가 보안림으로 산림정비와 치산시설의 설치를 통하여, 지역주민의 안전과 환경을 보호하고 있다. 그 종류에는 수원함양보안림, 토사방비보안림, 비사방비보안림, 방풍보안림, 낙석방지보안림, 어부림, 보건보안림, 풍치보안림이 있으며, 그 중 수원함양보안림이 72%, 토사유출방비보안림이 16%, 보건보안림이 6%를 차지하고 있어 수원함양림의 중요성을 보여주고 있다.

홋카이도에서는 자연환경 보존 등을 배려해, 지속적이고 계획적으로 목재를 공급하고, 새로운 삼림·임업기본계획 측면에서 침·활혼효림, 벌기령 장기화로 추진하는 백 년 뒤의 산림을 만들고 있으며, 임도와 고성능 입업기계를 사용하여 고효율적 작업 시스템을 정비하고 있다.

숲의 수원함양기능, 풍치보안기능 그리고 목재생산기능 등을 고려한 체계적인 숲 관리를 보여주고 있는 곳이 조잔케이(定山溪)의 숲이다. '삿포로의 안방'으로 불리는 조잔케이는 삿포로(札幌)의 남서부 도요히라강(豊平川) 상류에 위치하며 산과 계곡으로 둘러싸인 온천마을로, 승려였던 미즈미 조잔

(美泉定山)이 온천을 발견하고 개발해서 그의 이름이 붙여졌다.

이 지역은 계곡을 따라 조성된 산책길과 삿포로 국제스키장 등 부근의 관광시설이 잘 갖추어져 있을 뿐만 아니라 나카야마고개(中山峠) 너머 도야 호수로 이어지는 관광코스의 중계지점이기도 해 사계절 내내 관광객이 붐비는 곳이다.

조잔케이 지역의 국유림 면적은 5만 2,000여 ha로, 조잔케이는 180만 삿포로 시민을 위한 상수원보호구역인 동시에 레크리에이션 기능림으로 15년간 천연 상태로 보존되어 왔다. 현재는 대부분 국립공원으로 지정하여 경관숲으로 보존하고 있다.

어자원 보호림

조잔케이 온천지역을 지나 숲속으로 들어가면 수변부 숲은 자연 상태에 가까우나 계곡 바닥은 수중보 등 인공적인 시설이 설치되어 있다. 수자원 함양뿐만이 아니라 어자원 보호를 위해 물고기들이 유입될 수 있도록 어로(漁路)를 만들어 놓기도 했다. 이곳은 보호림으로 지정되어 있으며 해발 850m, 면적이 13.7ha로 넓지는 않지만 숲이 어자원 유지·증진을 위해 이바지한다는 것을 보여주고 있다.

수변에는 버드나무류들이 주로 자라고 있지만 경사면 위로 조금만 올라가면 전나무(*Abies sachalinensis*), 가문비나무(*Picea glehnii*), 물참나무(*Quercus crispula*), 고로쇠나무(*Acer mono*), 단풍나무(*Acer palmatum*) 들이 다양한 크기로 자라고 있는데 큰 나무는 높이가 30m에 이른다. 이 중 가장 크게 자라는 나무는 전나무와 가문비나무로 여러 그루가 모여서 자라거나 한 그루씩 자라고 있는데 나이가 100년 이상 되는 것이 대부분이고, 그 사이로는 물참나무, 단풍나무 등의 활엽수가 자라고 있다. 특히 가을 단풍이 물들 때는 짙은 녹색에 빨강과 노랑으로 물든 활엽수 잎이 무척 화려하다.

어자원 보호림을 지나 하류 쪽으로 내려오면 임도가 계곡 옆으로 마치 오솔길처럼 나 있는데 중간에 자작나무 순림이 보인다. 이곳은 50년 전 철도 부지로 이용되다가 철도가 제거된 후 자작나무가 천연적으로 생긴 숲이

1. 조잔케이 전경 | 2. 보호림 계곡 바닥과 수중보

다. 자작나무들이 크지는 않지만 빽빽이 자라고 있고 하층에는 조릿대(Sasa borealis)가 자라고 있어 초록 바탕에 하얀 줄을 그려 놓은 것처럼 보인다.

다양한 숲의 모습

하류로 내려갈수록 계곡의 경사가 급해지고 거의 절벽 아래로 물이 흐르고 있어 계곡부의 침식이 심해 보이지만 암반지대가 많아서인지 별도의 시설은 보이지 않는다. 계곡 뒤로 보이는 숲은 전나무, 가문비나무, 물참나무, 단풍나무들이 서로 어울려 자라는 혼효림으로, 보는 방향에 따라 숲의 모양이 다르게 보인다.

특히 침엽수인 전나무와 가문비나무가 그 수는 적지만 활엽수들 사이로 원추형 수관을 보이고 그 주위로 물참나무, 단풍나무들이 둥근 수관으로 자리를 잡고 있어 마치 원과 삼각형을 가지고 그려 놓은 듯이 보인다. 특히 단풍철에는 산 전체가 산수화를 그려 놓은 듯 아름다워 경관림으로서의 가치도 높아 보인다.

이 숲은 사람의 손이 안 탄 원시림처럼 보일 정도로 숲의 모양이 다양하지만 수원함양림으로 관리를 하고 있는 곳이다. 바깥에서 볼 때에 인공적으로 숲을 관리한 흔적이 보이지 않게 관리를 하는 이유는 이 지역이 국립공원 지역이자 경관림이기 때문인 것으로 여겨진다.

수원함양림의 속을 들어가 보면 나무들 사이에 그루터기가 보이는데 이 그루터기는 자연적으로 고사된 나무를 벌채하여 생긴 것이 아니라 택벌 작업으로 수확을 한 것이다. 수원함양림과 경관림에서는 개벌이나 대상벌 등으로 수확을 하면 큰 공간에 나지가 생겨 그 기능이 저하되므로 단목택벌에 의한 수확을 하고 숲가꾸기를 실시하고 있다.

특히 대경목을 수확한 자리에 별도의 조림을 실시하지 않고 천연갱신을 유도하고 있어 그 지역의 수종들로 다시 숲이 만들어지고 있다. 이런 작업이 가능한 것은 전나무와 가문비나무가 내음성이 강하고, 단목으로 대경목을 수확한 자리에 천연치수가 자랄 수 있는 비교적 큰 공간이 생기기 때문이다.

1. 수변부의 혼효림 | 2. 조릿대와 자작나무 숲 | 3. 수원함양림 계곡부

1

2

보이지 않는 길

해발 1,000m에 가까운 나카야마고개로 올라가면 조잔케이숲의 전경이 보이고, 침엽수와 활엽수가 어우러진 울창한 숲이 끝없이 이어지는데 숲속에 난 임도는 보이질 않는다. 이 지역은 국립공원으로 지정되기 이전부터 경관이 뛰어나 많은 사람들이 찾았기 때문에 가능하면 도로나 전망대에서 임도가 보이지 않게 설계하여 만들었다. 또한 초기에는 임도가 보였더라도 숲이 울창해지면서 임도가 가려지고 택벌에 의한 수확을 하였기 때문에 숲이 유지되어 임도나 벌채지가 보이지 않는 것으로 여겨진다.

나카야마고개 위는 고도가 높고 바람이 많이 불어서인지 다른 활엽수들은 보이질 않고 자작나무(*Betula platyphylla* var. *japonica*)만 힘들게 자라고 있다. 나무가 곧바로 자라지 못하고 좌우로 줄기가 휘면서 자라 나이를 추측하기가 힘들 정도이다. 고개에서 조금만 내려가도 다시 침엽수와 활엽수들이 함께 자라고 있는 것을 보면 나카야마고개 지역의 나무가 자랄 수 있는 조건이 얼마나 열악한지를 짐작할 수 있다. 그러나 조잔케이를 내려다보는 풍경은 경관림의 정수를 보는 것 같다.

조잔케이 경관숲은 많은 사람들이 찾는, 경관이 뛰어난 숲이지만 삿포로 시민의 식수공급을 위한 수원함양림의 기능을 함께하고 있는 다기능의 숲이다. 이러한 숲을 방치하는 것이 아니라 숲 관리를 위한 임도를 만들고, 택벌작업을 통한 벌채를 하여 목재생산도 하고 있다. 특히 경관기능을 높이기 위하여 도로변에서 임도가 보이지 않게 설계를 한 것은 숲 관리의 묘미를 보여주는 것 같다.

1. 택벌작업을 한 숲 | 2. 조잔케이의 울창한 숲

7. 스스로 회복하는 강인한 생명력
토카치다케의 천연림

토카치다케의 숲

Asia | Japan

홋카이도의 면적은 730만 ha로 우리나라 면적의 70% 정도 크기이다. 이 중 산림은 80%인 554만 ha로 일본 전체 산림면적의 22%를 차지하고 있어 일본에서 가장 산림이 많은 지역이다. 또한 목재수확량도 2005년도 기준 400만 m^3로 우리나라 총수확량보다 많고 임목축적도 125m^3/ha로 우리나라보다 높은 편이다. 홋카이도의 주요 자생수종으로 침엽수는 전나무(*Abies sachalinensis*), 가문비나무(*Picea jezoensis, P. sachalinensis*), 활엽수는 참나무(*Quercus crispula*), 자작나무(*Betula platyphylla* var. *japonica*), 고로쇠나무(*Acer mono*), 너도밤나무(*Fagus crenata*) 등이 있으며, 인공림은 낙엽송과 삼나무가 주를 이루고 있다. 인공림은 전체 숲의 31%를 차지하고 있는데 이 중 침엽수가 95% 정도를 차지하고 있는 반면 천연림에서는 활엽수가 70% 정도를 차지하고 있다.

토카치다케(十勝岳)는 홋카이도의 중심부 해발 2,000m급 고산대에 위치한 해발 2,011m의 높은 산으로 이전부터 화산활동이 활발하였다. 1857년에 대표적인 화산폭발이 있었으며 최근에는 1972년에 폭발이 있었다. 여러 차례의 화산폭발이 있었기 때문에 여러 개의 화구가 생겨나 폭발시기에 따라 이름이 붙어 있다. 이러한 화산활동은 이 지역의 숲에 큰 영향을 끼쳐서 다양한 숲의 발달단계와 이에 따른 수종의 발생을 볼 수 있다.

이 지역은 북위 43°가 넘기 때문에 해발 1,000m를 넘으면 고산식생대로 변하여 울창한 숲을 이루는 교목들이 자라기 어렵고 지형에 따라 차이가 큰 것이 특징이며 교목·관목과 고산대 식물들이 많이 자라고 있다.

용암지대의 나무들

토카치다케로 들어가는 입구에서부터 특징적으로 보이는 것은 흙이 모두 검은색 계열이어서 우리나라의 황토색 흙과 차이를 보인다는 것이다. 바닥의 흙이 이렇게 검은색을 띠는 것은 용암이 흘러내려 굳었기 때문으로 이러한 현상은 제주도에서 보는 것과 유사하다.

    길을 따라 들어서면 소계곡부에 오리나무가 자라고 있는데 키는 5m도 채 안되지만 종자를 달고 있는 것으로 보아 이 나무의 나이가 어리지 않다는 것을 짐작할 수 있다. 토양 형성이 제대로 안 된 곳이어서인지 지표에는 높이 10cm 내외의 야생화들과 키 1~2m 정도 되는 침엽수들이 자라고 있다. 숲을 이루지는 못하고 한두 그루가 모여서 자라고 있는데 이것은 양분의 공급이 가능한 곳에 형성된 토양에서만 나무들이 자랄 수 있기 때문인 것 같다. 이렇게 자라는 나무를 자세히 보면 활엽수로는 자작나무, 오리나무 등이, 침엽수로는 가문비나무, 전나무 그리고 눈잣나무가 보인다. 우리나라 설악산 꼭대기에 자라는 눈잣나무(*Pinus pumila*)가 이곳 화산지대에서도 자라고 있는데 키가 1~2m로 자라고 있어 관목처럼 보인다.

    눈잣나무만 이렇게 자라는 것이 아니라 가문비나무도 같이 자라고 있는데 가문비나무 역시 높이 2m 정도로, 자세히 보면 실제 나무높이는 이보다 더 컸지만 줄기 끝부분이 말라 죽어서 나무의 키가 작아진 것을 알 수 있다. 이렇게 나무 끝이 죽은 것은 용암지대의 토양이 강우에 대한 의존도가 높고 양분이 적기 때문인 것으로 보이는데 어린 가문비나무의 잎도 양분결핍현상인지 노랗게 변한 것이 많이 보인다.

    검은 용암 사이에 자라는 눈잣나무를 통해 생명의 강인함을 확인할 수 있다. 용암구 위에 무리를 이루며 자라고 있는 눈잣나무는 마치 검은 바위가 초록색 모자를 쓴 것 같아 보인다. 용암 사이 계곡이 형성된 곳에서는 생장조건이 좋아서인지 오리나무, 자작나무, 마가목 등이 비교적 잘 자라고 있어 이곳이 계곡부인지 구분하기가 힘들 정도이다. 특히 토양이 발달된 곳에

1. 토카치다케 용암지대 | 2. 소계곡부의 오리나무
3. 눈잣나무 자생지 | 4. 황화현상을 보이는 가문비나무

서 조릿대가 자라고 있는 것을 보면 조릿대가 해발고와 기후에 관계없이 모든 곳에 자랄 수 있다는 것이 실감난다.

고산대의 척박지에 자라는 자작나무이지만 이곳에서는 높이 자라지 못하고 줄기의 아랫부분은 대부분 휘어서 자라거나 여러 가지로 갈라져 자라고 있어 나무높이에 비해 줄기 아랫부분이 굵은 편이다. 이러한 나무들 사이 빈 공간은 지피식생들이 자리를 잡고 있는데 이곳의 대표적인 지피식물 종은 진달래과에 속하는 백산차(*Ledeum palustre* ssp. *diversipilosum*)로 마치 양탄자를 깔아놓은 것 같다. 또 다른 종은 진달래과의 가울테리아(*Gaultheria miqualiana*)로 하얀 꽃이 달려 있는데 손으로 문지르면 박하향이 난다. 이외에도 용담 등 여러 지피식생이 용암지대의 바위를 제외한 대부분 면적을 덮고 있다. 특히 무리를 지어 자란 눈잣나무 사이로 난 길을 걷다 보면 이곳이 용암지대라는 것을 잊어버릴 정도이다.

회복되는 숲

이렇게 나무들이 군데군데 자라는 지역은 30~40년 전에 화산이 폭발하여 피해를 본 지역이다. 이에 반해 조그마한 산등 너머로는 가문비나무와 자작나무가 10m 이상 자라 숲을 이루고 있는데 최근 화산폭발의 피해를 보지 않은 곳으로 이전 화산폭발의 피해 후 서서히 다시 회복된 숲이다. 이 숲 역시 임령이 많지 않아서인지 가문비나무가 상층을 점유하고 있고 그 아래로 자작나무가 자라고 있어 화산폭발 피해에서 살아남은 가문비나무 주위에 선구수종인 자작나무가 자라난 것처럼 여겨진다.

이곳의 해발고는 1,000m 내외인데 여기서 고도가 낮은 아래쪽을 보면 가문비나무, 전나무, 자작나무가 무성한 숲을 이루며 자라고 있다. 직선거리로 그리 멀지 않고 고도 차이도 크지 않지만 화산이 폭발할 때 나온 용암과 돌들이 어느 방향으로 퍼져 나갔느냐에 따라 주위의 숲 모양이 달라진다. 해발 600~700m 아래쪽의 숲에서는 화산폭발 피해 흔적은 보이지 않고 자작나무숲과 가문비나무·전나무숲이 자리 잡고 있고, 나무높이도 20m 이상으로 자라서 하얀 자작나무 줄기를 줄지어 세워 놓은 것처럼 보인다.

1. 용암구에 자리를 잡은 눈잣나무 | 2. 줄기가 휜 자작나무
3. 초원을 이룬 백산차 군락 | 4. 박하향이 나는 가울테리아

토카치다케의 천연림은, 화산폭발에 의해 파괴 되었다가 다시 회복된 다양한 식생을, 기존의 피해를 입지 않은 곳은 고산지대의 전형적인 숲을 보여주고 있는 것이 특징적이다. 이러한 숲들을 방치하지 않고 생태관광지로 개발하고 저지대는 산림경영을 함으로써 숲을 한 가지 목적에만 맞추어 관리하는 것보다 숲의 가치를 높여주고 있다

고도에 따른 수종 변화를 보이는 토카치다케의 숲

중국

사진_ 산둥성의 라오산

China

중국을 대표하는 강으로 길이 6,300km의 양쯔강(揚子江)과 5,464km의 황허강(黃河)이 있는데 모두 서쪽에서 동쪽으로 흘러가는 특징이 있어 고산지역의 눈과 빙하가 녹아서 물을 공급한다는 사실을 보여준다. 고도가 가장 높은 곳은 에베레스트산(Mt. Everest)으로 해발 8,848m이며 산지가 전체 면적의 2/3를 차지하고 있다. 지형적으로는 산악지 33%, 고원 26%, 분지 19%, 평원 12%, 구릉지 10%로 구분되며 해발 2,000m 이상의 지대가 전체 면적의 33%나 된다. 중국의 기후는 면적이 넓고 지형적인 영향이 커서 동부 몬순지대, 북서부 건조지대, 티베트 고산대의 3개 기후대로 구분한다. 동부 몬순지대는 열대, 아열대, 온대 지역으로 다시 세분된다. 북서부 건조지대는 연간 강수량이 동쪽 지역에서 400mm이고 서쪽으로 갈수록 더 적어져 100mm 이하가 된다. 티베트 고산대는 해발고에 따라 차이가 난다.

중국에는 3만여 종의 고등식물이 자라고 있는데 이 중 수목은 2,800종 정도 된다. 중국에서만 자라는 수종으로 은행나무(*Ginkgo biloba*), 메타세쿼이아(*Metasequoia glyptostroboides*) 등을 들 수 있고, 식용식물은 2,000종 이상, 약용식물은 3,000종 이상이 분포하고 있다. 대표적인 수종은 침엽수로 낙엽송, 가문비나무, 전나무, 소나무류 등이 있고 활엽수로는 참나무류, 카스타놉시스(*Castanopsis bornnensis*), 라우라세아(*Lauracea*), 차나무과(*Teaceae*), 나한송과(*Podocarpaceae*) 등이 있다.

중국의 산림면적은 1억 7,491만 ha로 전체 면적의 18.21%를 차지하고 임목축적이 67m³/ha, 총축적은 132억 5,500만 m³이다. 이 중 인공조림지는 3,379만 ha로 전체 산림의 32%를 차지하고 있다. 중국의 북동부는 최대의 산림지대인 싱안링(興安嶺)산맥과 창바이(長白)산맥 지역으로 1/3 이상이 숲이며 전국 벌채량의 50%를 이 지역에서 충당한다. 주수종은 잣나무와 낙엽송이다. 남서부 산림지역은 두번째로 큰 산림지역으로 헝돤(橫斷)산맥과 히말라야산맥의 남쪽과 야루짱부(雅魯藏布)계곡을 포함한다. 주수종으로 넓은잎삼나무(*Cunninghamia lanceolata*), 마호가니, 남목(楠木, *Phoebe nanmu*)이 있다.

중국에서는 국가급풍경명승구(國家級風景名腥區)가 국립공원에 해당되는 명칭으로 국가공원이라고도 한다. 전국에 187개 국가공원이 지정되어 있고 각 국가공원의 면적도 상당히 넓다.

1. 역사가 있는 시민들의 휴식처
선양의 북릉공원

북릉공원 입구

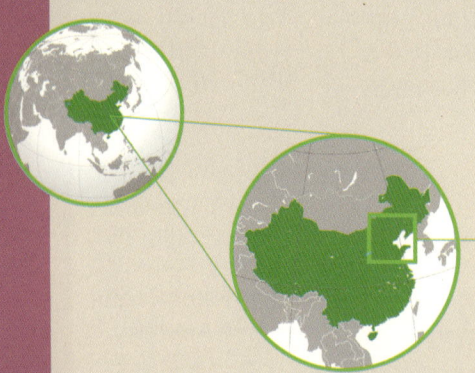

Asia | China

유송의 나무이름표

중국 동북부에 위치한 선양(瀋陽)은 랴오닝성(遼寧省) 성도(省都)이며 인구가 400만에 가까운 대도시로 우리에게는 옛 이름인 봉천(奉天)으로 익히 알려진 도시이다. 선양에는 청나라 누르하치의 능인 동릉(둥링, 東陵)과 태종 홍타이치의 능인 북릉(베이링, 北陵)이 있는데 북릉은 1927년부터 북릉공원으로 지정되어 일반인에게 공개되고 있으며 1982년에 유네스코 세계문화유산으로 등록되었다. 북릉공원의 면적은 330ha로 베이징 이외의 지역에 조성된 청나라 관외삼릉(關外三陵) 중 가장 규모가 크다. 북릉공원은 능, 숲, 인공호수로 이루어져 있고 호수가 차지하고 있는 면적도 30ha에 이른다.

　북릉공원은 붉은 칠을 한 정문이 인상적인데, 정문을 들어서면 능은 보이지 않고 폭이 넓은 도로가 한가운데로 나 있고, 어린이들을 위한 여러 가지 조형물들이 전시되어 있어 이채롭다. 도로 한가운데에는 소나무가 한 그루씩 서 있고 길 양쪽에 소나무가 무리를 지어 자라고 있다. 나무 그늘도 거의 없는 도로를 걷다 보면 양쪽으로 인공호수가 나타나는데 호숫가에 우리나라 수양버들 같은 버드나무가 줄지어 자라고 있다. 버드나무 아래로 산책을 하거나 물가에서 쉬고 있는 사람들을 보니 이곳 사람들에게 좋은 휴식처가 되고 있다는 생각이 든다.

유송 노령목

호수를 지나면 북릉의 부속 건물들이 보이는데 여기서부터 소나무 노령목들이 나타나기 시작한다. 나무의 높이는 20m 정도인데 수령이 300년이나 된다. 소나무마다 조그마한 패찰이 부착되어 있고 패찰에는 고유번호와 이름 유송(油松), 수령 300년이라고 적혀 있다. 유송의 학명은 *Pinus tabuliformis*인데 중국 동북부에 많이 자라는 소나무 종류로 이 소나무에서 기름을 얻을 수 있기 때문에 유송이라는 이름이 생긴 것 같다. 북릉에서 자라는 유송은 수령이 300년이나 되는데도 키가 크지 않고 굵기도 그다지 굵지 않다. 이곳의 기후가 건조하기 때문인 것으로 여겨진다. 소나무는 종류에 따라 나뭇잎이 2개, 3개, 5개가 다발로 나는 것이 일반적인데 유송은 2~3개 나는 것이 다른 소나무 종들과 다르다.

북릉의 유송은 자연적으로 형성된 숲을 조경 목적으로 가꾼 것이기 때문에 나무들이 비교적 넓은 간격으로 자라고 있지만 숲의 형태를 이루고 있다. 약간 어두운 빛을 띠는 줄기와 짙푸른 잎은 소나무의 강인함을 그대로 보여 주는 듯하여 우리나라의 곰솔을 보는 것 같다. 유송이 자라는 숲바닥에는 키 작은 풀들이 파란 양탄자를 펼친 듯 자라고 있다. 이렇게 숲바닥이 파란 풀들로 덮일 수 있는 것은 소나무의 숫자가 적기 때문인 것 같다. 유송의 모습이 조각물들과 조화를 이루며 자란 것처럼 보이는 것은 수백 년의 풍상을 같이 겪었음을 말해 주는 것 같다. 북릉에는 이렇게 나이 많은 유송이 2,000여 그루 자라고 있다.

전각 주위에 서 있는 유송은 조그마한 분재처럼 보일 정도로 그 모양이 숲을 이룬 소나무와는 다르다. 특히 전각 사이로 보이는 유송은 전각 위에 자라는 것인지 전각 주변에 자라는 것인지를 구별하기 힘들 정도로 조화를 이루며 자라고 있다. 어떤 유송의 모양은 우리나라의 낙락장송처럼 우산형의 큰 수관과 굽은 줄기를 보여주고 있다.

봉분 위의 비술나무

소나무숲을 좌우로 하고 전각을 지나면 청 태종의 봉분이 나타나는데 봉분 위에 비술나무 한 그루가 자라고 있다. 우리나라 건원릉 봉분에 태조 이성계가 고향을 그리워하여 유언으로 갈대를 심으라고 한 이래로 지금까지 갈대

1. 도로 위의 소나무 | 2. 인공호수와 버드나무 | 3. 북릉공원의 유송
4. 풀로 덮인 숲바닥 | 5. 숲과 건축물의 조화

가 자라고 있는 것을 떠올리며 북릉 봉분도 청 태종이 유언으로 비술나무를 심게 하였는가 생각이 들었다. 그러나 진짜 이유는 봉분의 나무로 땅과 하늘의 기(氣)를 이어주기 위해서라고 한다. 비술나무는 학명이 *Ulmus pumila*로, 느릅나무과에 속하는 낙엽활엽수이며 우리나라는 물론 만주 지역에도 자생한다. 멀리서 보면 이 비술나무는 조그마한 동산 위에 나무가 한 그루 서 있는 것처럼 보인다.

봉분 위뿐만 아니라 봉분 뒤쪽 소나무 사이와 빈 공간에도 비술나무가 자라고 있지만 크기가 소나무보다는 훨씬 작아 마치 관목처럼 보이기도 한다. 북릉 주 도로변에도 비술나무가 몇 그루 자라고 있는데 이 나무의 수령도 300년 정도라고 표기가 되어 있는 것을 보면 북릉의 노령 유송과 비술나무는 거의 같은 시기에 심겨진 것으로 여겨진다.

봉분 앞 옹벽 주위의 숲은 대부분 유송으로 이루어져 있는데 유송 노령목은 다양한 모습을 하고 있다. 유송의 크기도 정원형으로 되어 있는 유송보다 크고 숲을 이루고 있으며 나무의 높이도 일정하지 않고 큰 유송이 일부 숲 위로 올라와 있고 그 아래에 활엽수들이 자라고 있다. 이러한 숲의 모양은 유송도 소나무과에 속한 양수 수종이어서 하층에 소나무 어린나무가 자라지 못하고 활엽수들이 자라기 때문에 생긴 것 같다.

청 태종의 능으로 시작하여 공원으로 발전한 선양시의 북릉공원은 규모가 크고 문화유물도 많이 있는 곳이어서 사람들이 많이 찾는 공간이자 선양 시민들이 휴식을 위하여 찾는 도심 속의 오아시스와 같은 곳이다. 자유롭게 아무 곳이나 들어갈 수는 없지만, 인구 400만의 대도시에서 시민들의 이용에 있어서 전통적인 능림을 겸비한 공원과 도시숲을 조성하고 관리하는 어려움을 고려하면 일부 제한은 필요할 것 같다.

1. 봉분 위의 비술나무 | 2. 봉분 뒤편의 숲 | 3. 300년 된 비술나무와 세계문화유산 표석

2. 절개의 상징, 위기에 처하다
쿤유산의 소나무숲

쿤유산의 소나무

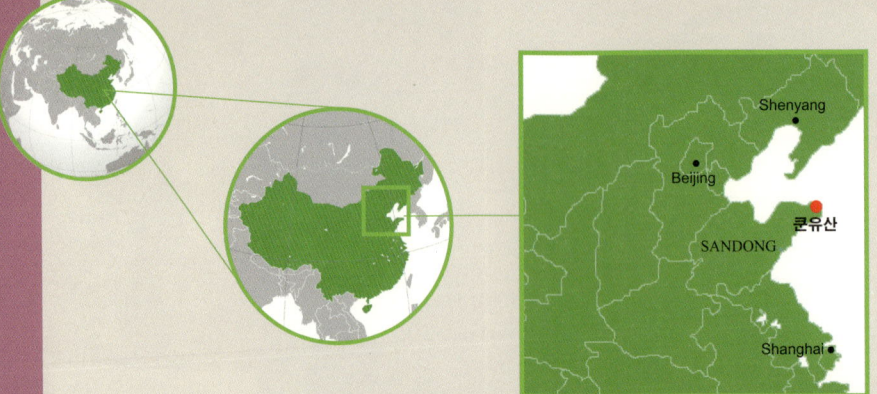

Asia | China

소나무(Pinus densiflora) 자생지 중 하나인 중국 산둥성(山東省)은 우리나라 서해안과 마주하고 있다. 면적이 15만 6,700km²로 중국 전체 면적의 1.6%에 지나지 않지만 인구는 9,180만 명이나 된다. 온대기후에 속하지만 바다에 둘러싸여 있어 해양성기후의 특성도 가지고 있다. 여름은 습하고 겨울철에는 건조하여 1월 평균 기온은 -5~1℃, 7월 평균 기온은 24~28℃, 연 강수량은 550~950mm로 우리나라보다 건조한 편이다.

   산둥성 해안지역의 야산에는 과거에 소나무가 많이 자라고 있었으나 지금은 그 숫자가 감소하여 찾아보기 힘든 대신 그 자리를 곰솔(Pinus thunbergii)이 차지하고 있다. 곰솔은 이곳에서 자연적으로 자란 것이 아니라 40~50년 전 일본에서 도입, 조림을 시작하여 면적이 확대되었으나 지금은 소나무와 곰솔을 같이 조림하여 소나무숲의 확장이 시작되고 있다. 소나무의 혼효비율이 30%로 아직까지 상대적으로 낮은 편이지만 소나무와 곰솔이 비슷한 생장을 하고 있어 두 수종이 조화를 이루면서 숲을 이룰 수 있을 것 같다.

   조림지 외곽에 측백나무를 일렬로 식재하여 마치 정원처럼 보이는데 바람막이로 심은 것인지 뚜렷한 이유를 알 수 없어 궁금증을 일으킨다. 조림지 건너편도 역시 조림지이지만 소나무나 곰솔이 아닌 측백나무를 대단위로 조림한 것을 보아 이곳에서는 측백나무 조림이 일반적인 것 같다. 숲가장자리에는 가시가 있는 나무들이 관목 형태로 자라는데 자세히 보니 대추나무이다. 우리나라에서는 과수원이나 농가 마당에서만 볼 수 있는 것을 산에서 보

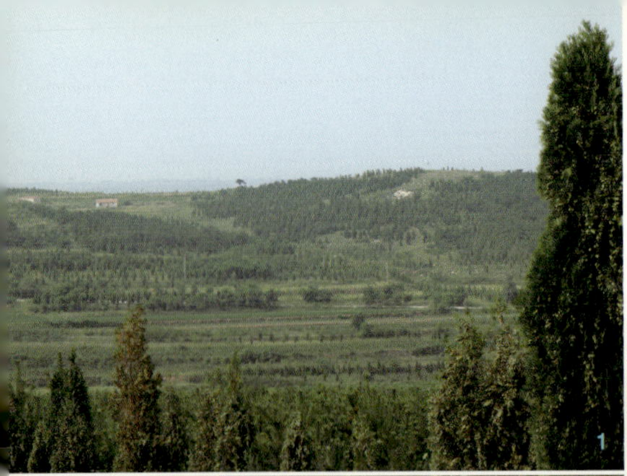
1

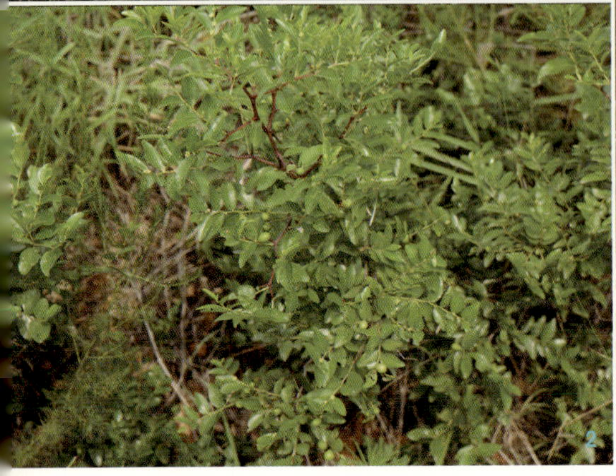
2

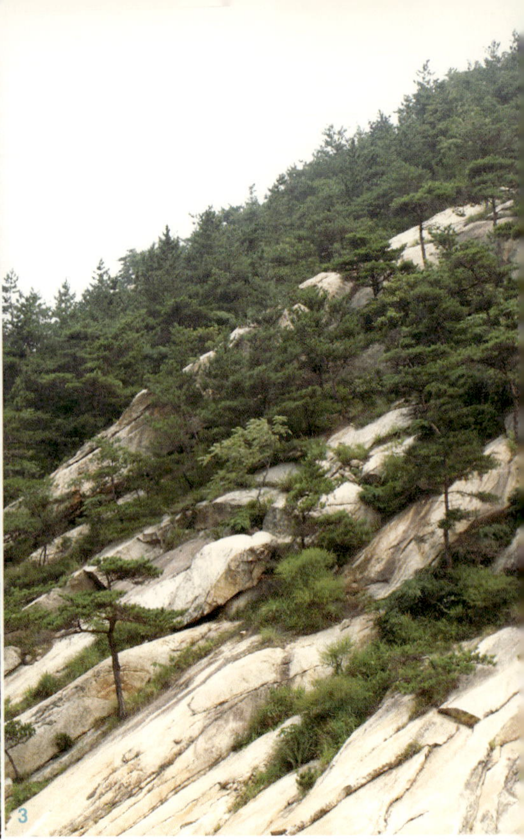
3

4

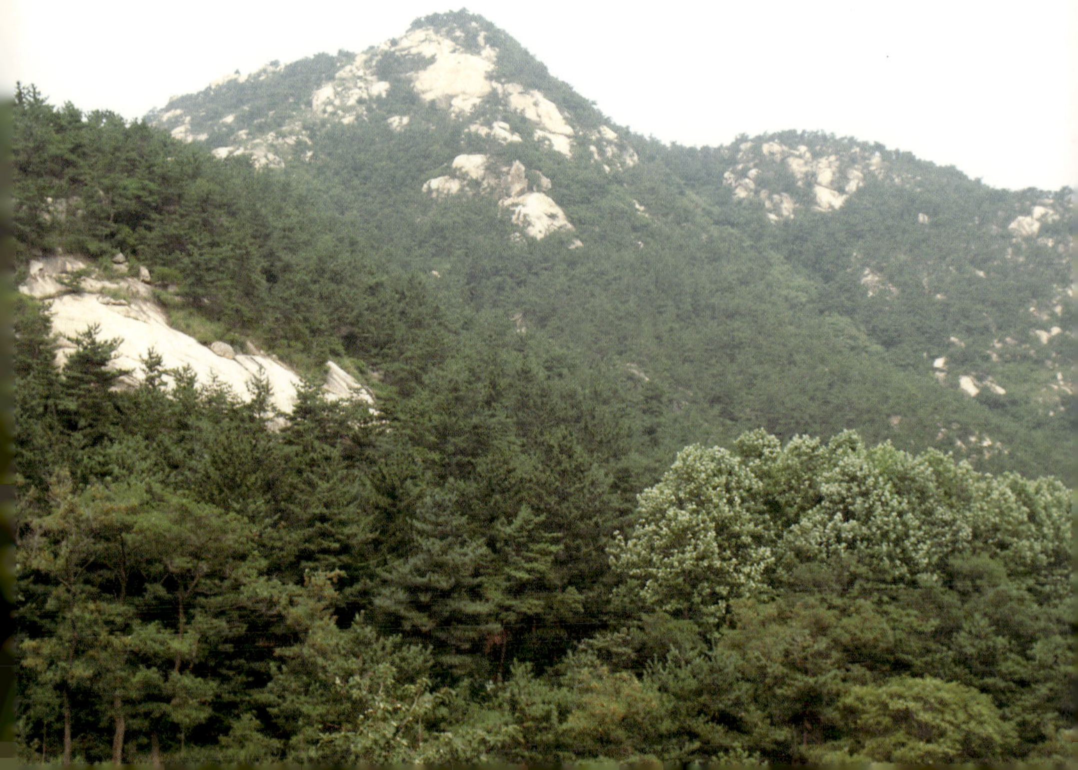

니 조금은 이상하게 느껴진다. 해변 조림지에서도 소나무와 곰솔을 같이 조림하여 해안 방풍림을 조성하고 있는 것을 볼 수 있어 우리나라 동해안의 곰솔숲을 연상하게 한다.

쿤유산의 생육환경

산둥성에서 대표적인 소나무 천연림이 있는 쿤유산(昆俞山) 지역으로 가는 동안 주변의 산은 온통 바위와 암반으로 이루어져 있다. 이러한 지대의 땅은 대부분 토양이 잘 발달되지 않아서 활엽수보다는 소나무와 같은 침엽수가 자라는 것이 일반적이므로 이 지역에 소나무 천연림이 있으리라는 것을 예상할 수 있다. 소나무 천연림이 있는 쿤유산 역시 이와 유사한 지형을 보이고 있는데 암반이 많은 지역에는 소나무숲이, 산기슭에는 곰솔 인공림과 포플러 인공림이 자리를 잡고 있어 이곳 역시 소나무가 자라는 곳은 우리나라와 다를 바 없어 보인다. 소나무가 암반 사이와 산중턱 이상에서 주로 자라고 있는 것은 다른 수종과 경쟁을 하는 과정에서 밀려난 결과일 것이다.

소나무 천연림을 도로변에서는 볼 수가 없기 때문에 바위를 따라 올라가야 제대로 볼 수 있다. 바위를 따라 올라가다 보면 소나무가 바위의 갈라진 틈에서 자라는 것을 볼 수 있는데 나무높이는 30cm 정도지만 수령은 10년이 넘는다. 빗물로 연명을 하면서 자라는 소나무의 강인한 생명력을 다시 한 번 느낄 수 있다. 바위 위쪽에 자라는 소나무는 수관이 우산처럼 옆으로 퍼져 멀리서 숲을 보면 마치 진한 초록색 파라솔을 산에 펼쳐 놓은 것처럼 보인다. 이 소나무들의 수령은 50~60년 정도로 수령에 비하여 키가 너무 낮아 보인다. 이러한 형태가 나타나는 이유는 암반 사이나 암반 위에 토양이 발달하지 않아 양분과 수분 공급이 부족하기 때문에 줄기가 위로 자라지 못하고 가지가 옆으로 많이 자랐기 때문인 것으로 여겨진다.

소나무의 위기

바위 위쪽의 소나무들은 우리나라 대관령 소나무와 비교할 수 없을 정도로

1. 측백나무 조림지 | 2. 숲가장자리에서 자라는 대추나무
3. 암반에서 자라는 소나무 | 4. 곰솔과 포플러 인공림

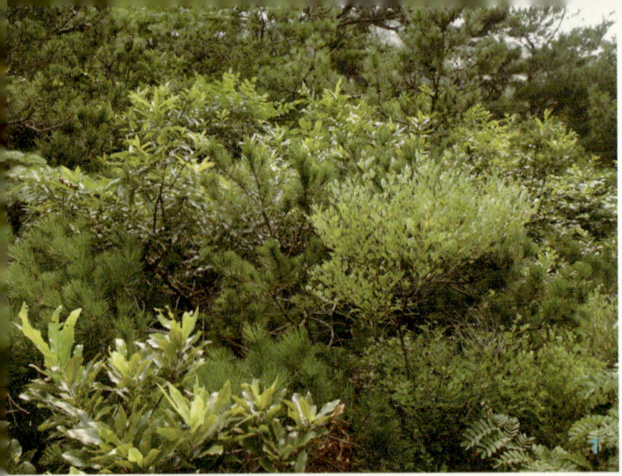
1

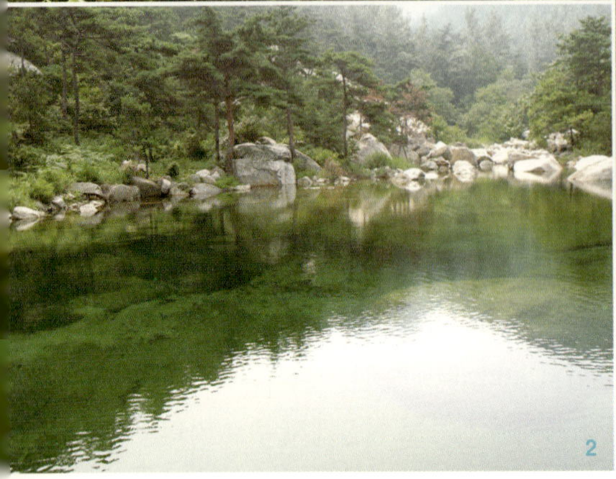
2

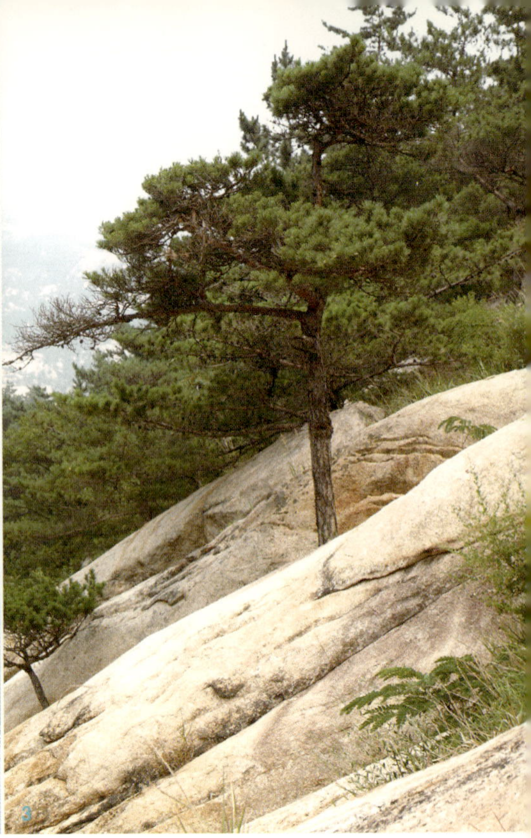
3

4

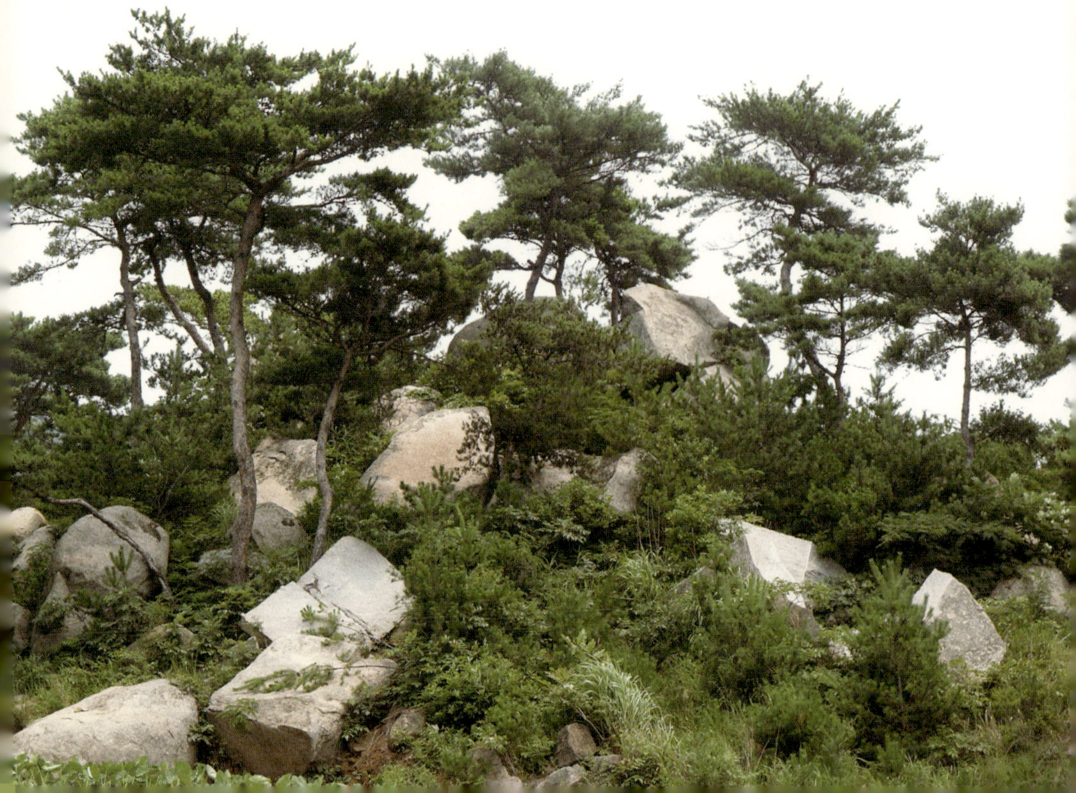

키가 작은 편이다. 나무높이는 10m 내외이고 지름도 20~30cm 정도이다. 우리나라 남부지방의 척박한 땅에서 자라는 소나무를 보는 듯하다. 쿤유산의 위치를 생각해 보니 우리나라 남부지방보다 위도가 낮고 땅 또한 척박하니 이렇듯 제대로 못 자란 것이 당연한 것 같다. 그래서인지 소나무 수피도 우리나라 남부지방 소나무처럼 두껍게 발달되어 있다. 조건이 나쁘다 보니 소나무 가지가 마주칠 만큼 자라지 못하여 제대로 된 나무그늘이 없다.

아래쪽을 살펴보니 토질이 조금 좋은 곳에서는 참나무들이 자라고 있고, 어린 소나무가 자라는 곳에서는 키가 비슷한 소나무와 참나무가 햇빛을 선점하기 위한 경쟁을 하고 있는 것이 보인다. 소나무와 참나무가 경쟁을 하는 것도 우리나라와 같으니 이곳에서도 소나무가 서서히 자리를 빼앗길 수도 있겠다는 생각이 든다.

계곡은 일반적으로 토양이 퇴적되어 양분공급이 좋고 수분이 많아 활엽수가 자라지만 이곳은 계곡 전체가 암반으로 이루어져 계곡부에도 소나무가 자라고 있다. 계곡 암반 틈에서 자라는 소나무 역시 생장이 좋아 보이지 않지만 주변의 물과 바위가 어우러져 한 폭의 산수화를 그려내고 있다. 특히 암반 틈에서 자라는 소나무는 바위를 뚫고 자란 것처럼 보여 소나무의 끈질긴 생명력을 과시하고 있다.

쿤유산 반대쪽의 소나무 천연림은 앞쪽의 소나무숲처럼 암반으로 된 계곡이나 암반 틈에서 자라는 것이 아니라 바위들 사이에서 자라고 있다. 화강암이 풍화가 되고 남은 바위들이 지표에 산재해 있는데 이곳에 소나무들이 있다.

산둥성 쿤유산의 소나무는 면적이나 크기 모두 겨우 명맥을 유지하는 정도이다. 세계적으로 우리나라, 중국, 일본에만 자라는 수종으로서 그 가치가 매우 크지만 병해충과 인위적 피해 등으로 인하여 면적이 많이 감소되고 있다. 또한 쿤유산의 소나무는 참나무와의 경쟁이 심화되어 척박지에서 겨우 자라고 있어 보는 이의 마음을 무겁게 한다.

1. 참나무와 어린 소나무 | 2. 물과 바위가 어우러진 풍경
3. 암반 위에 서 있는 것처럼 보이는 소나무 | 4. 쿤유산 반대쪽의 바위 사이에서 자라는 소나무

3. 명승이라 불리는 까닭
화귀산과 라오산의 소나무숲

라오산의 전경

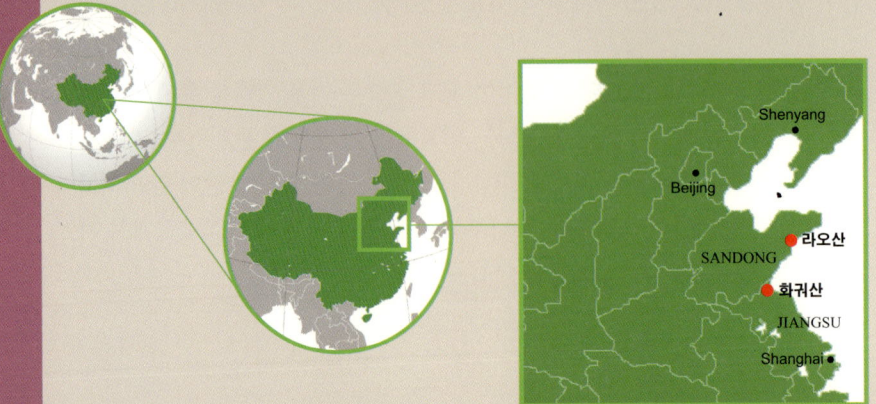

Asia | China

소나무(Pinus densiflora)가 자연적으로 자라는 중국의 최남단 지역은, 산둥성과 남쪽으로 맞닿아 있는 장쑤성(江蘇省)의 화궈산(花果山)이다. 중국 4대 고전의 하나인 『서유기』의 주인공 손오공이 살던 곳으로 유명한 화궈산은 윈타이산(云台山)의 130여 개 봉우리 중 하나로 장쑤성에서 가장 높은 산이다. 한편 산둥성(山東省)의 라오산(崂山)은 중국 동해안의 제1명산이라고 할 정도로 경관이 뛰어난 곳으로 깊은 계곡, 폭포, 기암괴석이 많으며 도교와 불교 유적지가 많은 산이기도 하다.

화궈산의 소나무숲

중국 동해안에 위치한 해발 625m의 화궈산은 멀리서 보면 마치 평지에 갑자기 솟아난 것처럼 보인다. 푸른색보다 하얀 빛이 많이 나는 것으로 보아 바위가 많은 산임을 알 수 있는데 이 산에 소나무가 자란다. 소나무가 있는 자리는 대부분 암반지대로 소나무처럼 보이는 나무 중 일부는 곰솔(Pinus thunbergii)이다.

화궈산 정상부는 암반으로 덮여 있어 나무들이 자라지 못하지만 조금 아래쪽으로 내려오면 나무들이 나타나기 시작하는데 여기부터 소나무들이 자란다. 소나무숲은 산등성이에서 산비탈까지 분포하고 있으나 면적이 넓지 않고 생장도 좋지 않은 것으로 보아 이 지역이 소나무가 자생하는 남방한계선인 것을 알 수 있다. 봉우리 위에는 소나무 형태의 인공구조물이 서 있는데 소나무를 알리기 위한 것인지, 화궈산을 찾는 방문객을 위한 것인지는 알 수가 없다.

화궈산의 소나무는 대부분 수령이 50년 이상 되고 척박한 곳에서 자라서인지 우리나라 동해안 지역의 소나무와는 달리 크지도 않은데다 수관이 위로 커가는 삼각형 모양이 아니라 반원형이어서 마치 산에 초록색 소나무 양산을 줄지어 세워놓은 듯하다. 이러한 소나무 모양은 일반적으로 나무의 나이가 많을 때 나타나기 때문에 화과산의 소나무는 환경이 좋지 않아 나이에 비해 비교적 일찍 생장이 둔화되었다는 것을 추측할 수 있다.

소나무를 자세히 보면 나무들마다 나이차가 꽤 있어 보인다. 큰 나무가 있는가 하면 그 주위에는 이보다는 작은 나무들이 자라고 있는데 천연갱신으로 모수와 후계수 사이에 차이가 나는 것이 아니라 40~50년 전 소나무 천연림에 병해충 피해가 심해 소나무를 일부 벌채하고 묘목을 식재했기 때문이다. 즉 노령목만 자생임목이고 소나무숲의 유지를 위해 다시 소나무를 조림하여 조성한 숲이다. 안을 자세히 보면 소나무와 소나무 사이에 대나무들이 자라고 그 사이로 키 작은 소나무가 없는 것을 보면 이 지역의 소나무도 사람들의 노력이 있어야만 유지가 될 것으로 보인다.

라오산의 소나무숲

산둥성 라오산은 장쑤성 화궈산과 비교하면 전혀 다른 모양새다. 라오산은 해안에 위치한 1,132.7m 높이의 산으로 다양한 모습을 보이는데 산으로 들어가는 방향에 따라 다른 경관이 나타난다.

해변 쪽이 아닌 내륙 쪽에서 들어가는 소나무숲 입구에 곰솔이 자라고 있어 소나무가 없는 것처럼 보일 정도이다. 비교적 경사가 완만한 길을 지나 경사가 급해지고 기암절벽들이 드러나기 시작하면 바위들 사이로 소나무가 하나 둘 나타나면서 소나무숲도 보이기 시작한다. 바위 사이의 공간이 넓은 곳에는 소나무가 활엽수들과 숲을 이루고 있어 이 지역이 소나무 자생지임을 보여주고 있다. 바위 사이나 바위 위에 한두 그루씩 자라는 소나무는 크

1. 화궈산 소나무숲과 소나무 조형물 | 2. 우산형으로 자란 소나무 | 3. 대나무숲 사이의 소나무

고 나이도 많아 보인다. 기암절벽 사이에 자라는 소나무는 산수화에 그려진 노송의 모습을 그대로 옮겨 놓은 것 같다.

경사가 완만한 산등성이에는 소나무숲이 자리를 잡고 있는데 그 모습이 마치 우리나라 야산의 소나무숲을 보는 것 같다. 숲속으로 들어가면 나무높이 6~7m의 소나무들이 가지를 마주 대고 자라고 있다. 이 소나무들은 줄기가 곧지 못하고 구불구불하게 자라는 것이 많아 이곳의 땅이 척박하다는 것을 알 수 있다. 숲바닥에는 풀도 별로 없어 붉은 맨땅이 많이 보이고 참나무 맹아목이 듬성듬성 자라고 있다. 비가 오면 지표의 흙이 쓸려나가 참나무 맹아목만 자리를 지켜서 이런 모양이 된 것 같다. 또 소나무 뿌리가 지표면에 나와 있는 모양을 보면 소나무가 열악한 환경에서 자리를 지키기 위해 얼마나 힘든 적응을 하고 있는가를 짐작할 수 있다. 특히 산등성이에서 자라는 구불구불한 소나무는 숲속의 소나무라기보다는 인위적으로 모양을 만든 분재처럼 보일 정도이다.

숲가장자리와 숲속에 어린 소나무들이 군데군데 자라고 있는 것이 새로워 보인다. 이렇게 어린 소나무가 자연적으로 발생할 수 있는 것은 숲바닥이 맨땅인데다 햇빛이 많이 들어오기 때문이다.

산등성이의 소나무숲과는 달리 산중턱에 위치한 소나무숲은 나무의 줄기도 곧고 생장도 좋아 울창한 숲을 이루고 있다. 이러한 모양은 절벽 아래 평탄한 곳의 소나무숲에서도 볼 수 있어 이 지역의 소나무가 원래 못 자라고 구불구불한 것이 아니라 토양조건과 위치에 따라 모양이 달라지는 듯하다.

화궈산과 라오산 모두 해변에 가까이 있고 명승지로 많은 사람들이 찾는 곳이며, 소나무숲들이 암반지대에 자리를 잡고 생장이 좋지 않은데다 면적이 좁다는 공통점을 보이고 있다. 특히 병해충 피해로 인해 소나무숲이 일부 파괴되어 원래 모습을 잃어가고 있으며 하층에는 활엽수 등이 자리를 잡고 있어 소나무 후계림이 자연적으로 만들어지기가 힘들다는 점 또한 공통적이다. 이러한 현상은 우리나라의 소나무숲에서도 많이 나타나기 때문에 중국 역시 우리나라와 마찬가지로 소나무숲을 유지하기 위해서는 많은 노력이 필요해 보인다.

1. 라오산 기암절벽 사이의 소나무 노령목
2. 산등성이에서 구불구불하게 자란 소나무 | 3. 숲속의 어린 소나무

몽골

사진_ 테렐지국립공원의 초원에 위치한 낙엽송 숲

Mongolia

몽골의 평균해발고는 1,580m로 고지대에 자리를 잡고 있다. 고도가 가장 높은 곳은 4,374m의 후이뚱산(Mt. Khuiten)이고 저지대는 532m로 3,842m나 차이가 난다. 1,200개의 강이 있으며 대표적인 강으로 이데르강(Ider R.)과 툴강(Tuul R.)을 들 수 있다. 또한 호수가 거의 4,000개에 달하는데 염수호로 유명한 우브스누르(Uvs Nuur)는 면적이 3,350km^{2}이다. 기후는 대륙성 건조기후로 연평균 강수량은 200~220mm인데 북부지역은 400mm 이상이고 남쪽으로 갈수록 줄어들어 고비사막에서는 100mm 이하가 된다. 강수량의 80~90%는 5월과 9월 사이에 내린다. 기온은 겨울 평균기온 영하 25℃, 여름 평균기온 영상 20℃로 40℃ 이상의 차이를 보이고 밤과 낮의 기온 차이도 32℃까지 난다.

몽골은 동쪽으로는 만주, 서쪽으로는 카자흐스탄으로부터 식물종이 유입되었고, 산악 타이가부터 사막까지 세계의 기본적 식생대가 있기 때문에 식물종이 다양하다. 식물종수는 2,823종으로 시베리아 2,400종, 내몽고 2,176종보다 많다. 동물로는 세계적으로 유명한 야생마 타키(Takhi)와 고비곰을 비롯하여 포유류 138종, 조류 449종이 서식하고 있다.

몽골의 산림은 크게 바이칼(baikal) 남부, 캉가이(Khangai), 중앙아시아 3개 지역으로 구분한다. 바이칼 남부는 러시아와 국경을 접하는 지역으로 시베리아잣나무(*Pinus sibirica*), 시베리아낙엽송(siberian larch; *Larix sibirica*), 구주소나무(*Pinus sylvestris*), 시베리아전나무(*Abies sibirica*)가 주로 자라고, 캉가이 지역은 시베리아낙엽송, 자작나무가 주요 수종이다. 바이칼 남부와 캉가이 지역이 산림면적의 대부분을 차지한다. 이 지역 산림의 임목축적은 ha당 104m^{3}로 우리나라 임목축적과 비슷하다. 중앙아시아 지역은 남서부의 관목지대로 중국과 국경을 접하고 있으며 주수종은 관목인 삭사울(saxaul; *Haloxylon ammodendron*)이다. 임목축적은 13억 3,400만 m^{3}이고, 시베리아낙엽송이 50% 이상을 차지하며 시베리아잣나무, 구주소나무가 뒤를 잇는다.

몽골에서는 국립공원과 보호지역을 지정하여 보호·관리하고 있는데 캉가이 지역에 많이 분포하고 있다. 국립공원은 1965년에 지정된 코르고-테르킨차칸호(Khorgo-Terkhiin Tsagaan Nuur)를 시작으로 고르키-테렐지국립공원(Gorkhi-Terelj National Park) 등 15개가 지정되어 있고 전체 면적은 8,233ha이다. 보호지역은 12개소로 코르고-테르킨차칸, 고비 등이며 면적은 10만 5,000ha이다.

1. 초원과 함께 펼쳐지는 천연의 숲
셀렝게의 구주소나무숲

구주소나무숲

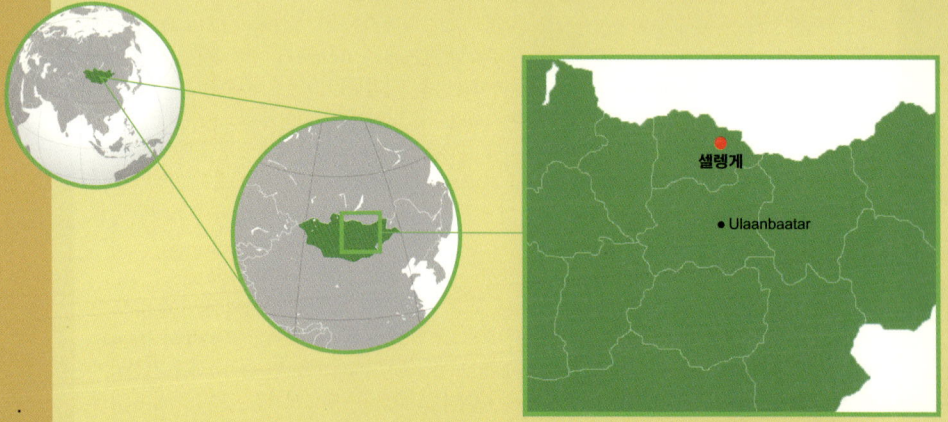

Asia | Mongolia

구주소나무의 잎과 열매

셀렝게주(Selenge Aimag)는 수도 울란바토르에서 북쪽으로 300km 거리에 있다. 셀렝게로 가는 중간에는 숲보다 초원이 주로 나타나는데, 초원은 우리가 흔히 보던 평야지대가 넓게 펼쳐져 있는 것이 아니라 초원 양쪽으로 낮은 산들이 자리를 잡고 있고 그 사이로 광활한 초원이 끝이 보이지 않을 정도로 이어져 있어 보는 사람의 가슴을 시원하게 해준다. 낮은 산도 대부분 초지를 이루고 있다. 북사면에는 나무들이 무리를 지어 자라고 있는데 5~6m 높이의 새하얀 줄기를 가진 자작나무(*Betula platyphylla*)는 초록빛 초원에서 한눈에 알아볼 수 있을 정도이다. 자작나무 외에도 가끔 구주소나무(*Pinus sylvestris*)가 조그맣게 무리를 이루거나 단목으로 나타나는데 북쪽으로 갈수록 구주소나무가 많아지는 것은 북쪽이 구주소나무가 자라는 데 유리한 조건이기 때문인 것 같다. 이와 같은 풍경은 차량으로 이동하는 거의 한나절 동안 계속된다.

초원 위의 구주소나무

북쪽으로 한나절 차로 이동한 후에야 구주소나무 천연림에 이를 수 있다. 멀리서 보면 지평선 위에 검은 선을 그어 놓은 것처럼 보이는 구주소나무 천연림은 이 지역의 초원이 얼마나 넓은가를 보여주는 것 같다. 낮은 산에 나타나는 구주소나무 천연림은 초록 벌판 위에 검푸른 색을 칠해 놓는 것처럼 보인다. 이 숲은 하부지역을 보호하기 위하여 방목이나 벌목이 금지된 보호지역으로 지정되어 있는 곳이어서 산불 등의 피해지는 인공조림을 통해 복원할 정도로 중요시하고 있다.

초원에 있는 구주소나무 천연림은 멀리서 보이는 모습과는 달리 가까이 가면 짙푸른 소나무숲으로 나타나는데 숲속으로 들어서면 우선 우리나라 소나무숲과는 달리 하층에 풀이나 다른 나무들이 거의 자라지 않는다. 이곳의 기후가 건조하고 모래로 이루어진 땅이어서 구주소나무만 자라고 있는 듯하다. 나무의 높이가 15m 내외로 그렇게 크지 않은 데다 굵기도 30cm 정도에 불과하지만 나무의 나이가 100년 정도에 이르니 이곳이 나무들이 살기에 얼마나 힘든 곳인지 실감이 난다. 높이가 20m에 달하고 굵기도 한 아름이나 되는 구주소나무가 자라는 주변에는 높이는 비슷하나 굵기가 가는 구주소나무들이 자라고 있어 인공적으로 조림을 한 것이 아니라 자연의 힘에 의해 이루어진 숲이라는 것을 알 수 있다. 숲 한가운데의 빈 공간에는 초지가 있으나 주위에 어린 소나무들이 자라고 있어 서서히 이 공간도 숲으로 바뀔 것이다.

산기슭의 구주소나무

산기슭에 위치한 구주소나무 천연림에 들어가면 소나무가 빽빽이 차 있어 평지의 구주소나무숲과는 다른 모습인데 줄기 아랫부분은 검은빛을, 그 위로는 붉은빛을 발하는 소나무의 모양은 마치 우리나라 강원도 소나무를 보는 것 같다. 대부분 나무높이가 15m 정도이고 굵기도 30cm 정도이지만 좁은 면적에 굵기가 10cm 정도 되는 소나무가 몰려서 자라는 곳도 있고, 굵은 나무와 가는 나무가 같이 자라는 곳도 있다. 이렇게 차이를 보이는 것은 산불이 나서 나무가 모두 소실된 곳과 나무가 일부 살아남은 곳에 소나무가 자연적으로 발생하여 숲이 다시 이루어졌기 때문이다. 굵은 나무의 수령은 120년 이상이고, 작은 나무의 나이가 50년 이상인 것을 감안하면 이 숲은 2세대 이상의 나무들이 함께 자라고 있는 것이다. 산불 피해의 흔적은 살아 있는 구주소나무의 줄기와 잘려진 나무 밑둥치의 나이테에 뚜렷이 보인다.

1. 초원의 자작나무숲 | 2. 산중턱의 구주소나무 | 3. 낮은 산에 있는 구주소나무 천연림
4. 평지의 숲바닥 | 5. 굵기가 다양한 구주소나무

산기슭 구주소나무숲의 하층과 숲가장자리에는 자작나무가 자라고 있는데 하층의 자작나무는 활력이 떨어져 잘 자라지 못하고 있고 일부는 고사하였다. 산불 직후 자작나무가 번성하였으나 구주소나무에 피압되어 일부만 살아남은 것으로 보인다. 초본과 관목층에는 산앵도나무 종류가 자라고 있는데 이 중에는 월귤도 많다. 우리나라에서는 희귀종인 월귤(*Vaccinium vitis-idaea*)이 소나무 숲속에 자라고 있다는 것이 신기하다. 이외에 우리나라에서 흔히 볼 수 있는 풀들도 같이 자라고 있어 이곳 소나무숲이 우리 숲처럼 느껴진다.

많은 이들이 몽골에는 숲이 거의 없는 것처럼 인식하고 있지만 우리나라 면적보다 넓은 숲이 있을 뿐만 아니라 일부 지역은 보호지역으로 지정하여 보호하고 있다. 그런 숲 중 하나인 셀렝게의 구주소나무 천연림은 우리나라 소나무와 유사한 생태적 특성을 가지고 있지만 건조한 지역에 적응을 하여 숲을 이루고 있는데 산불이 소나무숲의 천이에 큰 영향을 끼치고 있다. 사람의 손이 닿지 않거나 간섭이 미미한 천연림의 자연적인 순환을 보여주는 구주소나무 천연림은 우리나라의 소나무숲을 어떻게 관리해야 하는가를 암시하는 듯하다.

1. 산기슭의 구주소나무 | 2. 산불 흔적 | 3. 숲가장자리의 자작나무
4. 소나무숲 하층의 월귤

2. 숲의 천국이 초원 너머로 보이다
테렐지국립공원

울란바토르 외곽의 툴강

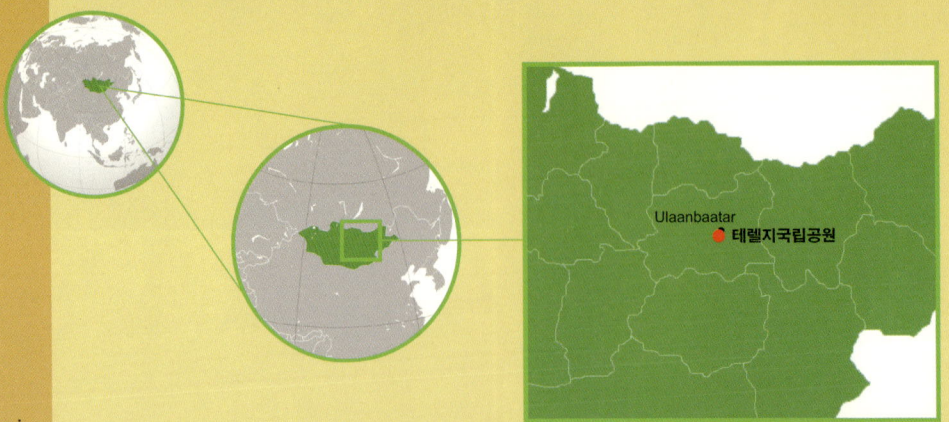

Asia | Mongolia

테렐지국립공원의 공식명칭은 고르키-테렐지국립공원(Gorkhi-Terelj National Park)으로 수도 울란바토르에서 북쪽으로 60km 거리에 자리를 잡고 있다. 면적은 300ha 정도이지만 칸켄티절대보호구역(Kahn Khentii Strictly Protected Area)과 연결되어 있다. 테렐지국립공원은 울란바토르에 식수를 공급하는 툴강(Tuul R.)이 관통하고 있으며 계곡, 기암괴석과 초원 등 다양한 지형과 경치를 보여준다. 툴강은 유목생활을 하던 과거에는 몽골 여인들이 이 강물에 머리를 감는 것이 꿈일 정도로 물이 귀한 몽골에서 선망의 대상이었던 곳이다. 테렐지국립공원을 대표하는 유명한 바위인 거북바위(Turtle Rock)는 실제 거북이를 꼭 닮았다.

툴강 주변의 숲

몽골의 풍광은 광활한 초원과 멀리 보이는 나무 없는 산들이 대부분이지만 국립공원 입구 언덕에 올라서면 툴강과 강 주변의 숲이 한 폭의 그림처럼 펼쳐진다. 강변의 숲은 폭이 넓지 않지만 굽이굽이 물길을 따라 띠를 이루고 있다. 강폭은 제법 넓지만 깊이는 한 길 정도로 낮아서 사람들이 걸어서 건널 수도 있을 듯하다. 강에 놓인 다리는 목재로 지어졌는데 그 위로 대형 차량이 지나는 것을 보면 나무가 얼마나 다양하게 쓰이는지를 새삼 느끼게 된다.

강변으로 다가가면 비교적 포플러(*Populus tremula*)가 많이 자라고 있는데

나무 사이 간격이 넓어 시원한 느낌을 준다. 나무높이가 10m 정도이고 굵기도 15cm 정도이어서 우리나라의 포플러보다는 작다. 물가에는 키 작은 버드나무들이 가지를 물 위에 드리우고 서 있다. 이곳은 말을 방목하는 지역이어서 말들이 무리를 지어 강을 건너는 모습을 목격하게 되는데 다른 곳에서 볼 수 없는 독특한 풍경이다.

강변 숲을 지나면 초원지대를 지나게 되는데 말들이 뛰어노는 초원 뒤로는 기암들이 병풍처럼 서 있고 바위들 사이로는 시베리아낙엽송(*Larix sibirica*)이 무리를 이루며 자라고 있다. 이 지역의 남쪽 사면은 경사가 급하지 않은데도 숲이 거의 보이지 않고 북쪽 사면으로 가면 숲이 많이 나타나는 것이 특징인데 이것은 강수량이 적어 북쪽 사면이 나무들이 자라기에 적합하기 때문이다.

낙엽송과 자작나무

언덕을 넘어 내리막길로 들어서면 낙엽송숲이 나타난다. 나무의 높이는 20m가 안 되고 굵기도 30cm가 채 안 되지만 초원 위의 푸른 낙엽송숲은 연초록 양탄자 위에 그림을 그려 놓은 것처럼 보인다. 반면 다른 쪽에는 앙상한 줄기와 가지만 남은 잿빛 낙엽송 사이로 푸른 잎을 단 낙엽송이 드문드문 서 있는데 이 숲은 해충 피해로 인해 고사된 숲이다. 피해가 발생한 숲으로 들어가면 나이가 70년 정도 된 나무의 그루터기가 많아서 자세히 보니 고사된 나무들을 잘라낸 흔적이다. 몽골에서는 해충과 산불로 피해가 많이 발생하는데 국립공원도 예외는 아닌 것 같다.

그러나 숲 주변의 초지에는 야생화가 많이 피어 있다. 우선 눈에 띄는 것이 하얀 에델바이스(*Lentopodium lentopodioes*)로 한 송이만 피어 있는 것이 아니라 군락을 이루고 있고, 분홍색의 서양체꽃(*Scabiosa comosa*), 패랭이(*Dianthus versicolor*), 높은산푸른산국(*Aster alpinus*), 노란색의 꽃양귀비(*Papaver nudicaule*) 꽃들이 이에 질세라 예쁘게 피어 있다. 언덕 아래로 보이는 낙엽송숲 주변에는 자작나무(*Betula platyphylla*)가 같이 자라고 있어 마치 흰 줄기의 자작나무가 낙엽송을 보호하고 있는 것처럼 보인다.

1. 테렐지국립공원의 거북바위 | 2. 차량이 다니는 목교
3. 강을 건너는 말 | 4. 해충 피해를 입은 낙엽송 | 5. 강변의 포플러와 버드나무

산 위의 암벽 사이나 아래에 자라고 있는 낙엽송과 자작나무는 마치 바위에 나무가 서 있는 것처럼 보이는데 특히 자작나무는 하얀 줄기 때문에 더욱 돋보인다. 열악한 환경에서 자라서인지 자작나무는 줄기가 여러 개로 갈라져 자란 것이 많이 보이고, 낙엽송도 눈이나 바람에 의해 줄기가 땅바닥에 거의 누운 채 가지가 줄기처럼 위로 자라는 것을 볼 수 있다. 나무들이 어렵게 자라고 있는 자리에도 야생화들이 다소곳이 자라는데 에델바이스, 자주꽃방망이(*Campanula glomerata*) 등이 많지는 않지만 다양한 색으로 피어 있다.

언덕을 넘어서는 다시 폭이 넓은 계곡이 나오는데 위쪽으로는 자작나무숲이, 아래쪽에는 낙엽송숲이 자리를 잡고 있고 중간에는 낙엽송과 자작나무가 같이 자라고 있다. 자작나무는 나무높이가 10m 정도이지만 하얀 줄기 때문에 더 크게 보이고 수피가 벗겨진 부분은 짙은 갈색을 띠고 있어 대조를 이루는데 중간 중간에 서 있는 낙엽송이 더욱 푸르게 보인다. 숲가장자리의 낙엽송에는 마치 길을 안내해주는 안내판처럼 청색 리본이 달려 있다.

완만한 계곡부에 물이 흐르지는 않지만 습해서 가장자리에는 키가 작은 관목들이, 그 뒤로는 키 큰 낙엽송이 주로 자라고 자작나무가 일부 자라고 있다. 키 작은 나무는 자작나무나 포플러로, 숲속으로 들어갈수록 습해져서 신발이 모두 물에 젖을 정도이다. 멀리서 보면 푸른 관목층 위에 낙엽송이 서 있는 것 같기도 하고 갱신을 시키기 위해 일부러 낙엽송을 잘라낸 것처럼 보이기도 한다. 생육조건에 맞추어 나무들이 자라기 때문인 것으로 여겨지지만 가장자리에서 안으로 차례차례 나무의 높이가 변하는 것을 보면 자연이 만든 정원처럼 느껴진다. 낙엽송으로 가득 찬 숲을 보면 우리나라의 낙엽송(*Larix kaempferi*) 조림지 같아 보이지만 이곳의 숲은 모두 천연림, 즉 자연적으로 생긴 숲이다.

테렐지국립공원은 초원, 기암괴석 그리고 숲으로 이루어진 곳으로 자연 상태가 비교적 잘 유지되고 있지만 병해충으로 인한 숲의 피해가 적지 않게 나타나고 있다. 특히 수도인 울란바토르에서 가까운 국립공원으로 많은 사람들이 찾는 관광지이기 때문에 병해충 방제도 일부 이루어졌으면 좋겠다는 생각이 든다.

1. 에델바이스 | 2. 자작나무 수피 | 3. 줄기가 누운 낙엽송 | 4. 낙엽송과 관목층

계곡부의 낙엽송숲

호주

사진_ 울런공의 유칼립투스와 병솔나무숲

Australia

호주 대륙은 해발고가 340m로 전 대륙 중 가장 낮다. 대륙의 동남쪽에는 남북 방향으로 대분수산맥(Great Dividing Range)이 뻗어 있다. 최고봉은 해발 2,230m의 코지우스코산(Mt. Kosciuszko)으로 겨울에 눈이 오는 유일한 지역이다. 대분수산맥 서쪽은 건조한 스텝기후의 대찬정분지(Great Artesian Basin)이지만 하천수를 관개하여 방목지로 사용하고 있다. 내륙으로 들어가면 사막지대로 그레이트샌디(Great Sandy), 그레이트빅토리아(Great Victoria), 깁슨(Gibson) 사막 등이 있다.

호주 인구의 대부분은 북부, 동부, 남서부의 해안지대에 거주하고 있으며 내륙지역은 불모지이거나 반사막이어서 사람이 살기 어렵다. 토지의 이용은 경작지 6%, 목축지 58%, 산림 14%, 기타 22%로 목축지의 비중이 상당히 높다. 대양으로 둘러싸여 있고 높은 산맥이 없어서 기후로 인한 제약이 적으며 국토의 2/3가 온대지역이다. 북부는 열대우림기후 또는 열대계절풍기후이고, 동쪽은 온난 습윤한 서안해양성기후여서 브리즈번(Brisbane), 시드니(Sydney), 멜버른(Melbourne) 같은 대도시들이 자리 잡고 있다. 남반구에 위치하고 있으므로 1월이 가장 덥고 7월이 가장 춥지만 극심한 추위나 더위는 없다. 연평균 강우량은 465mm이지만 대륙 중앙부는 150mm 미만이고 서부 태즈메이니아의 일부 지역은 2,000mm 이상으로 지역에 따라 차이가 크다.

호주는 식물상이 풍부하여 유럽에 1만 7,500종의 식물이 있는 데 반해 호주에는 2만 5,000종의 식물들이 서식하고 있다. 울레미소나무(wollemi pine)와 그래스트리(grass tree) 등이 유명하다. 호주의 산림면적은 1억 4,900만 ha로 이 중 1억 4,700만 ha는 천연림이며 유칼립투스가 79%, 아카시아가 7%를 차지하고 있다. 유칼립투스(*Eucalyptus* spp)는 호주의 대표적인 숲으로 700종 이상 자생하고 있고, 아카시아(*Acasia* spp)는 전 세계 1,500종 가운데 955종이 호주에 자생을 하고 있다. 멜라레우카(*Melaleuca* spp)는 전 세계 143종 중 호주에 140종이 천연림에 분포하는데 분포면적은 700만 ha로 호주 산림면적의 4%를 차지하며 유칼립투스와 아카시아에 이어 세번째로 많다. 칼리트리스(*Callitris* spp)는 14종이 자생하고 있고 해안칼리트리스(*Callitris columellaris*)는 북동부 뉴사우스웨일스주에 분포한다. 카수아리나(*Casuarina* spp)는 60여 종이 호주에 있으며 유럽의 떡갈나무와 닮아서 쉬오크(sheoak)로 불린다.

호주에는 주별로 국립공원을 지정하고 있어 그 숫자가 수백 개가 된다. 유명한 국립공원으로는 블루마운틴국립공원(Blue Mountains National Park), 울레미국립공원(Wollemi National Park), 시드니하버국립공원(Sydney Harbour National Park), 태즈먼국립공원(Tasman National Park) 등이 있다.

1. 산불에 대처하는 유칼립투스의 모순
울런공의 유칼립투스숲

해안지대 유칼립투스숲

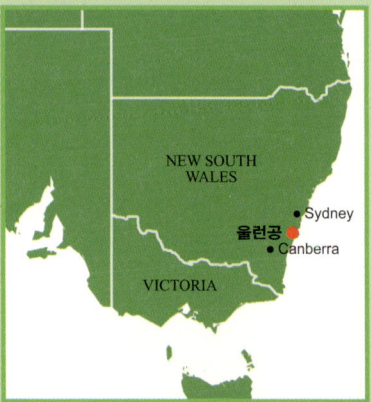

Oceania | Australia

시드니(Sydney)에서 남쪽으로 한 시간 거리에 있는 뉴사우스웨일스주(New South Wales)의 세번째로 큰 도시 울런공(Wollongong), 이곳은 해안의 단층애와 해변이 아름다운 지역이다. 울런공 지역에는 산불이 자주 발생하는 유칼립투스 천연림이 있으며 유칼립투스가 아교목 상태로 자라고 있다. 해안단층의 위와 아래에 유칼립투스숲이 있다. 두 지역을 모두 볼 수 있는 곳이 단층 위에 있는 서브라임전망대(Sublime Point)이다. 서브라임전망대는 해발 415m로 절벽 바로 아래에 있는 해변과는 고도차가 크다.

산불에 강한 유칼립투스

전망대 위의 평지에 자라고 있는 나무들은 건조한 탓인지 높게 자라지 않았다. 숲속으로 난 오솔길을 따라 들어가면 키가 10~15m 정도 되는 유칼립투스가 듬성듬성 자라고 있으며 숲바닥에는 관목들이 자라고 있다. 유칼립투스의 줄기가 검은색을 띠고 있어 자세히 보니 줄기가 원래 검은 것이 아니라 산불이 나서 불에 탄 흔적이다. 줄기의 아랫부분은 검지만 수관부의 줄기는 하얀 빛이어서 대조를 이루고 있다.

이 지역에 자라는 유칼립투스 종류는 필루라리스(*Eucalyptus pilularis*), 시베리(*E. sieberi*), 글로보이데아(*E. globoidea*), 아글로메라타(*E. agglomerata*) 등이 있는데 여기에는 필루라리스와 시베리가 주로 자란다. 이렇게 산불피해가 자주 발생하는 것은 유칼립투스 나무가 방향성 물질을 많이 갖고 있어 고온 건조한 여름철에 자연 발화되기 쉽기 때문인 것으로 알려져 있다. 그러나 유칼립투스는 도관이 수피 안쪽에 깊숙이 있어 산불에 의한 고사 위험이 적은 편이다.

솔 모양의 병솔나무

유칼립투스 아래에는 높이 3~4m에 이르는 나무에 솔방울처럼 보이는 것이 달려 있다. 자세히 보면 솔방울이 아니라 병솔나무의 열매이다. 병솔나무는 종류가 여러 가지인데 이 병솔나무는 잎의 가장자리가 톱니처럼 되어 있는 방크시아 세라타(*Banksia serrata*)이다. 관목층에는 포레스트참나무(forest oak; *Allocasuriana torulosa*)가 자라고 있는데 이름만 참나무이지 참나무 종류는 아니며, 실제로 호주에는 참나무가 자라지 않는다. 잎은 소나무와 비슷한데 쇠뜨기처럼 마디가 있고 길다. 이외에도 우리에게 친숙한 고사리(*Pteridium esculentum*)도 무리 지어 자라고 있어 왠지 친근하게 느껴진다.

숲속 오솔길로 더 들어가면 큰 나무들이 없고 관목들만 자라는 개활지가 나타나는데 관목들의 모양이 마치 침엽수 같다. 이것은 가지에 갈색 꽃이 피어 있는 병솔나무인데 학명이 *Banksia spinulosa* var. *spinulosa*로 숲속의 병솔나무와는 다른 종류이다. 이렇게 무리를 지어 자라는 것은 산불이 발생하여 큰 나무들이 모두 없어지면 병솔나무 종자가 발아하여 자리를 잡기 때문이다. 병솔나무 군락지 뒤로는 키가 15m 정도 되는 유칼립투스가 줄지어 자라고 있어 좋은 대조를 이룬다.

초록 담장을 두른 집

전망대 아래 해안가의 유칼립투스(*Eucalyptus pilularis*)는 나무높이가 20m가 넘고, 하얀 가지 끝에 수관이 형성되어 마치 초록빛 파라솔을 펼쳐 놓은 것 같다. 이 숲 한가운데 자리를 잡고 있는 주택은 마치 자연의 초록빛 담장에 둘러싸여 있는 것처럼 보여 부럽기도 하다. 고온 건조한 여름철에 산불이 나면 위험하겠다는 걱정도 들지만 주택가 주변은 하층을 정리하여 산불 발생

1. 시드니 해안가의 유칼립투스숲 | 2. 서브라임 전망대

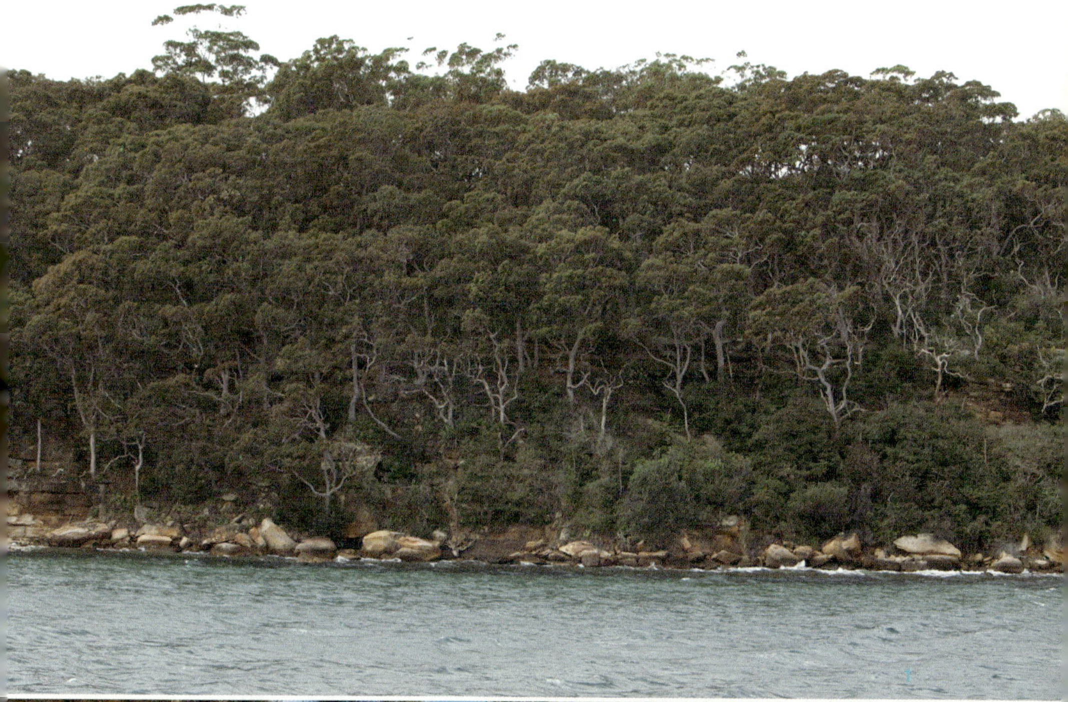

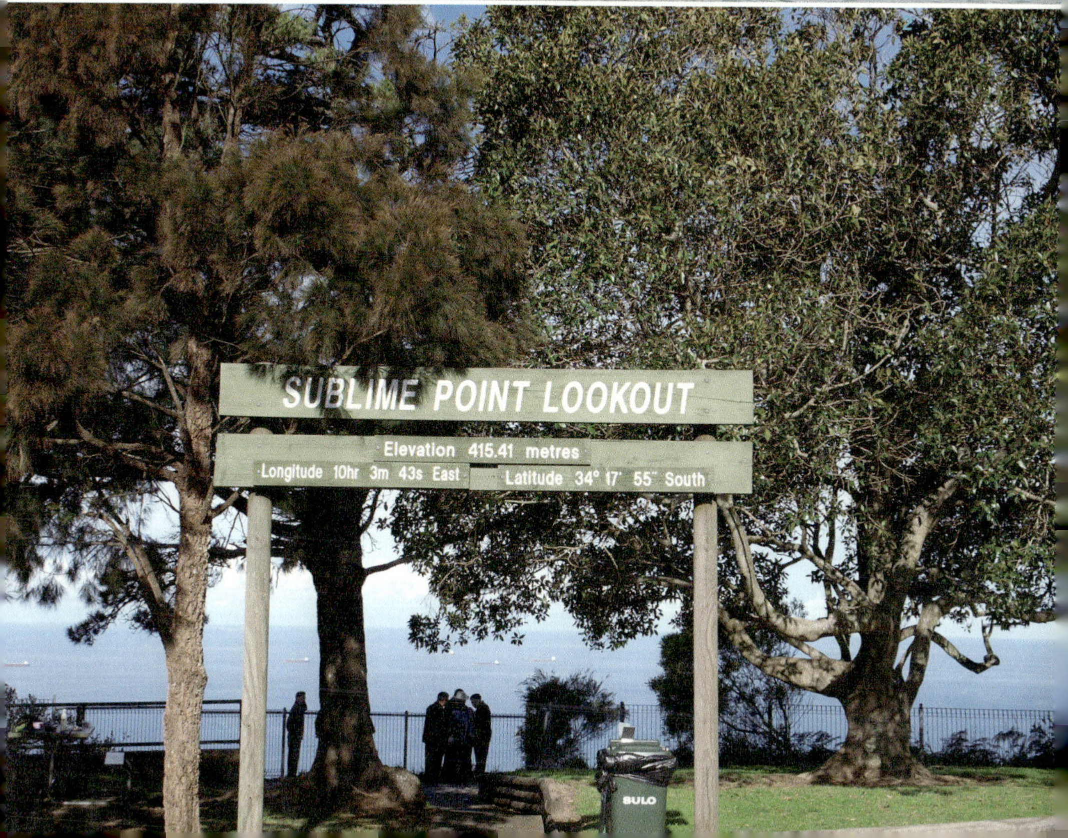
SUBLIME POINT LOOKOUT
Elevation 415.41 metres
Longitude 10hr 3m 43s East
Latitude 34° 17' 55" South
SULO

위험이 적은 편이다. 절벽 위에 자라는 유칼립투스의 모습은 마치 우리나라의 낙락장송을 보는 듯하다.

울런공의 유칼립투스숲은 산불이 주기적으로 발생하는 지역에 속하지만 자연 상태로 숲을 유지 관리하고, 주택가 주변의 숲은 임내 정리를 하여 산불을 예방하고 있을 뿐만 아니라 숲 탐방로를 만들어 관광자원으로 활용함으로써 숲의 다양한 기능을 높이는 길을 보여주고 있다.

1. 전망대 주변 평지의 유칼립투스숲 | 2. 불에 탄 유칼립투스 줄기 | 3. 유칼립투스와 고사리
4. 병솔나무(B. serrata) 열매와 잎 | 5. 병솔나무(B. spinulosa var. spinulosa) 꽃

절벽 위의 유칼립투스

2. 신비로운 푸른빛의 안개를 뿜다
블루마운틴국립공원

블루마운틴의 세자매봉

Oceania | Australia

블루마운틴산악지대(Greater Blue Mountains Area)는 시드니에서 서쪽으로 약 60km 떨어진 곳에서 산자락이 시작된다. 블루마운틴이라는 이름은 이 지역에 가장 많이 분포하고 있는 유칼립투스의 잎에서 증발된 방향물질이 산 위로 퍼져 멀리서 보면 하늘이 파랗게 보이는 것에서 유래된 것이다. 우리나라 면적 1/10에 해당되는 10,326km²가 유네스코 세계자연유산으로 2000년에 지정되었다.

블루마운틴에는 마운틴블루검(mountain blue gum; *Eucalyptus deanei*), 블루마운틴말리애쉬(blue mountains mallee ash; *E. stricta*), 시드니그레이검(sydney grey gums; *E. punctata*) 등 유칼립투스가 91종이나 자생하고 있다. 유칼립투스숲은 유칼립투스에서 휘발성 물질이 증발되고 대기가 건조하기 때문에 자연발화로 인한 산불이 자주 발생한다. 블루마운틴 지역에서도 거의 주기적으로 대면적 산불 피해가 발생하기 때문에 입산이 금지되는 경우도 있다.

이 지역 내에는 블루마운틴국립공원(Blue Mountains National Park), 가든스오브스톤국립공원(Gardens of Stone National Park), 올레미국립공원(Wollemi National Park) 등 총 7개 국립공원이 있다. 이 중 대표적인 국립공원인 블루마운틴국립공원은 1959년에 지정되었으며 면적은 2,470km²로 서울의 4배가 된다. 가장 낮은 곳은 네피언강(Nepean R.) 지역으로 해발 20m이고, 높은 곳은 해발 1,215m의 위롱산(Mt. Werong)으로 두 곳의 고도가 1,200m

정도 차이가 난다. 이렇게 고도 차이가 많이 나기 때문에 고지대와 저지대로 구분되고 지대에 따라 다른 나무들이 자라고 있다. 국립공원 내 주요도시로는 시드니로부터 서쪽으로 80km 떨어진 곳에 위치한 카툼바(Katoomba)가 있다. 블루마운틴의 장관을 이루는 모암은 3억 년 전에 형성된 퇴적암으로 융기로 인하여 고원지대가 형성된 뒤 화산활동으로 인하여 현무암이 일부 생성되고, 침식작용으로 다양한 형태의 기암절벽이 만들어져 현재의 모습을 이루게 되었다. 기암 중에서 유명한 곳은 세 자매의 전설이 깃든 세자매봉(Three Sisters)이다.

에코포인트 전망대

국립공원의 고지대에 있는 에코포인트(Ecopoint) 전망대는 절벽 가장자리에 있는데 이 지역은 건조하고 토심이 얕아 커다란 나무들이 자라지 못하고, 10m 이하로 자라는 유칼립투스가 주를 이루고 있다. 숲속으로 들어가면 키 작은 블루마운틴말리애쉬가 숲을 이루는데 나무높이는 7~8m 정도이지만 멀리서 보면 하얀 줄기와 가지들이 구불구불 자란 모양이 척박한 환경을 대변하는 것 같고 평평한 우산 모양의 수관은 부드러운 언덕을 연상케 한다. 유칼립투스의 수피는 소나무처럼 오래 붙어 있지 않고 껍질을 벗듯 떨어져 길게 늘어져 있다.

 이 지역에는 유칼립투스가 숲 대부분을 차지하고 있지만 이외에도 병솔나무(*Banksia ericifolia*)가 숲가장자리에서 솔방울과 같은 꽃을 피우며 자라고 있다. 이름만 참나무인 쉬오크(sheoak; *Casuarina* spp)도 가는 잎을 바람에 흔들며 서 있고, 절벽에는 나무고사리(tree fern)가 우산을 펴놓은 것같이 자라고 있다. 절벽 아래로 보이는 재미슨계곡(Jamison Valley)에는 마운틴그레이검(mountain grey gum; *E. cypellocarpa*), 마운틴블루검, 리본검(ribbon gum; *E. areudes*) 등 커다란 유칼립투스들로 이루어진 숲과 계곡 우림(rainforest)이 있다.

 계곡 건너편의 퇴적암이 융기하여 생긴 절벽은 높이 100m가 넘는데 중간 중간의 지질층이 그대로 드러나 있고 층 사이로 나무들이 자라고 있어 경

1. 에코포인트 부근의 유칼립투스숲 | 2. 수피가 벗겨지는 유칼립투스
3. 에코포인트에서 바라본 절벽 | 4. 절벽의 유칼립투스

1

2

탄을 자아낸다. 에코포인트에서 보면 고지대에서는 큰 나무들이 많지 않은데 비하여 계곡부에는 큰 나무들이 자라고 있는 것을 육안으로도 확인할 수 있다.

계곡부의 우림

블루마운틴의 계곡부는 1880년대 탄광을 위해 건설된 철도를 이용하여 이동할 수 있는데 해발 737m에 있는 역에서 열차를 타면 급경사지를 순식간에 지나 계곡부에 도착한다. 계곡부에 도착하면 우선 보이는 것은 유칼립투스 가지에 앉아 있는 큰유황앵무(sulphur-crested cockatoo)로 사람이 있어도 그 자리에 꿈쩍 않고 있는 것이 관광객들에게 길들여진 듯하다.

고지대와는 달리 저지대 계곡부는 다양한 나무들이 가득 차 햇빛이 거의 들어오지 않고 어두운데 나무들도 완연히 달라 다른 나라에 온 것 같은 착각을 일으킨다. 계곡에서 위를 보면 한쪽으로는 절벽이 앞을 가리고 절벽 끝에는 유칼립투스가 매달리듯 자라고 있으며, 반대쪽으로는 푸른 수해가 펼쳐진다.

숲으로 들어가면 계곡 우림과 환경을 보호하기 위해 목재통로를 설치하였는데 맨땅으로 되어 있는 길이 거의 없을 정도이다. 숲에서 우선 눈에 들어오는 것은 열대지방에서도 자라는 나무고사리(rough tree fern; *Cyathea australis*)로 커다란 유칼립투스 아래에서 자라 키가 작아 보이지만 높이가 10m 이상 된다. 수관이 우산처럼 퍼져 있어 숲속에 우산을 펼쳐 놓은 것처럼 보이는데 이름처럼 줄기가 거칠지만 새순을 약으로 이용하기도 한다.

숲길 따라 가다 보면 다양한 수종들이 자라고 있는 것을 알 수 있는데 이 중 하얀 줄기에 벗겨진 수피가 가지나 줄기에 주렁주렁 매달린 모양에서 이름이 생긴 리본유칼립투스(ribbon gum)는 크기가 20m 이상 되어 멀리서도 알아볼 수 있다. 이와는 달리 수피가 미끈하고 부드러운 느낌을 주는 시드니레드검나무(sydney red gum; *Angophora costata*)는 유칼립투스 종류가 아니고 모양도 달라 대조를 이루고 있다.

공중습도가 높고 토양이 습해서 이끼가 덮인 돌에도 많이 자라고 있는데

1. 계곡부의 수해 | 2. 유칼립투스 가지 위의 큰유황앵무

전석지에는 줄기가 여러 개 자라난 사사프라스(sasafras; *Doryphora sassafras*) 맹아목이 우리나라의 참나무처럼 자라고 있다. 코치우드(coachwood; *Cereteprin apetatum*)와 유칼립투스가 같이 자라고 있는 곳은 대부분 상층이 울폐되어서인지 지피층에 자라는 식물들이 거의 없어 약간은 삭막하게 느껴지기도 한다. 그러나 대부분 하층에는 릴리필리(lilly pilly; *Acmena smithii*)가 짙푸른 빛으로 자라고 있고, 잎이 5개 달린 덩굴식물(five leaf water vine; *Cissus hypoglauca*)이 유칼립투스를 감싸며 자라고 있다. 계곡 우림에서 가장 눈에 띄는 나무는 숲 위로 솟아오른 듯 40m 넘게 자란 마운틴블루검으로 하얗고 곧은 줄기는 흰 대리석 기둥을 푸른 숲속에 세워 놓은 것처럼 보인다.

블루마운틴의 천연림은 인위적인 간섭이 적은 유칼립투스숲이 주를 이루고 있지만 고지대와 저지대의 환경 차이로 숲이 완연히 다르게 나타나는 특징을 보이고 있다. 특히 침식작용으로 생긴 단애는 천혜의 절경을 이루고 있고, 폐광산의 철도를 이용하여 온대우림을 새로운 관광명소로 만들어 내는 것이 새롭게 느껴진다. 자연을 보호하며 숲을 보여주는 방안을 이곳 블루마운틴국립공원에서 찾아봄 직하다.

마운틴블루검의 희고 곧은 줄기

뉴질랜드

사진_ 로토루아 세쿼이아숲의 나무고사리

New Zealand

뉴질랜드는 두 개의 큰 섬인 북섬 및 남섬과 수많은 작은 섬들로 이루어져 있으며, 남섬이 더 크지만 인구의 75% 이상이 북섬에 살고 있다. 지형적으로 전 국토의 50%가 가파른 절벽이며, 20%가 언덕, 30%가 평지이다. 북섬의 지형은 해발 200m 내외의 낮은 산악지대가 많으나 남섬은 해발 3,754m의 쿡산(Mt. Cook)을 비롯하여 2,300m가 넘는 산이 223개가 있으며 360개의 빙하가 있는 험한 산악지대로 이루어져 있다.

온대기후에 속하지만, 길고 가느다란 국토의 모양으로 인해 북섬과 남섬은 서로 다른 다양한 기후를 나타낸다. 오클랜드 북쪽은 아열대성기후인 반면, 남섬의 일부 산봉우리는 연중 눈으로 덮여 있다. 사면이 바다로 둘러싸여 여름과 겨울의 온도차가 크지 않은 해양성기후를 나타낸다. 연평균 기온은 12℃로 전체적으로 온화한 편이고 주요 도시의 상당수가 바다에 근접해 있으며 해변은 뉴질랜드 생활양식에서 빼놓을 수 없는 부분이다. 계절은 북반구와 정반대로 1월이 가장 더워서 평균 기온이 19~26℃이며, 겨울철인 7월의 평균 기온은 10~15℃이다.

뉴질랜드가 다른 대륙들로부터 분리된 것은 약 1억 년 전의 일이며, 이로 인하여 많은 고대 식물과 동물들이 고립되어 진화한 결과 독특한 식물군과 동물군을 가지게 되었다. 또한 산악지대에서부터 모래 해변, 빙하지대와 협곡 그리고 활화산까지 다양한 지형을 가지고 있다. 약 1,000년 동안 인간에 의해 자연 삼림이 훼손되었음에도 불구하고 아직 전 국토의 1/4이 삼림지대로 남아 있다.

뉴질랜드의 토지 이용은 방목을 위한 목장과 농작물 경작지가 43%로 제일 많은데 사육되는 양이 3,200만 마리, 소는 500만 마리로 가축 숫자가 인구의 10배에 달한다. 천연림이 24%, 용재생산을 위한 산림은 180만 ha로 7%를 차지하고 있다. 수종별 용재생산을 위한 조림지 중에서는 라디아타소나무(Pinus radiata)가 89.2%로 거의 대부분을 차지하고 있고, 삼나무, 유칼립투스 등 외래수종이 많이 조림되어 있다. 뉴질랜드에 자생하는 침엽수종은 20여 종이 있다. 이 가운데 목재생산의 주요대상이 되는 수종은 리무나무(rimu; *Dacrydium cupressinum*)로 뉴질랜드 전체에 분포하는 교목수종이다. 세계에서 가장 큰 나무 중 하나인 카우리나무(kauri; *Agathis* spp)는 북섬의 비교적 좁은 지역과 코로만델반도(Coromandel Peninsula)에서만 제한적으로 자라고 있다.

1. 세쿼이아의 뉴질랜드 정착기
로토루아의 세쿼이아숲

로토루아시 전경

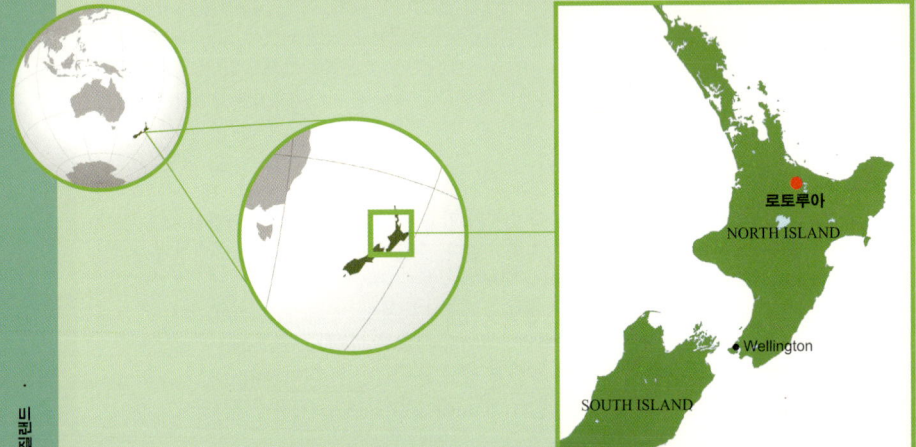

Oceania | New Zealand

미국 캘리포니아 해안이 원산인 세쿼이아(coast redwood; *Sequoia sempervirens*)를 뉴질랜드에서는 조림지에서 만나볼 수 있다. 세쿼이아숲으로 유명한 곳은, 북섬의 로토루아(Rotorua) 중심에서 남쪽에 있는 화카레와레와산림공원(Whakarewarewa Forest)이다. 이 산림공원은 원래 1901년부터 여러 자생수종과 외래수종의 조림 적합성을 연구하기 위한 시험지로 이용되었다. 초기에는 토코랑이(Tokorangi) 숲에 170여 종의 나무가 식재되었으나 현재는 일부만 남아 있다. 초기에 식재된 라디아타소나무(*Pinus radiata*)는 현재 뉴질랜드의 가장 중요한 용재수종으로 인정받고 있다. 1901년에 최초로 식재된 12ha의 캘리포니아 세쿼이아는 오늘날 겨우 6ha가 남아 있어 레드우드기념숲(Redwood Memorial Grove)으로 불린다.

100년의 세쿼이아숲

100년이 넘은 세쿼이아숲에 들어서면 우선 좌우로 하늘 높이 자란 세쿼이아가 눈에 들어오지만 숲속을 자세히 들여다보면 세쿼이아뿐만 아니라 라디아타소나무, 구주낙엽송(*Larix decidua*)과 미송(*Pseudotsuga menziesii*)이 같이 자라고 있다. 나무높이가 30m에 이르고 굵기도 한 아름이나 되기 때문에 구분이 잘 안되지만 자세히 보면 낙엽송과 라디아타소나무의 수피가 붉은 세쿼이아의 수피와 구분이 된다.

미국 캘리포니아에서 세쿼이아가 높이 100m까지 자라고 지름도 4~5m나 되는 것을 생각하면 이곳의 세쿼이아는 그렇게 크지 않지만 붉은빛 세쿼이아가 줄지어 자라는 숲길로 들어서면 지름이 1m, 높이가 40~50m에 달하는 세쿼이아에 압도된다. 숲속으로 길게 뻗은 숲길이 세쿼이아를 더 웅장하게 보이게 한다.

숲속을 들여다보면 상층에는 세쿼이아가, 중층에는 자생수종들이 자라고 있는데 이 중에 잎이 삼나무처럼 보이는 리무나무(rimu; *Dacrydium cupressinum*)가 있다. 리무나무는 침엽수로 멀리서 보면 마치 잎이 빗살처럼 보여 금방 알 수 있는데 고급목재로 이용되지만 생장이 더뎌 조림수로 각광을 받고 있지는 않다. 세쿼이아숲에는 리무나무 외에 줄기가 야자수 줄기처럼 보이고 수관부의 잎은 고사리처럼 생긴 나무고사리가 자라고 하층에는 고사리류가 자라고 있어 위에는 세쿼이아의 짙푸름이, 아래에는 나무고사리와 고사리의 이색적인 초록빛이 펼쳐지면서 동화 속에 들어온 듯하다.

수분을 흡수하는 나무고사리

특히 세쿼이아 아래 나무고사리가 무성하게 자라고 있어 열대우림에 들어와 있는 것 같다. 나무고사리는 나무처럼 높이가 10m 이상이나 자라고 잎은 고사리를 닮아서 이름이 붙여졌다. 이곳에 자라는 나무고사리는 여러 종류인데 가장 많은 것이 실버나무고사리(silver tree fern; *Cyathea dealbata*)와 블랙나무고사리(black tree fern; *Cyathea medullaris*)이다. 블랙나무고사리는 수령 60년에 20m까지 자란다.

실버나무고사리의 잎은 천천히 마르고 뒷면이 흰빛을 띠고 있기 때문에 숲바닥에 잎을 뒤집어 놓으면 어두운 숲속에서 훌륭한 표지판 역할을 한다. 세쿼이아 아래에 자라는 나무고사리와 고사리류는 숲의 수분을 유지하는 데 큰 역할을 하고 있다. 줄기가 스펀지와 같아 강우 시에 줄기에 수분을 흡수하였다가 갈수기에 다시 배출을 하기 때문에 숲의 수분 공급에 큰 영향을 끼치고 있으며 이곳 산림생태계에 중요한 역할을 하고 있다. 나무고사리는 길 주변뿐만 아니라 숲속에서도 자라고 있어 세쿼이아숲의 중층과 하층을 이루

1. 화카레와레산림공원의 낙엽송과 라디아타소나무
2. 세쿼이아 노령목

1

는 주요수종이다.

　숲길에서 조그마한 오솔길로 들어서니 세쿼이아 낙엽이 두껍게 쌓여 숲바닥이 푹신푹신한 게 양탄자 위를 걷는 것 같다. 지름 1m가 넘는 세쿼이아 사이를 지나다 보면 수령이 적은 세쿼이아가 빽빽이 자라는 곳이 나타나면서 하층의 푸르름이 없어지고 갈색으로 바뀐다. 솎아베기 연구를 하는 곳인지 나무들이 너무 많이 자라 햇빛이 들어오지 못해 숲바닥에 풀조차 자라지 못하는 것이다. 숲을 어떻게 관리하느냐에 따라 숲이 크게 달라질 수 있다는 것을 보여주고 있다.

　로토루아의 세쿼이아숲은 초기에는 조림연구를 위해 만들어졌으나 100년이 넘게 유지·관리된 덕분에 세쿼이아와 나무고사리가 다른 곳에서는 볼 수 없는 특별한 형태의 숲을 이루고 있다. 이러한 숲을 단지 보호하는 것에서 그치지 않고 일반인에게 공개하여 다양한 공간으로 활용함으로써 숲의 중요성과 가치를 높이고 있다.

1. 나무고사리가 있는 세쿼이아 길 ｜ 2. 자생수종인 리무나무
3. 실버나무고사리의 잎 뒷면 ｜ 4. 빽빽이 자란 세쿼이아와 숲바닥

... 용어풀이 ...

개벌(皆伐, clear cutting) 모두베기라고도 하는 목재를 수확하는 방법 중의 하나로 특정 숲에 있는 나무를 한꺼번에 모두 자르는 것을 뜻한다.

경관림(景觀林, landscape forest) 물을 저장하거나 토양침식을 방지하는 기능적 측면보다는 아름다운 경관을 즐기거나 만드는 시각적 또는 심미적 측면에서 조성되고 관리되는 숲

고사목(枯死木, dead tree) 병이나 산불, 노화 등으로 인해 서 있는 상태에서 말라 죽은 나무. 과거에는 병해충의 우려 때문에 제거하였으나, 최근에는 생물다양성 보전에 중요한 역할을 하는 것으로 밝혀지고 있다.

교림(喬林, high forest) 큰키나무들로 이루어진 숲. 나무높이가 최소 10m 이상이 되어야 하며 일반적으로는 높이가 15~20m 정도의 숲을 말한다.

기근(氣根, aerial root) 공기뿌리라고도 하는 지상의 줄기 부위에서 나오는 뿌리. 나무의 뿌리는 땅속에서 자라는 것이 일반적이지만 습한 땅이나 물속에서 자라는 나무의 경우 뿌리가 호흡하기가 어려우므로 땅위로 무릎 뼈 모양의 가는 줄기처럼 자라나는데 이것이 기근이다. 물가에 자라는 낙우송에서 기근이 발달된 모습을 볼 수 있다.

기저부(基底部) 줄기와 뿌리가 연결되는 나무의 밑둥치. 줄기보다 굵어져 원추형으로 뿌리와 연결되는 형태를 보인다. 열대수종 중에는 부챗살 모양으로 크게 발달한 것이 많이 있다.

내음성(耐陰性, shade tolerance) 그늘에서 잘 견디는 성질로 이러한 특성을 가진 나무를 음수라고 한다. 전나무가 대표적인 내음성 수종이다.

노령림(老齡林, matured forest) 나이가 많은 나무들로 이루어진 숲. 벌기에 달해 입목의 평균재적, 생장량이 떨어지는 산림으로 보통 생장이 빠른 수종에서는 50년까지를 장령림, 그 이상을 노령림이라고 하나 생장이 느린 수종에 있어서는 80년까지를 장령림, 그 이상을 노령림으로 분류하기도 한다.

다층림(多層林, multi-storied forest) 수직적 구조가 여러 개의 층으로 구분되는 숲. 복층림이라고도 하며 보통 3층(상층, 중층, 하층)으로 이루어져 있다.

단목(單木, single tree, individual tree) 하나씩 떨어져 자라는 나무

단순림(單純林, pure forest) 한 종류의 나무로 이루어진 숲. 순림이라고도 하며, 우리나라의 대표적인 단순림은 소나무숲이고 인공림으로는 잣나무숲이 있다.

단층림(單層林, mono-storied forest) 숲의 수직적 구조가 한 개의 층으로 이루어진 숲. 상층으로만 이루어진 교림의 형태가 일반적이며, 잣나무인공림이나 낙엽송 인공림에서 많이 볼 수 있다.

대경목(大徑木) 줄기의 가슴높이지름이 30cm 이상인 큰 나무. 임목의 가슴높이지름 크기에 따라 나눈 것을 경급 또는 직경급이라고 하며, 다음의 4가지로 구분이 되어 있다. 치수 6cm 미만, 소경목 6~16cm, 중경목 18~28cm, 대경목 30cm 이상

대경재(大徑材) 굵기가 30cm 이상인 원목

대상벌(帶狀伐, strip cutting, strip felling) 숲을 벨트형태로 면적을 구분하여 수확하는 것. 대면적 개벌이 생태적으로나 환경적으로 좋지 않기 때문에 수확면적을 축소하여 실시하는 벌채(나무베기) 방식이다. 1차로 대상으로 벌채 수확을 한 후 벌채지에서 어린나무가 자리를 잡으면 나머지 부분을 수확 벌채한다.

맹아(萌芽, sprout) 나무를 자른 밑둥치에서 자라는 줄기. '움돋이'라고도 하며, 1개만 자라나는 것이 아니라 여러 개(5~6개 이상)가 자란다. 활엽수에서 맹아가 많이 발생하며 신갈나무, 서어나무가 대표적이다.

메안더형 ㄹ자형으로 흐르는 강의 형태

모레인(氷堆石, moraine) 빙하에 의해 만들어진 토양

모수(母數, seed tree, mother tree) 수확하고 난 뒤 숲에 나무를 심지 않고 자연적으로 종자가 퍼져 다음 숲이 이루어지도록 남겨두는 나무(종자나무). 수관이 크고 종자가 많이 결실되는 나무를 주로 남겨 놓는다.

무육(撫育, tending operation) 나무의 생장에 따른 숲가꾸기. 한 가지 방법으로 실시하는 것이 아니라 나무가 자람에 따라 어린나무가꾸기, 덩굴제거, 가지치기, 솎아베기 등을 실시하여 나무의 생장을 돕고 재질을 향상시켜 생산목적을 이룬다.

바이오매스(生物量, biomass) 태양에너지를 받은 식물과 미생물의 광합성에 의해 생성되는 식물체 및 균체와 이를 섭취하는 동물체를 포함하는 생명의 양. 나무와 농산물, 사료작물, 농산폐기물, 해양생물 등에서 추출된 재생 가능한 재료로 에너지로의 전환이 가능한 유기물질

벌기(伐期) 나무를 베는 주기로 보통 벌기령이라고도 한다.

벌기령(伐期齡, exploitable age, felling age) 임목을 수확하는 숲의 나이

보속성(保續性) 지속성. 산림경영에서는 목재 수확을 매해 균등하게 하여 지속적으로 목재를 공급할 수 있도록 하는 것을 뜻한다.

복층림(複層林) 다층림 참조

선구수종(先驅樹種, pioneer tree species) 빈 땅에 들어와 자라는 나무종류. 산불이나 태풍 등으로 숲이 파괴된 자리에 자라는 나무들로 대표적인 종류는 소나무, 자작나무 등이 있다.

소경재(小徑材) 굵기가 15cm 미만의 작은 원목

수간(樹幹, stem, trunk) 나무의 줄기. 침엽수는 줄기가 곧고 활엽수는 침엽수에 비하여 줄기가 덜 곧은 것이 일반적이다.

수관(樹冠, crown) 잎을 포함한 나뭇가지가 시작하는 높이에서 나무꼭대기까지의 부분. 나무가 자라는 데 필요한 잎이 달려 있는 부분이며, 수관이 클수록 나무가 건강하다고 볼 수 있다.

수목한계선(樹木限界線, timber line) 나무들이 자랄 수 있는 해발고. 일반적으로 극지방으로 갈수록 해발고가 낮아지고 열대지

방으로 갈수록 높아진다. 알프스 지역에서는 1,800~2,100m 정도가 수목한계선이고 열대지방의 킬리만자로는 3,000m 정도이다.

수하식재(樹下植栽, under planting) 큰 나무 밑에 작은 나무를 심는 것. 큰 나무의 줄기를 보호하기 위해서 실시한다.

수형(樹型, tree form) 나무의 형태. 나무의 형질, 수관 모양, 나무높이 등으로 구분한다.

수확기 나무를 수확하는 나이. 수확기가 일정하게 정해진 것이 아니라 얼마나 큰 나무를 키우느냐에 따라 수확기가 정해지는데 우리나라에서는 80년 정도가 가장 긴 편이고, 독일에서는 200년까지를 수확기로 정하는 경우도 있다.

순림(純林) 단순림 참조

습지림(濕地林, swamp forest) 땅이 습한 지역이나 늪지에 이루어진 숲. 해안이나 강변에 많이 있다.

신탄재(薪炭材, fuelwood) 가정용이나 산업용의 땔감, 숯 등의 연료재로 사용되는 산림생산물

아교목(亞喬木) 교목과 관목의 중간 크기 나무로 크게 자라지 못하고 최고 8m 정도까지 자란다. 숲속에서는 상층에 자라지 못하고 중층까지 자라고, 당단풍나무, 소사나무, 아왜나무 등이 있다.

연륜연대(年輪年代, tree ring dating, dendrochronology 연륜연대학) 주로 고건축이나 오래된 목조구조물의 나이테를 기초자료로 하여 과거의 기후나 환경을 분석하는 것

영급림(齡級林) 나이가 같은 나무들로 이루어진 숲. 대부분 일정 면적 이상의 단층림이나 단순림으로 구성되어 있다.

우림(雨林, rain forest) 비가 많이 오고 공중 습도가 연중 높은 곳에 이루어진 숲

원시림(原始林, primeval forest, virgin forest) 사람의 간섭이 없이 이루어지고 자란 숲. 처녀림, 천연림이라고도 하며 대부분 나이가 많고 나무가 큰 것이 특징이다.

음수(陰樹, shade tolerant tree) 그늘에서 오랫동안 잘 견디다 햇빛을 받으면 정상적으로 자라는 나무. 보통 어려서는 강한 햇빛을 받으면 생장할 수 없으나 어느 정도의 높이로 자란 다음부터는 강한 햇빛을 받으면 오히려 생장이 왕성해진다. 편백, 너도밤나무가 대표적인 예이다.

이단림(二段林) 2층으로 구성된 숲. 상층과 중층, 상층과 하층으로 이루어진다.

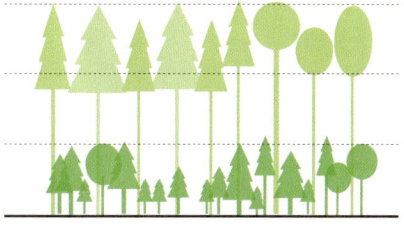

임도(林道, forest road) 임업경영 및 산림관리를 위해 숲속에 낸 길. 인력과 자재 및 임산물 운송 그리고 기계이동을 위해 필수적이며 산불이 발생하였을 때는 소방도로의 역할도 한다.

임령(林齡, stand age) 숲의 나이. 영급을 주로 쓰는데 우리나라의 영급은 10년 단위로 표시한다.

임목(林木, forest tree, standing crop) 숲을 이루는 나무, 숲에서 자라고 있는 나무를 의미한다.

임목축적(林木蓄積, growing stock) 숲에서 생육하고 있는 나무의 재적. 개개 나무의 축적보다는 ha당 축적을 많이 사용한다. 우리나라의 평균 임목축적은 ha당 109m³이다.

자연낙지(自然落枝, self pruning) 자연적으로 가지가 말라 떨어지는 것. 촘촘히 자라는 활엽수에서 자연낙지가 잘 되며, 침엽수는 죽은 가지를 오래 유지하는 것이 일반적이어서 가지치기를 많이 한다.

중경재(中徑材) 굵기가 중간 정도(15~30cm)인 원목

지상부(地上部, above ground) 숲의 땅 위에 자라는 부분. 나무와 관목, 유기물층이 있고 나무가 대부분을 차지한다.

지피식생(地被植生, ground vegetation) 땅바닥에 자라는 식물. 초본식물이 대부분으로 높이는 50cm 이하이다. 땅 표면에 가까이 자람으로써 토양을 보호하는 역할을 한다.

척박지 양분이 적고 건조한 땅

천연갱신(天然更新, natural regeneration) 심지 않고 자연적으로 발생한 나무로 새로운 숲을 조성하는 것. 우리나라 소나무는 대부분 천연갱신에 의해 숲이 조성되었으며 신갈나무 등은 맹아에 의해 천년갱신이 되었다.

천연림(天然林, natural forest) 원시림 참조

초두부(初頭部) 나무의 꼭대기 부위, 즉 수관의 끝을 의미한다.

택벌(擇伐, selective cutting) 나무를 선택하여 수확하는 것. 대부분 큰 나무를 벌채 이용하고 이 자리에 다시 어린나무가 자라게 하여 숲을

늘 유지하는 특징이 있다. 이렇게 유지되는 숲을 택벌림이라고 한다.

특산종(特産種, endemic species) 특정 지역에서만 자라는 생물종. 희귀종은 아니지만 비교적 분포가 적다. 태백산의 주목, 오대산의 잣나무, 남부지방의 비자나무 등을 들 수 있다.

특용재 특수용도로 이용되는 목재로 무늬목, 괴목 등이 있다.

피압(被壓, suppressed) 나무들 간의 경쟁에서 지는 것을 의미하며, 경쟁에 져서 다른 나무의 아래에 자라는 나무를 피압목이라고 한다.

하안림(河岸林, riparian forest) 강변에 이루어진 숲. 버드나무, 포플러와 같은 나무들이 숲을 이루고 있는 것이 일반적이다.

혼효림(混淆林, mixed forest) 여러 종류의 나무로 이루어진 숲. 일반적으로 침엽수와 활엽수가 혼합되어 있는 숲을 혼효림이라고 부른다.

획벌림(劃伐林) 숲을 소면적으로 구획하여 수확을 확대하도록 작업을 하는 숲. 수확 후의 모

습은 다층을 이루나 시간이 경과하면 단층이 되며, 갱신기간이 긴 것이 특징이다.

후계림(後繼林, secondary growth forest) 나이가 많은 숲 다음으로 새로 생겨나는 숲으로 인공이나 자연의 힘으로 다음 숲이 조성된다. 천연갱신 참조

후계수 나이 많은 숲을 이어가는 어린 나무. 식재를 한 묘목과 자연적으로 발생한 어린나무가 있다.

숲의 역사와 숲의 가치를
찾아떠나는 여행

초판 1쇄 인쇄 2011년 2월 10일
초판 1쇄 발행 2011년 2월 20일

지은이 　배상원

펴낸곳 　지오북(GEOBOOK)
펴낸이 　황영심
편집 　전유경, 김민정
표지디자인 　The-D
본문디자인 　김길례

주소 　서울특별시 종로구 내수동 73번지
　　　경희궁의아침 오피스텔 4단지 1004호
　　　Tel_02-732-0337
　　　Fax_02-732-9337
　　　eMail_geo@geobook.co.kr
　　　www.geobook.co.kr

출판등록번호 　제300-2003-211
출판등록일 　2003년 11월 27일

ⓒ 배상원, 지오북 2011
지은이와 협의하여 검인은 생략합니다.

ISBN 978-89-94242-08-8 03480

이 책은 저작권법에 따라 보호받는 저작물입니다. 이 책의 내용과
사진 저작권에 대한 문의는 지오북(GEOBOOK)으로 해주십시오.